Teubner-Reihe Umwelt

Udo Rindelhardt

Photovoltaische Stromversorgung

Udo Rindelhardt

Photovoltaische Stromversorgung

B. G. Teubner Stuttgart · Leipzig · Wiesbaden

Die Deutsche Bibliothek – CIP-Einheitsaufnahme
Ein Titeldatensatz für diese Publikation ist bei
Der Deutschen Bibliothek erhältlich.

Priv.-Doz. Dr. Udo Rindelhardt
Geboren 1946 in Nebra/Unstrut. Von 1965 bis 1972 Physikstudium an der TU Dresden. Promotion 1972, Habilitation 1986. Seit 1990 Arbeit auf dem Gebiet der erneuerbaren Energien. Projektmanager am Institut für Sicherheitsforschung des Forschungszentrums Rossendorf e.V.

1. Auflage August 2001

Der Verlag Teubner ist ein Unternehmen der Fachverlagsgruppe BertelsmannSpringer.

teubner@bertelsmann.de
www.teubner.de

Umschlaggestaltung: Ulrike Weigel, www.CorporateDesignGroup.de

Gedruckt auf säurefreiem und chlorfrei gebleichtem Papier.

ISBN-13:978-3-519-00411-0   e-ISBN-13:978-3-322-80044-2
DOI: 10.1007/978-3-322-80044-2

Vorwort

Die Gewährleistung einer stabilen Energieversorgung spielt eine zentrale Rolle bei der weiteren wirtschaftlichen und sozialen Entwicklung der Menschheit. Neben einem spürbaren Mangel an Energie in vielen unterentwickelten Regionen ist die einfache quantitative Weiterentwicklung der bestehenden Energieversorgungssysteme mit gravierenden Nachteilen (Umweltbelastungen) verbunden. Die Einsicht in die notwendige Entwicklung neuer Energieversorgungsysteme - verbunden mit einem sparsamen Umgang mit Energie - ist heute weit verbreitet und hat global zu ersten staatlichen Lenkungsmaßnahmen geführt.

In praktisch allen für das begonnene Jahrhundert entwickelten Energieszenarien spielen die erneuerbaren Energien eine große Rolle. Speziell zur Stromerzeugung werden neben der seit Jahrzehnten genutzten Wasserkraft und der derzeit an der Schwelle zur Wirtschaftlichkeit stehenden Windkraft künftig von der Photovoltaik große Beiträge erwartet.

Obwohl die Photovoltaik seit langem bekannt und in Nischenmärkten (Erdsatelliten) seit Jahrzehnten genutzt wird, bestehen noch heute sehr große Differenzen in den Erwartungen an die mögliche massenhafte Nutzung zwischen den Befürwortern und den Kritikern dieser Technik. Die einen ermutigt das sehr große Potenzial der Photovoltaik und die nachgewiesene technische Realisierbarkeit, die anderen stellen die heute noch fehlende Wirtschaftlichkeit und den derzeit vernachlässigbaren Anteil der Photovoltaik an der weltweiten Stromversorgung in den Vordergrund. Dies führt teilweise sowohl zu unrealistischen Erwartungen als auch zu unsachlichen Argumentationen. Eine nicht immer konsequente staatliche Förderpolitik sowie widersprüchliche Entscheidungen großer Unternehmen im letzten Jahrzehnt haben speziell in Deutschland die kontinuierliche Entwicklung der Photovoltaik beeinträchtigt.

Die vorliegende Einführung verfolgt das Ziel, durch Darstellung der Möglichkeiten und der Grenzen der Photovoltaik einen Beitrag zur künftigen Nutzung dieser Technik zu leisten. Sie basiert auf Vorlesungen, die vom Autor seit 1993 an der Universität Leipzig gehalten werden. In die Vorlesungen flossen viele Ergebnisse ein, die im Rahmen eigener Forschungsarbeiten gewonnen wurden. Hervorzuheben sind hier insbesondere die Untersuchungen zum Langzeitverhalten netzgekoppelter PV-Anlagen, die im Rahmen des Bund-Länder-1000-Dächer-Photovoltaik-Programms durchgeführt wurden. Die Darstellung erfolgt primär unter energiewirtschaftlichen Gesichtspunkten, auf die Physik der Solarzelle wird deshalb nur sehr kurz eingegangen. Im Vordergrund stehen vielmehr Fragen des solaren Energieangebotes und seiner Synchronität mit dem zeitlichen Verlauf des Strombedarfes sowie die Analyse der erreichbaren Energieerträge bei der photovoltaischen Energiewandlung einschließlich der sie beeinflussenden Faktoren. Auf die heute dominierenden und absehbaren Einsatzfälle der Photovoltaik wird im Detail eingegangen.

Die gewählte Gliederung spiegelt dieses Herangehen wider. Im ersten Kapitel werden die Leistungsfähigkeit und die Defizite der bestehenden Energieversorgungssysteme dargestellt. Sie sind gewissermaßen die Messlatte für alle neuen Energietechniken. Das zweite Kapitel widmet sich dem Potenzial der Solarstrahlung. Die Schwerpunkte liegen dabei auf der Darstellung der Einstrahlung in Mitteleuropa sowie auf deren Statistik speziell in den Wintermonaten. Im bewusst kurz gehaltenen Kapitel 3 werden der photovoltaische Effekt und seine technische Umsetzung behandelt. Die energetisch relevanten Größen werden eingeführt und analysiert. Das Kapitel 4 befasst sich mit den derzeit in Nischenmärkten - auch mit wirtschaftlichem Erfolg - eingesetzten photovoltaischen Inselsystemen. Besondere Aufmerksamkeit gilt dem Aufbau und der Auslegung dieser Systeme, wobei auch auf die Eigenschaften von elektrischen Energiespeichern eingegangen wird. Im Kapitel 5 werden schließlich die netzgekoppelten Photovoltaik-Anlagen behandelt, von denen künftig der Hauptbeitrag der photovoltaischen Stromversorgung erbracht werden muss.

Bei der Abfassung des Werkes wurden konsequent deutsche Fachwörter verwendet, die Verbindung zum Englischen wird durchgehend im Formelzeichen sichtbar. Entsprechend den SI-Regeln werden bei Maßeinheiten keine Indizes verwendet.

Das Werk richtet sich an Studenten aller tangierten naturwissenschaftlichen und technischen Disziplinen sowie an Ingenieure und Techniker in Energieversorgungsunternehmen und Ingenieurbüros, die mit der Einführung und Anwendung der Photovoltaik befasst sind. Von dem Buch können auch andere technisch interessierte Leser profitieren, etwa Betreiber von Photovoltaik-Anlagen.

Mein Dank für ihren Anteil an Zustandekommen dieses Werkes gebührt vor allem meinen langjährigen Mitarbeitern G. Teichmann und H. Futterschneider, die viele hier veröffentlichte Messungen und Analysen an Photovoltaik-Anlagen durchgeführt haben. Mein Dank gilt ferner den Mitarbeitern verschiedener Einrichtungen (ISFH Hameln/Emmerthal, FhG-ISE Freiburg, TÜV Rheinland Köln, IST Augsburg und WIP München), die gemeinsam mit dem Forschungszentrum Rossendorf in sehr konstruktiver Atmosphäre die wissenschaftlichen Begleituntersuchungen zum 1000-Dächer-Programm durchgeführt haben.

Schließlich danke ich meiner Frau Renate für ihre - mit viel Verzicht verbundene - Geduld beim Abfassen des Werkes.

Dresden, im Februar 2001   Udo Rindelhardt

Inhalt

Formelzeichen

Es ist jeweils die Formelnummer angegeben, in welcher das Zeichen erstmals verwendet wird.

A	Fläche	3.6
A	Diodenfaktor	3.20
AM	relative Luftmasse	2.18
A_W	Jährliche Wartungskosten	5.26
A_0	Spezifische Investitionskosten	5.26
a	Parameter, Konstante	2.33
a	Annuitätsfaktor	5.25
B	direkte Strahlungs-Komponente	2.23
b	Parameter, Konstante	2.33
C	Amperestunden-Kapazität	4.3
C_1	Batteriekapazität, bezogen auf täglichen Lastbedarf	4.4
C_S	spezifische Speichergröße	4.13
C_{10}	Batteriekapazität bei 10-stündiger Entladung	4.5
C_{200}	Batteriekapazität bei 200-stündiger Entladung	4.23
c	Parameter, Konstante	5.11
D	diffuse Strahlungskomponente	2.23
DOD	Entladetiefe einer Batterie	4.23
d	Parameter, Konstante	5.10
E	Energie	2.1
E_{ch}	durch Batterie aufgenommene Energie	4.8
E_{dch}	durch Batterie lieferbare Energie	4.3
E_{def}	vom Netz bezogene Energie	5.27
E_{du}	direkt genutzte Energie	5.28
E_e	Energie eines Elektrons	3.3
E_{el}	elektrische Energie	3.2
E_g	Energielücke eines Halbleiters	3.9
E_{in}	Zugeführte Energie	1.2
E_l	vom Verbraucher genutzte Energie	4.4
E_{nl}	normierter Energieverbrauch	5.30
E_{nom}	Energieerzeugung unter STC-Bedingungen	5.15
E_{out}	Abgegebene Energie	1.2
E_{ph}	Energie eines Photons	3.1
E_{PV}	von PV-Anlage erzeugter bzw. abgegebener Strom	4.11
E_{sp}	überschüssige Energie	5.27
FF	Füllfaktor	3.16
F_1, F_2	Parameter im PEREZ-Strahlungsmodell	2.33

f_{du}	Direktnutzungsgrad	5.29
f_s	solarer Deckungsgrad	4.11
f_{sky}	Sichtfaktor am Himmel	2.28
f_{sur}	Sichtfaktor auf Erdoberfläche	2.29
G	Bestrahlungsstärke	2.15
H	Einstrahlung	2.8
H_{def}	Einstrahlungsdefizit in bestimmten Zeitraum	2.34
H_{des}	Tägliche Auslegungseinstrahlung	2.34
h	Höhenwinkel	2.9
I	Strom	3.2
I_D	Diodenstrom	3.4
I_l	Verbraucherstrom	4.10
I_{meas}	gemessener Strom	5.12
I_{ph}	Photostrom der Solarzelle	3.5
I_S	Konstante des Sperrstromes	3.9
I_{sc}	Kurzschlußstrom	3.7
I_0	Dunkelstrom einer Diode	3.4
I_{10}	Standard-Entladestrom einer Batterie	4.5
i	Zinssatz	5.25
i_{red}	reduzierter Strom	5.14
j_{Ph}	Photostromdichte	3.6
K	Clearnessfaktor	2.25
K_d	relativer Diffusanteil der Strahlung	2.24
K_e	Stromgestehungskosten	5.26
K_G	Generatorfaktor	5.2
K_{mod}	Anisotropie-Index	2.31
K_{WR}	Wechselrichterfaktor	5.20
k_I	Stromfaktor einer Batterie	4.6
k_T	Temperaturfaktor einer Batterie	4.7
M	Strahlungsleistung pro Fläche	2.4
M_λ	Strahlungsleistung pro Fläche und Wellenlängenintervall	2.3
M_S	spezifische Generatorgröße	4.12
m	Masse	2.1
n	laufende Zahl	2.7
P	Leistung	2.6
P_G	Generatorleistung	4.12
$P_{G,nenn}$	Generator-Nennleistung	5.2
$P_{G,nom}$	nominale Generatorleistung	5.1
P_h	hydraulische Leistung	4.26
P_{in}	zugeführte Leistung	1.1
P_l	Mittlere Leistung eines Verbrauchers	4.10

P_{out}	abgegebene Leistung	1.1
PR	Ausbeute (Performance Ratio)	5.7
Q	geförderte Wassermenge	4.28
q	Förderstrom	4.26
R	Radius der Erdumlaufbahn um die Sonne	2.5
R_l	Lastwiderstand	3.21
R_s	Serienwiderstand	3.20
R_{sh}	Parallelwiderstand	3.20
r_s, r_e	Radius der Sonne bzw. der Erde	2.5
S	Solarkonstante	2.5
SA	Systemautonomie	2.35
T	Temperatur	2.3
T_a	Umgebungstemperatur	5.10
t	Zeit	3.2
t_{dch}	Entladezeit einer Batterie	4.5
t_{eff}	effektive Einstrahlungszeit bei STC-Bedingungen	4.16
t_{lst}	Lokale Standardzeit	2.13
t_{lt}	Wahre Ortszeit	2.10
t_{te}	Zeitgleichung	2.13
U	elektrische Spannung	3.2
U_B	Batteriespannung, nominal	4.3
U_{ch}	Batteriespannung beim Laden	4.9
U_{dch}	Batteriespannung beim Entladen	4.9
$U_{meas,oc}$	gemessene Leerlaufspannung	5.9
U_{oc}	Leerlaufspannung	3.8
u_{red}	reduzierte Spannung	5.14
$U_{STC,oc}$	Leerlaufspannung bei STC-Bedingungen	5.9
W_{nor}	normierter Anlagenertrag	5.5
YF	bezogener Energieertrag (Final Yield)	5.4
z	Höhe	2.18

Griechisches Alphabet

α	Auslenkung einer Empfängerfläche aus der Südrichtung	2.16
α	Wellenlängenexponent	2.22
β	Neigungswinkel einer Empfängerfläche gegen die Horizontale	2.16
β	Trübungskoeffizient nach Angström	2.22
γ	Gamma-Strahlung	2.2
δ	Deklination	2.7
ΔU	Korrekturspannung	5.9
ζ	Nutzungsgrad	1.2

ζ_{Ah}	Amperestunden-Wirkungsgrad (Batterie)	4.9
ζ_{W}	Batterie-Nutzungsgrad in Wintermonaten	4.20
ζ_{WR}	Wechselrichter-Nutzungsgrad	5.16
η	Wirkungsgrad	1.1
η_{eu}	Europäischer Wirkungsgrad von Wechselrichtern	5.3
θ	Winkel zwischen Flächennormale und einfallender Strahlung	2.15
θ_{Z}	Zenitwinkel	2.26
λ	Wellenlänge	2.3
ν	Neutrino	2.2
ρ	Reflexionsfaktor	2.30
ρ	Dichte von Wasser	4.27
τ	Transmissionsgrad	2.20
τ_{M}	spektraler Transmissionsgrad der MIEschen Streuung	2.22
τ_{R}	spektraler Transmissionsgrad der RAYLEIGH-Streuung	2.21
Φ	geografischer Längengrad	2.13
Φ_{lst}	Längengrad der lokalen Standardzeit	2.13
φ	geographischer Breitengrad	2.9
ψ	Azimutwinkel	2.12
ω	Stundenwinkel	2.9

Allgemeine Indizes

A	auf Generatorfläche bezogen
d	auf einen Tag bezogen
G	auf Generator bezogen
h	auf eine Stunde bezogen
h	auf horizontale Fläche bezogen (2. Index)
M	auf ein Modul bezogen
MPP	bezogen auf maximale Leistung
STC	Standardprüfbedingungen
sr	Sonnenaufgang
ss	Sonnenuntergang
t	auf geneigte Fläche bezogen (2. Index)
0	extraterrestrische Strahlung
y	auf ein Jahr bezogen

Naturkonstanten

c	Lichtgeschwindigkeit	$2{,}997 \cdot 10^8$ m/s
e	elektrische Elementarladung	$1{,}602 \cdot 10^{-19}$ C
g	Fallbeschleunigung	$9{,}806$ m/s^2
h	Plancksches Wirkungsquantum	$6{,}626 \cdot 10^{-34}$ Js
k	Boltzmann-Konstante	$1{,}380 \cdot 10^{-23}$ J/K
π	Ludolfsche Zahl	$3{,}141$
σ	Stefan-Boltzmann-Konstante	$5{,}670 \cdot 10^{-8}$ W/m^{2}K^4

Vorsätze von SI-Einheiten

Name	Kurzzeichen	Wert
Exa	E	10^{18}
Peta	P	10^{15}
Tera	T	10^{12}
Giga	G	10^9
Mega	M	10^6
Kilo	k	10^3
Hekto	h	10^2
Deka	da	10^1
Dezi	d	10^{-1}
Zenti	c	10^{-2}
Milli	m	10^{-3}
Mikro	μ	10^{-6}
Nano	n	10^{-9}
Piko	p	10^{-12}
Femto	f	10^{-15}
Atto	a	10^{-18}

1 Energieversorgungssysteme

1.1 Einleitung

Jedwede Lebensform auf der Erde ist auf die Nutzung von Energie angewiesen. So nutzen Pflanzen zur Photosynthese Sonnenenergie. Nach der Umwandlung wird diese als chemisch gebundene Energie in den Pflanzen gespeichert. Die Energiezufuhr für tierische Lebewesen erfolgt hauptsächlich aus der Pflanzenwelt.

Der Mensch benötigt neben der durch die Sonne gewährleisteten Umgebungstemperatur zu seiner Existenz die Energiezufuhr aus der Pflanzen- und Tierwelt. Die Höhe der über die Nahrungsmittel aufgenommenen Energiezufuhr liegt bei einem Mitteleuropäer heute bei etwa 5,5 GJ im Jahr, als Schwelle zur Unterernährung gilt ein Wert von etwa 3 GJ im Jahr.

Durch Verbrennung wird die in chemischer Form abgespeicherte Energie der Nährstoffe in andere chemische Energieformen überführt, die für die menschliche (bzw. tierische) Zelle effektiv nutzbar sind. Die dem Menschen derart zugeführte Energie dient nicht nur der Aufrechterhaltung des menschlichen Lebens, sondern ermöglicht auch die Leistung von Arbeit (Bewegung, Transport von Gegenständen usw., auch geistige Arbeit).

Die menschliche Entwicklungsgeschichte der letzten 100 000 Jahre ist untrennbar mit der Erschließung von weiteren Energiequellen verbunden (Tabelle 1.1). Etwa bis zur Zeitenwende lebten die Menschen in einem quasi energetischen Gleichgewicht mit der Natur. Die ersten Hochkulturen um 10 000 v.d.Z. entstanden u. a. durch Nutzung von Energieüberschüssen. Zu den ersten anthropogen genutzten Energiequellen gehörten Wind- und Wasserräder.

Im 12. Jahrhundert setzte die massive Nutzung von Holz ein, um 1600 die gewerbliche Kohlenutzung. Tabelle 1.1 zeigt die schnelle Nutzung vieler weiterer Energiequellen insbesondere in den letzten 150 Jahren. Sie verdeutlicht, dass der Entwicklungsstand der Gesellschaft direkt mit der Erschließung und massiven Nutzung von Energiequellen zusammenhängt.

Der jährliche Pro-Kopf-Verbrauch an Energie liegt gegenwärtig weltweit bei etwa 70 GJ, wovon nur etwa 5 % direkt als Nahrung zum menschlichen Überleben aufgenommen werden. Dieser Teil wird heute üblicherweise nicht zur Energiewirtschaft, sondern zur Nahrungsgüterwirtschaft gerechnet. Der weitaus überwiegende Teil der genutzten Energie wird für Produktions-, Transport-, Heizungs- und Kommunikationszwecke aufgewandt, nur ein relativ kleiner Teil davon dient der Produktion von Nahrungsmitteln. Die heute in den einzelnen Ländern verbrauchten Energiemengen hängen deshalb grundsätzlich mit dem jeweils erreichten Lebensstandard zusammen. So hat Deutschland gegenwärtig einen jährlichen Pro-Kopf-Verbrauch an Energie von 180 GJ.

Tabelle 1.1:   Anthropogene Nutzung von Energiequellen

ca. $5\cdot10^8$ v.d.Z.	Existenzbedingungen pflanzlichen, tierischen, menschlichen Lebens, Nutzung Umweltwärme, chemisch gebundene Energie, Photosynthese
ca. 10^6 v.d.Z.	Feuernutzung durch Menschen, erste Werkzeuge
um 10000 v.d.Z.	Ackerbau und Viehzucht: "bewusste Energieproduktion", erste Hochkulturen durch Energieüberschüsse, Flüsse als Transportwege
um 3300 v.d.Z.	Segelschiffe auf ägyptischen Felsenbildern
um 3000 v.d.Z.	Erste Wasserräder in China und im Orient
um 1000 v.d.Z.	Windräder in Persien (Schöpfräder)
um 100 v.d.Z.	Wassermühlen in China, Dänemark, Anatolien (Türkei) ab 12. Jh. massenhaft in Europa
um 1200 u. Z.	massiver Anstieg des Holzverbrauches, Einsatz von Windmühlen in Holland und Norddeutschland
um 1600	gewerbliche Kohlenutzung in Lüttich, danach massenhaft in England
um 1800	erste Gaslampen (Kohlengas) in England
1776	Dampfmaschine J. WATT
1815	Dampflokomotive England
1859	erste kommerzielle Erdölproduktion (Pennsylvania)
1866	Dynamo-elektrisches Prinzip (SIEMENS)
1866	1. Solardampfmaschine (MOUCHOT) Frankreich
1870	erste Wasserkraftwerke
um 1900	erste kommerzielle Erdgasförderung
1913	erstes Erdwärmekraftwerk Lordarello (Italien)
1939	Kernspaltung (HAHN)
1954	erstes Demonstrations-Kernkraftwerk Obninsk (Sowjetunion)
1954	erste Photozellen USA
1967	erstes Gezeitenkraftwerk Frankreich
1980	Beginn kommerzielle Nutzung Windenergie Erste kommerzielle terrestrische Nutzung der Photovoltaik

Energie tritt in den verschiedensten Formen auf. In der zeitlichen Reihenfolge der vom Menschen bewußt genutzten Energien sind chemische Energie (Holzfeuerung, sehr viel später Kohle, Gas, Öl), mechanische Energie (Wasser- und Windkraft, später Dampfmaschine, Gezeiten) und elektrische Energie zu nennen. Im 20. Jahrhundert kamen die Kernenergie und die aktive Nutzung der Solarenergie hinzu. Die verschiedenen Energieformen sind weitgehend ineinander umwandelbar. Die Energie beschreibt allgemein das Arbeitsvermögen physikalischer Systeme. Als Leistung wird die pro Zeiteinheit verbrauchte bzw. erzeugte Energie bezeichnet.

Für die Energieumwandlung gelten zwei wesentliche Naturgesetze. Der Energieerhaltungssatz (1. Hauptsatz der Thermodynamik) besagt, dass Energie in abgeschlossenen Systemen weder erzeugt noch vernichtet, sondern nur von einer Energieform in andere Energieformen umgewandelt werden kann. Bei Energieumwandlungen entstehen neben der gewünschten Energieform noch weitere Energieformen (häufig z.B. Wärme). Sie werden energiewirtschaftlich als Verluste bezeichnet.

Von praktisch noch größerer Bedeutung für die Energieumwandlung ist der 2. Hauptsatz der Thermodynamik. Er besagt, dass sich bei Energieumwandlungen die Entropie der beteiligten Komponenten nur erhöhen kann. Durch den 2. Hauptsatz der Thermodynamik werden bestimmte Energiewandlungen ausgeschlossen.

In der Energiewirtschaft wird als Wirkungsgrad η eines Energieumwandlungsprozesses - bei stationärem Prozessablauf - das Verhältnis der zu einem bestimmten Zeitpunkt von dem Prozess abgegebenen nutzbaren Leistung P_{out} zur dem Prozess im gleichen Zeitpunkt zugeführten Leistung P_{in} definiert:

$$\eta = \frac{P_{out}}{P_{in}} \ . \tag{1.1}$$

Bei zeitlich andauernden Prozessen definiert das Verhältnis zwischen der in einer bestimmten Zeitspanne t erzeugten (nutzbaren) Energie E_{out} zur in der gleichen Zeitspanne dem Prozess zugeführten Energie E_{in} den Nutzungsgrad ζ:

$$\zeta = \frac{E_{out}}{E_{in}} = \frac{\displaystyle\int_0^t P_{out}(t)\ dt}{\displaystyle\int_0^t P_{in}(t)\ dt} \ . \tag{1.2}$$

In der Literatur werden Wirkungsgrad und Nutzungsgrad eines Prozesses nicht immer genau unterschieden, was zu Missverständnissen führen kann.

Die in der Energiewirtschaft genutzten Maßeinheiten der Leistung und Energie sind in Tabelle 1.2 zusammengestellt. Neben den SI-Einheiten sind eine Reihe weiterer Einheiten üblich, deren Umrechnungsfaktor in die SI-Einheiten angegeben ist. Speziell in der Elektrizitätswirtschaft wird heute meist die Einheit Kilowattstunde verwendet. Die durchgehende Verwendung von Vorsätzen der Einheiten entsprechend dem SI-Regelwerk (vgl. S. 14) ist noch nicht allgemein üblich.

Tabelle 1.2:   Maßeinheiten der Leistung und der Energie (Auswahl)

Physikalische Größe	Einheit	Abkürzung	Umrechnungen
Leistung	Watt	W	
Energie	Joule	J	1 J = 1 Ws
	Kilowattstunde	kWh	1 kWh = 3,6 MJ
	Elektronenvolt	eV	1 eV = $0,1602 \cdot 10^{-18}$ J
	Terawattjahr	TWa	1 TWa = $31,3 \cdot 10^{18}$ J =31,3 EJ
	Steinkohleneinheit	SKE	1 kg SKE = 29,3 MJ 1 Million t SKE = 29,3 PJ
	Rohöleinheit	ROE	1 l ROE = 41,9 MJ
	Barrel Öl	barrel	1 barrel = 6,62 GJ

1.2   Energieaufkommen und -umwandlungen

1.2.1 Primärenergieträger und Primärenergieströme

Die auf der Erde vorkommende, für den Menschen nutzbare Energie wird als Primärenergie bezeichnet. Im energiewirtschaftlichen Sprachgebrauch werden unter Primärenergieträgern die natürlich vorhandenen fossilen und nuklearen Energievorräte verstanden. Sie sind naturgemäß endlich und damit erschöpfbar. Primärenergieträger werden energiewirtschaftlich über ihren Heizwert (d.h. die bei ihrer Nutzung freiwerdende thermische Energie) bewertet.

Neben den Primärenergieträgern sind auf der Erde zeitlich konstante Primärenergieströme vorhanden. Dies ist neben dem kontinuierlichen thermischen Energiefluss aus dem Erdinneren vor allem die solare Strahlungsenergie. Die Primärenergieströme übersteigen den heutigen und absehbaren Energieverbrauch der Menschen integral um Größenordnungen, ihre Energiedichte ist allerdings relativ gering. Die Primärenergieströme sind an die Existenz der Erde gebunden, sie sind deshalb nach menschlichen Maßstäben unerschöpflich.

In Tabelle 1.3 sind die Zusammenhänge zwischen den ursprünglichen Energiequellen, den Primärenergieträgern und den Primärenergieströmen dargestellt.

Bei der Bewertung der Vorräte der Primärenergieträger werden Reserven und Ressourcen unterschieden. Unter Reserven wird der geologisch nachgewiesene und mit heutiger Technik wirtschaftlich gewinnbare Teil der Vorräte verstanden. Ressourcen umfassen demgegenüber vermutete bzw. heute nur mit größerem Aufwand (d.h. unwirtschaftlich) gewinnbare Vorräte.

Tabelle 1.3:   Energiequellen der Erde

(ursprüngliche) Energiequelle	Primärenergieträger (gespeicherte Vorräte, begrenzt)	Primärenergieströme (unerschöpflich)
Sonnenenergie (Kernfusionsenergie)	Erdöl Erdgas Ölschiefer, Teersand, Schweröl, Kohle	Solarstrahlung Biomasse Wasserkraft Windkraft
Entstehung der Erde und des Weltalls	Uran, Thorium (Kernspaltung) Deuterium, Lithium (Kernfusion)	Gravitationsenergie (Gezeiten) Geothermie (Wärmestrom aus dem Erdinneren)

Das den Energieströmen (bzw. erneuerbaren Energiequellen) zuzuordnende Potenzial ist quantitativ schwieriger zu erfassen. Das theoretische bzw. physikalische Potenzial entspricht der von dem betrachteten Energiestrom in einem Jahr zufließenden Energie. Für einzelne erneuerbare Energiequellen und Regionen lässt sich das theoretische Potenzial leicht angeben. So beträgt z. B. die mittlere solare Einstrahlung in Deutschland jährlich 1000 kWh/m^2. Dies entspricht einem jährlichen Energiestrom auf die Fläche Deutschlands von etwa 1280 EJ. Mangels Messdaten sind integrale Bilanzen für andere Primärenergieströme (z.B. Windenergie) nur näherungsweise angebbar. Das technisch nutzbare Potenzial ist der Teil des theoretischen Potenzials, der nach der Umwandlung in nutzbare Energieformen (Strom, Wärme) verfügbar ist. Bei allen erneuerbaren Energiequellen hängt das technisch nutzbare Potenzial vom Stand der Technik (Nutzungsgrad, auch Tiefe der geothermischen Bohrungen oder Höhe von Windkraftanlagen) ab, es ist demnach zeitlich nicht konstant. Im Fall der Solarstrahlung (und auch Windenergie) wird es zudem noch durch die maximal für die Energiewandlung verfügbare Fläche in der betrachteten Region begrenzt.
Als Ertragspotenzial wird der Teil des technischen Potenzials bezeichnet, der bei Berücksichtigung aller konkurrierenden Aspekte (allgemeinster wirtschaftlicher, kultureller und soziologischer Art) gewinnbar ist. Im Fall der Solarstrahlung und der Windenergie kann das technische Potenzial z.B. stark durch konkurrierende Flächennutzungen oder durch ästhetische Aspekte (Landschafts- bzw. Denkmalsschutz) reduziert werden.
Das wirtschaftlich nutzbare Potenzial von erneuerbaren Energiequellen ist der Teil

des Ertragspotenzials, der eine Energieumwandlung zu konkurrenzfähigen Kosten (im Vergleich zur konventionellen Energieerzeugung) ermöglicht. Neben dem erreichten Entwicklungsstand der erneuerbaren Energietechniken ist deren wirtschaftliches Potenzial also auch vom Preisniveau der konventionellen Energiewirtschaft abhängig.

Als Erwartungspotenzial wird mitunter auch der Teil des technischen Potenzials bezeichnet, der zu einem bestimmten (künftigen) Zeitpunkt genutzt werden kann. Das Erwartungspotenzial hängt u.a. von den (angenommenen) wirtschaftlichen Rahmenbedingungen (z. B. Förderungen, Abschreibungen anderer Techniken) ab.

Die angegebenen Definitionen sind in der Literatur nicht einheitlich, angegebene Zahlenwerte für Potenziale erneuerbarer Energiequellen sollten daher stets kritisch bezüglich Definitionen und Annahmen überprüft werden.

1.2.2 Energieflussbild

Primärenergieträger bzw. -ströme sind in der Regel vom Verbraucher nicht direkt nutzbar, sie werden deshalb verschiedenen (verlustbehafteten) Umwandlungs- und Transportprozessen unterworfen. Das in Abbildung 1.1 dargestellte Energieflussbild zeigt die auftretenden Zusammenhänge. Die Primärenergie wird zunächst in Sekundärenergie umgewandelt, die Umwandlungsverluste (einschließlich Eigenverbrauch, Verluste und nichtenergetischer Verbrauch) betragen in Deutschland etwa 35 %. Als Sekundärenergieträger (Koks, Heizöl, Kraftstoff, Strom, Fernwärme) gelangt die Energie zum Verbraucher. Die an den Endverbraucher abgegebene Endenergie umfasst neben der Sekundärenergie auch den nicht umgewandelten Teil der Primärenergie (z. B. Gas oder Steinkohle für Heizungen).

Der Verbraucher setzt die Endenergie zur Gewinnung von Nutzenergie ein. Dazu gehören Heizwärme (Temperatur < 150 °C), Prozesswärme (Temperatur > 150 °C, auch Kälte!), Licht, Information und Kommunikation sowie mechanische Energie (z.B. elektrische Antriebe, Fahrzeuge). Die Wandlung von Endenergie in Nutzenergie ist ebenfalls verlustbehaftet, der Nutzungsgrad liegt in Deutschland im Mittel bei etwa 50 %.

Die quantitativen Anteile der Energieträger sind am Beispiel der BRD in Tabelle 1.4 dargestellt. Danach dominiert bei den Primärenergieträgern (insgesamt 14,5 EJ) das Erdöl deutlich vor dem Erdgas und der Kohle. Diese Energieträger erbrachten zusammen etwa 85 % der eingesetzten Primärenergie. An Endenergie standen etwa 9,5 EJ zur Verfügung, die an Haushalte, Kleinverbraucher, Industrie und Verkehr abgegeben wurden. Fast 11 % der Endenergie wurden für nichtenergetische Zwecke (z. B. Öl als Rohstoff in der chemischen Energie) eingesetzt. An Nutzenergie wurden lediglich 4,4 EJ benötigt.

Bei der Auswertung von Energiebilanzen, die häufig für Staaten, Staatengruppen

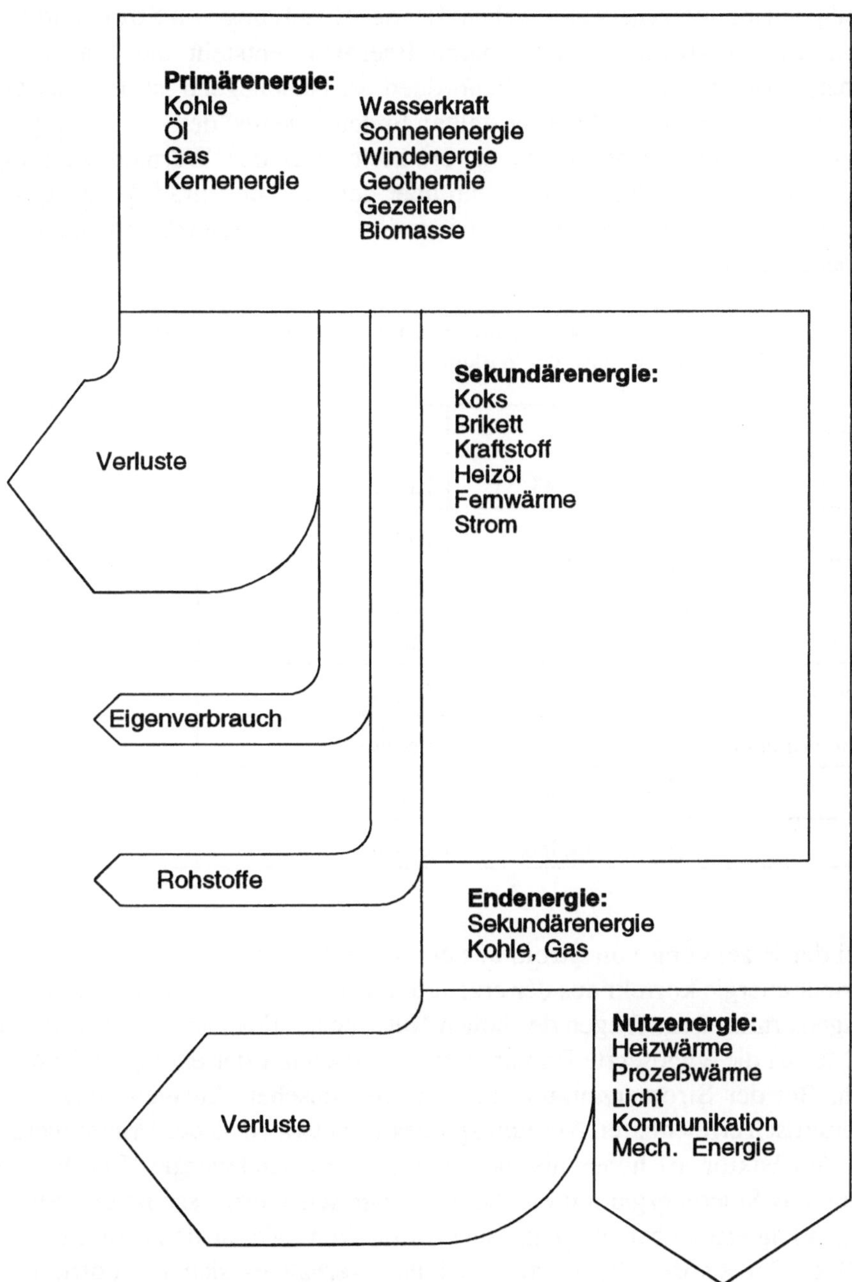

Abb. 1.1: Energieflussbild (schematisch)

bzw. die gesamte Welt erstellt werden, ist auf eine methodische Schwierigkeit hinzuweisen. Die Primärenergie wird grundsätzlich - historisch bedingt - als Heizwert

                                                    Energieversorgungssysteme

des jeweiligen Energieträgers angegeben. Bei der Erzeugung von Strom und Wärme aus Primärenergieströmen (erneuerbaren Energien) entsteht die Frage, welche Primärenergie diesen Endenergien zuzuordnen ist. Naheliegend ist der Ansatz, den Primärenergieeinsatz aus der bereitgestellten Endenergie und dem Nutzungsgrad des jeweiligen Umwandlungsprozesses zu ermitteln. Bei der Wärmeerzeugung aus Solarstrahlung und aus Geothermie kann über den Nutzungsgrad der eingesetzten Anlagen analog dem Vorgehen bei konventionellen Energieträgern die genutzte Primärenergie leicht berechnet werden.

Tabelle 1.4:   Anteile verschiedener Energieträger am Energiebedarf der BRD 1997 (Umrechnung der Energieträger nach der Wirkungsgradmethode, s.u.)

Primärenergie	[EJ]	Endenergie	[EJ]
Mineralöle	5,743	Kohle	0,563
Erdgas	2,989	Kraftstoff	2,725
Steinkohle	2,042	Heizöl	1,635
Braunkohle	1,591	Gase	2,400
Kernenergie	1,846	Strom	1,661
Wasser-u. Windkraft	0,07	Fernwärme	0,349
Sonstige	0,20	Sonstige	0,117
Gesamt	14,486	Gesamt	9,45

Auch bei der Erzeugung von Strom aus erneuerbaren Energiequellen ist die eingesetzte Primärenergie korrekt aus der erzeugten Strommenge und dem Nutzungsgrad der Anlagen ermittelbar. Wegen des hohen Nutzungsgrades von Wasserkraftanlagen (über 90 %) ist die eingesetzte Primärenergie faktisch mit der erzeugten Endenergie identisch. Bei der Stromerzeugung aus photovoltaischen Anlagen ist wegen des derzeit praktisch erreichbaren Nutzungsgrades von etwa 10 % der Primärenergieeinsatz um den Faktor 10 höher als die bereitgestellte Endenergie. Bei der Stromerzeugung aus Solarenergie mittels thermodynamischer Prozesse ist ein Nutzungsgrad von 30 % erreichbar, die eingesetzte Primärenergie ist demnach nur um den Faktor 3 größer als der Stromertrag. Ähnlich verhält es sich in geothermischen Kraftwerken. Bei Windenergieanlagen kann von einem mittleren Nutzungsgrad von 25% ausgegangen werden, der entsprechende Primärenergiebeitrag ist um den Faktor 4 größer als die erzeugte Strommenge.
Die genannten Unterschiede werden in offiziellen Statistiken nach internationalen

Vereinbarungen jedoch nicht berücksichtigt. Vielmehr wird jeder aus erneuerbaren Energien erzeugten Kilowattstunde Strom ein Heizwert von 3,6 MJ (entsprechend 0,123 kg SKE) zugeschrieben und dieser Wert in der Primärenergiebilanz ausgewiesen. Dieses Verfahren wird - etwas mißverständlich - als Wirkungsgradmethode bezeichnet. Der Anteil der genutzten Primärenergieströme an der Primärenergiebilanz wird damit faktisch zu niedrig ausgewiesen.

In älteren Statistiken wurde auch die sogenannte Substitutionsmethode verwendet. Dabei wird der Anteil des aus erneuerbaren Energien gewonnen Stromes in der Primärenergiebilanz so berücksichtigt, als ob dieser Strom in Steinkohlekraftwerken (Stromproduktion aus Steinkohlekraftwerken wird gewissermaßen substituiert) erzeugt würde. Wegen des dort auftretenden Wirkungsgrades (im Mittel 33 %) wird bei dieser Methode der Anteil der erneuerbaren Energien am Primärenergieverbrauch um den Faktor 3 höher als bei der Wirkungsgradmethode ausgewiesen.

1.3   Struktur und Entwicklung des Energieverbrauches

1.3.1 Entwicklung des Weltenergieverbrauches

In Abbildung 1.2 ist die Entwicklung des Welt-Primärenergieverbrauches zwischen 1973 und 1998 in Abhängigkeit von den eingesetzten Energieträgern dargestellt. Der Gesamtverbrauch an Energie stieg in diesem Zeitraum um 48 % auf über 350 EJ. Es ist ersichtlich, dass die Ölkrisen der 70er Jahre bis 1985 kurzfristig zu einem geringeren Anstieg des Energieverbrauches führten, danach setzte jedoch wieder ein stärkeres Wachstum ein. Mit einem Anteil von knapp 40 % dominiert unter den eingesetzten Energieträgern heute weiterhin das Erdöl. Obwohl dieser Anteil deutlich unter dem Höchstwert aus dem Jahr 1973 (50 %) liegt, ist der absolute Verbrauch an Erdöl im genannten Zeitraum um 17 % gewachsen. Der Einsatz von Kohle ist seit 1980 stabil (etwa 3 Milliarden t/a), ihr Anteil am Primärenergieverbrauch betrug 1998 etwa 26 %.

Erhebliche Zuwächse erreichten der Einsatz von Erdgas und die Kernenergienutzung. Erdgas erreichte 1998 einen Anteil von 24 % mit weiter steigender Tendenz. Die Kernenergie erreichte mit dem größten relativen Zuwachs im Jahr 1998 immerhin einen Anteil von 7,2 % an der Primärenergieversorgung der Welt. Ihr Anteil stagniert allerdings in den letzten Jahren. Der Anteil der Wasserkraft als einziger im nennenswerten Umfang genutzten erneuerbaren Energiequelle blieb mit 2,6 % nahezu konstant (Umrechnungsproblem, s.o.). Nicht enthalten in den offiziellen Statistiken ist die nicht nachhaltige Nutzung von Brennholz in den Entwicklungsländern, deren Umfang auf etwa 30 EJ geschätzt wird.

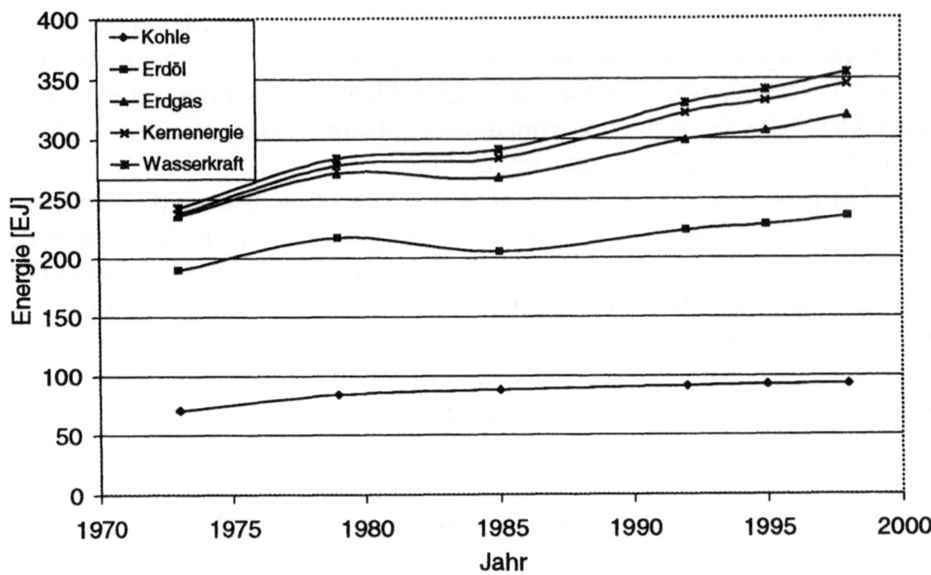

Abb. 1.2:   Entwicklung des Welt-Primärenergieverbrauches sowie der Anteile der Energieträger an seiner Deckung

In Abbildung 1.3 ist die Entwicklung des weltweiten Primärenergieverbrauches nach Regionen dargestellt (Zeitraum 1973 bis 1998). Trotz eines absoluten Zuwachses von 27 % reduzierte sich der Anteil Westeuropas bis 1998 leicht auf 18,1 %. Ähnlich der Entwicklung in den neuen Ländern in Deutschland ging der Anteil Osteuropas (einschließlich der Nachfolgestaaten der Sowjetunion) in den letzten Jahren deutlich zurück (-5 % zum Stand von 1973). Der Anteil Nordamerikas sank zwar auf 27,7 %, die Region stellt dennoch den zweitgrößten Energieverbraucher dar.

Mit mehr als einer Verdopplung des Primärenergieverbrauches zwischen 1973 und 1998 erreicht Asien einen Anteil von nunmehr 30 % am Weltenergieverbrauch. Der Kontinent erwies sich als dynamische Wachstumsregion, er hat Nordamerika in der absoluten Höhe des Primärenergieverbrauches überholt. Trotz teilweise erheblicher Wachstumsraten bleiben die Anteile von Südamerika und Australien demgegenüber eher gering.

Wie groß die Differenz der einzelnen Regionen bezüglich der Energienutzung ist, zeigt ein Vergleich der Entwicklung zwischen Nordamerika und Afrika. Der gesamte Energieverbrauch Afrikas im Jahr 1998 war nur halb so groß wie der Zuwachs des Verbrauches in Nordamerika zwischen 1973 und 1998. Selbst Deutschland übertraf im Jahr 1998 den Verbrauch des gesamten afrikanischen Kontinents um 30 %. Die sich hinter den dargestellten Zahlen verbergende Brisanz wird deutlich, wenn der

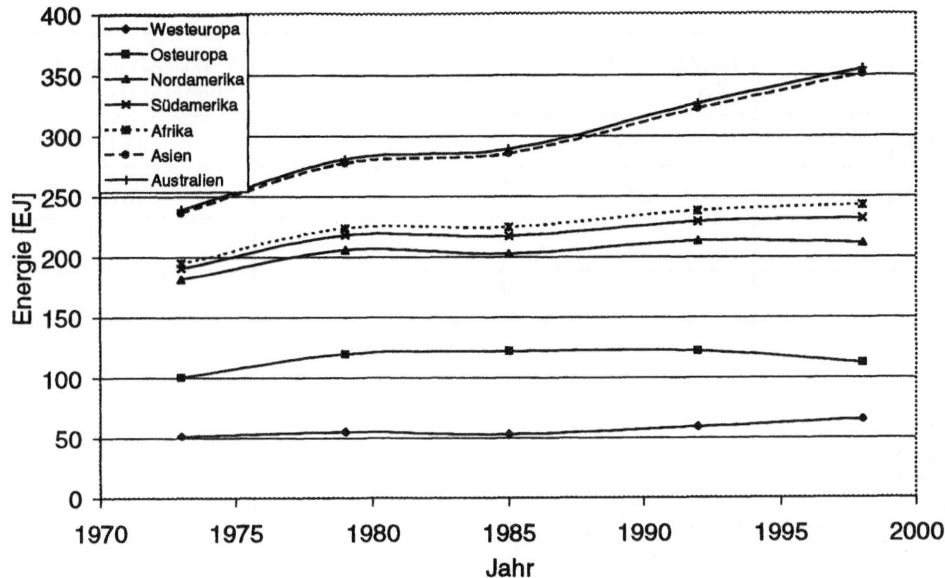

Abb. 1.3:   Entwicklung der Anteile der Regionen am Welt-Primärenergieverbrauch

Primärenergieverbrauch der einzelnen Regionen auf die jeweilige Bevölkerungszahl bezogen wird (Tabelle 1.5). Danach werden weltweit im Durchschnitt etwa 70 GJ pro Einwohner Primärenergie verbraucht. Der Verbrauch von Nordamerika als Spitzenreiter mit 321 GJ pro Einwohner kann nur als verschwenderisch charakterisiert werden. Auch West- und Osteuropa sowie Australien erreichen noch Werte, die den Weltdurchschnitt um mehr als das Doppelte übersteigen. Demgegenüber erreichen Südamerika, Asien und Afrika nur etwa die Hälfte (oder weniger) des Weltdurchschnittsverbrauches. Diese Zahlen belegen, welch enger Zusammenhang grundsätzlich zwischen der jeweiligen wirtschaftlichen Struktur (und damit u.a. auch dem Lebensniveau) und dem spezifischen Energieverbrauch besteht.
Die in Abbildung 1.2 dargestellte Entwicklung des Primärenergieverbrauches führte natürlich auch zu entsprechenden Steigerungen im Endenergieverbrauch. Die auffälligste Tendenz in der Struktur des Endenergieverbrauches ist die überproportionale Zunahme des Stromverbrauches. Elektrische Energie als Energieform mit dem höchsten Gebrauchswert wird in immer stärkerem Maße in der Wirtschaft aller Länder eingesetzt. Seine Erzeugung wuchs zwischen 1970 und 1998 um mehr als 150 % auf etwa 14000 Milliarden kWh (50 EJ). Bei einem geschätzten mittleren Kraftwerksnutzungsgrad von weltweit 30 % wurden zur Erzeugung dieser Strommenge 166 EJ, d. h. fast 50 % der insgesamt eingesetzten Primärenergie, verwendet.

Tabelle 1.5:　Energieverbrauch und Bevölkerungszahl (Stand 1992)

Region	Energieverbrauch [EJ]	Bevölkerung [Millionen]	Verbrauch pro Einwohner [GJ]
Westeuropa	59	438	134
Osteuropa	63,3	348	181
Nordamerika	90,8	282	321
Südamerika	15,8	456	34
Afrika	9,1	681	13
Asien	84,2	3233	26
Australien	4,1	21,1	194
Welt	326,5	5459	60

In Abbildung 1.4 ist die Struktur des Endenergieverbrauches in der BRD nach Abnehmern als Beispiel eines entwickelten Landes in der Entwicklung zwischen 1990 und 1997 dargestellt. Auffallend ist der mit etwa 30 % geringe Anteil der Industrie.

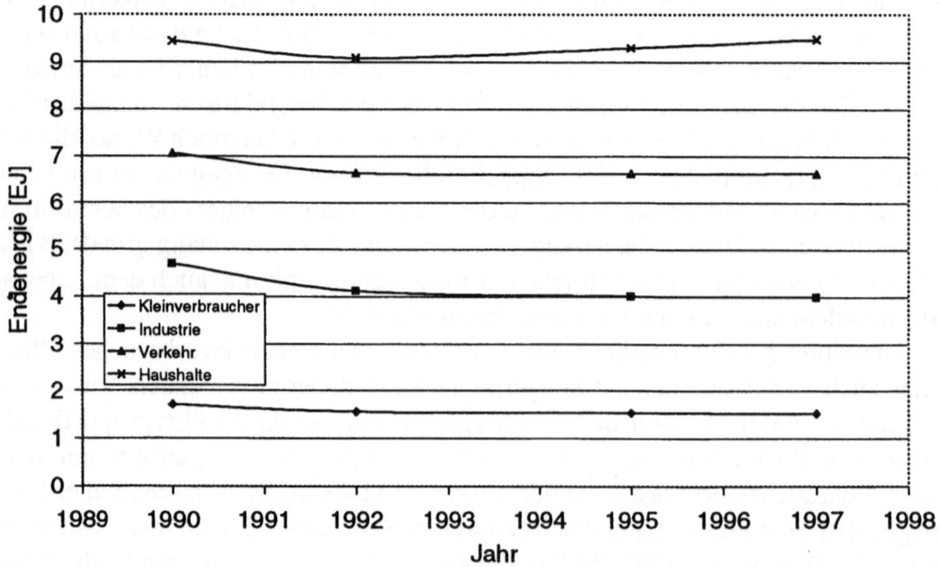

Abb. 1.4:　Entwicklung des Endenergieverbrauches der BRD sowie Anteile der einzelnen Abnehmer

Im Jahr 1960 benötigte die Industrie in Deutschland noch die Hälfte der eingesetzten Endenergie, der Verkehr und die Haushalte folgten mit jeweils gleichen Anteilen. Im Jahr 1995 war der Verkehr erstmals der größte Energieverbraucher in Deutschland. Die damals gleichauf liegenden Haushalte haben zwischenzeitlich den höchsten Endenergieverbrauch. Wenn man berücksichtigt, dass der Anteil des Individualverkehrs am Verkehr bei etwa 65 % liegt, liegt der gesamte Anteil des individuellen Verbrauches an der Endenergie bei etwa 50 %. Die restlichen Verbraucher (Kleinverbraucher einschließlich Militär) blieben in den Verbrauchswerten etwa konstant.

In der Tabelle 1.6 ist die Struktur des Endenergieverbrauches geordnet nach der benötigten Nutzenergie dargestellt. Danach werden etwa 60 % der zur Verfügung gestellten Endenergie (etwa jeweils zur Hälfte für Raumwärme und für industrielle Prozesswärme) zur Wärmeerzeugung eingesetzt. Der größte Nutzenergiebedarf besteht bei Raumwärme. Bei Raumwärme stehen immerhin 70 % der eingesetzten Endenergie als Nutzwärme zur Verfügung, u. a. ein Ergebnis der Einführung moderner Heiztechniken (Kessel, Brennwerttechnik) und Energieträger (Gas, Öl). Dennoch liegen gerade im Raumwärmesektor erhebliche Einsparpotentiale durch bessere Wärmedämmung. Nach Abschätzungen können allein im Wohnungsbestand in Deutschland etwa 50 % der derzeit eingesetzten Heizenergie eingespart werden.

Die Prozesswärmeerzeugung ist mit hohen Temperaturen verbunden, die Umwandlungsverluste liegen deshalb hier bei nahezu 50 %.

Tabelle 1.6:   Endenergieverbrauch in Deutschland nach Sektoren 1997 (GEIGER und HESS 1999)

	Endenergie [EJ]	Nutzenergie [EJ]	Nutzungsgrad [%]
Prozesswärme	2,466	1,359	55,1
Raumwärme	3,194	2,338	73,2
mechanische Energie	3,494	0,989	28,3
Information/Kommunikation	0,132	0,105	79,5
Beleuchtung	0,185	0,015	8,1
Summe	9,47	4,8	50,7

Mechanische Energie wird für elektrische und sonstige Antriebe (Diesel- und Otto-Motoren) benötigt. Auffallend ist hier der geringe Wirkungsgrad der Umwandlung in Nutzenergie von nur 28 %. Mechanische Energie wird zu zwei Dritteln vom Verkehr benötigt, der durchschnittliche Wirkungsgrad liegt hier (wegen des geringen Wirkungsgrades der kraftstoffbetriebenen Motoren) bei nur 18 %. Die Suche nach Verringerungen des Energieverbrauches lohnt deshalb vor allem im Verkehrssektor.

Der geringste Nutzungsgrad wird bei der Beleuchtung erreicht. Wegen des geringen Anteils der zur Beleuchtung eingesetzten Endenergie trägt der geringe Nutzungsgrad jedoch nur schwach zu den gesamten Umwandlungsverlusten bei.

1.3.2 Stromnutzung

In Abbildung 1.5 ist die Entwicklung der Weltstromerzeugung zwischen 1970 und 1998 dargestellt. Das Wachstum der Weltstromerzeugung übertraf in diesem Zeitraum mit 160 % das Wachstum des Weltprimärenergieverbrauches beträchtlich, d.h. ein stets zunehmender Teil des Primärenergieaufkommens wird zur Stromerzeugung eingesetzt. Die Stromerzeugungskapazitäten wachsen derzeit jährlich um etwa 80 GW, was etwa der derzeit genutzten Kraftwerksleistung in Deutschland entspricht.

Der Anteil der verschiedenen Regionen an der Weltstromerzeugung ist - analog dem Primärenergieverbrauch - sehr unterschiedlich. Etwa ein Drittel des Stromes wird in Nordamerika (USA und Kanada) erzeugt, je ein Viertel entfallen auf Europa und Asien. Der Anteil der Nachfolgestaaten der Sowjetunion geht seit 1990 zurück. Bezogen auf die Bevölkerungszahl ergibt sich ein ähnliches Bild wie beim Primärenergieverbrauch (vgl. Tab. 1.4).

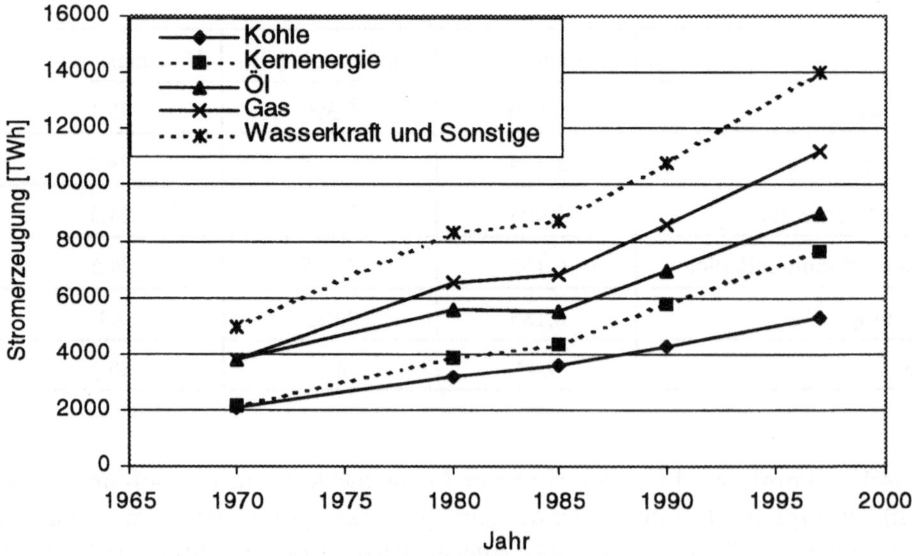

Abb.1.5:   Entwicklung der weltweiten Stromerzeugung sowie der Anteile der eingesetzten Primärenergieträger

Unter den zur Stromerzeugung genutzten Energieträgern dominiert nach wie vor mit 38 % die Kohle. Mit knapp 20 % liegt die Wasserkraft auf dem zweiten Platz, gefolgt von Kernenergie und Erdgas mit jeweils etwa 16 %. In den letzten Jahrzehnten ist der Einsatz von Erdgas (mit weiter zunehmender Tendenz) und Kernenergie zur Stromerzeugung stark angestiegen, während der Anteil von Kohle zurückgeht.

Die massive Nutzung von Strom hat in allen entwickelten Ländern bzw. Regionen über mehrere Jahrzehnte zum Aufbau einer entsprechenden Infrastruktur (Kraftwerke, Netze, Verteileinrichtungen) geführt. Diese Infrastruktur hat der Tatsache Rechnung zu tragen, dass eine kontinuierliche und qualitätsgerechte Stromlieferung (Einhaltung von Spannung und Frequenz) nur erfolgen kann, wenn zu jedem Zeitpunkt ein Gleichgewicht zwischen erzeugtem Strom und verbrauchtem Strom im gesamten Netz besteht. Während langfristige Bedarfsschwankungen (etwa zwischen Sommer- und Wintermonaten) noch relativ einfach beherrscht werden können, erfordern kurzfristige Bedarfschwankungen neben entsprechenden Voraussetzungen in den Kraftwerken auch überregionale und regionale „Lastverteiler".

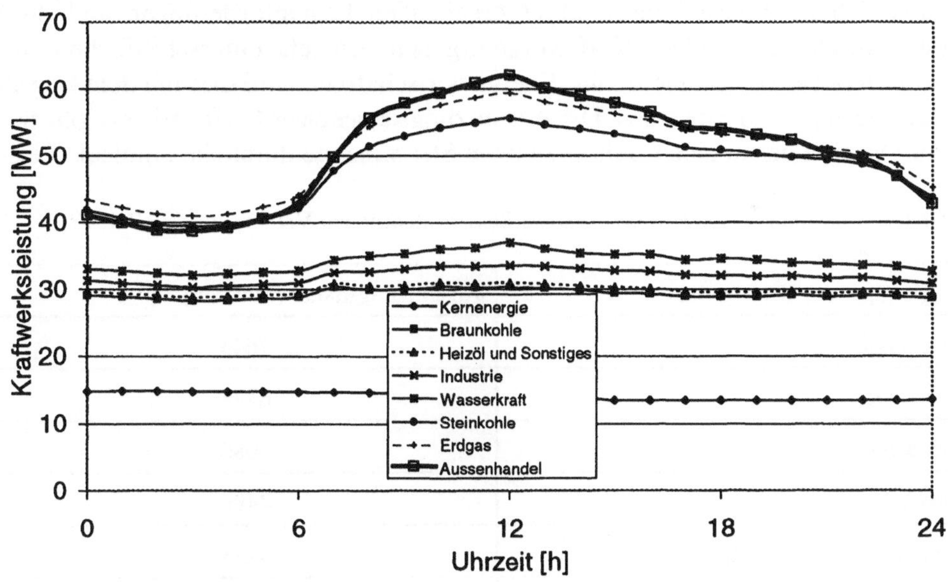

Abb. 1.6:   Lastgang in der BRD an einem Werktag im Sommer

In Abbildung 1.6 ist der tägliche Strombedarf in Deutschland an einem typischen Werktag im Sommer dargestellt. Die gegen 12 Uhr auftretende Lastspitze liegt um mehr als 50 % über dem in der Nacht auftretenden niedrigsten Bedarf. In Abbildung 1.6 ist auch dargestellt, durch welchen Kraftwerkspark (Energieträger) der auftretende Strombedarf jeweils gedeckt wurde. Danach arbeiten Kernkraftwerke und Braunkohlekraftwerke praktisch 24 Stunden mit konstanter Last (Grundlastkraftwerke). Ebenso tragen Laufwasserkraftwerke, Kraftwerke auf Heizölbasis sowie der Bezug von Industriekraftwerken kaum zur Deckung des Spitzenbedarfes bei. Den größten Beitrag zur Deckung der Spitzenlast erbringen die Steinkohlekraftwerke (Mittellastkraftwerke). Auch die Gasturbinenkraftwerke tragen wesentlich zur Deckung der Verbrauchsspitze bei. Sie sowie die Pumpspeicherkraftwerke (ihr Beitrag ist in Abbildung 1.6 in der Wasserkraft enthalten!) gelten als Spitzenlastkraftwerke, die sehr kurzfristige Laständerungen ausgleichen können. Ein durchaus nennenswerter Beitrag zur Deckung der Lastspitze wurde zudem durch Stromimporte erbracht.

Der in Abbildung 1.6 gezeigte Lastgang gilt grundsätzlich auch im Winter. Jedoch ist hier der durch den Nachtverbrauch gekennzeichnete Grundlastbedarf höher (etwa 55 GW) und in der Lastspitze verbreitert sich das Maximum auf den Zeitraum zwischen 12 und 18 Uhr. Die Leistungshöchstlast (ca. 90 GW)wird im Winter meist gegen 18 Uhr erreicht.

Aus den sich im Verlauf eines Jahres ergebenden Lastanforderungen und ihrer Deckung durch die einzelnen Kraftwerke ergeben sich sehr unterschiedliche Laufzeiten der Kraftwerke in einem Jahr. Energiewirtschaftlich wird dies mit dem Begriff Ausnutzungsdauer ausgewiesen. Die Ausnutzungsdauer eines Kraftwerkes ergibt sich aus der Division der in einem Jahr erzeugten Strommenge durch die nominale Leis-

Tabelle 1.7:   Ausnutzungsdauern der Kraftwerke der öffentlichen Versorgung (BRD 1997)

Energieträger der Kraftwerke	Ausnutzungsdauer [Stunden]
Kernenergie	7645
Braunkohle	6438
Laufwasser	5086
Steinkohle	4496
Steinkohle mit Mischfeuerung	4231
Speicherwasser	1950
Erdgas	1591
Pumpspeicher mit natürlichen Zulauf	902
Pumpspeicher ohne natürlichen Zulauf	780
Heizöl	204

tung des Kraftwerkes. In Tabelle 1.7 sind die im Jahr 1997 erreichten Durchschnittswerte der Ausnutzungsdauern von deutschen Kraftwerken angegeben. Eine merkliche Zunahme der Ausnutzungsdauer der Gaskraftwerke in den letzten Jahren deutet deren verstärkte Nutzung auch im Grundlastbereich an.

Die kurzfristige Bilanzierung von erzeugtem und verbrauchtem Strom erfolgt weitgehend automatisch durch die Verteileinrichtungen (Lastverteiler). Dazu werden in den Kraftwerken ständig freie Kapazitäten bereitgehalten, um Bedarfsschwankungen und gegebenenfalls auch den Ausfall einzelner Kraftwerksblöcke zu kompensieren. Zur weiteren Erhöhung der Versorgungssicherheit sind in Europa die nationalen Netze miteinander verbunden.

Die Stromerzeugung erfolgt heute in den Industrieländern vorwiegend in großen Kraftwerken mit typischen Leistungen von einigen hundert bis einigen tausend Megawatt. Die Verteilung der Energie innerhalb eines Landes sowie der Stromaustausch mit den Nachbarländern erfolgt über das sogenannte Verbundnetz (Abbildung 1.7). Das Verbundnetz wird durch die Höchstspannungsleitungen (220 oder 380 kV) gebildet. Es dient der Großraumversorgung und dem überregionalen Stromaustausch. Zur regionalen Verteilung wird der Strom auf das Hochspannungsniveau (110 kV) transformiert. Einzelne, sehr große Abnehmer (auch Weiterverteiler) werden von dieser Spannungsebene direkt versorgt. Auch die Versorgung einzelner Stadtteile in Großstädten erfolgt auf dieser Spannungsebene. Über weitere Umspannwerke erfolgt dann die Transformation in die Mittelspannungsebene (10 bzw. 20 kV). Zur Versorgung der Haushalte und Kleinverbraucher erfolgt schließlich noch eine Transformation zur Niederspannungsebene (0,4 kV). Insbesondere in der Niederspannungs- und

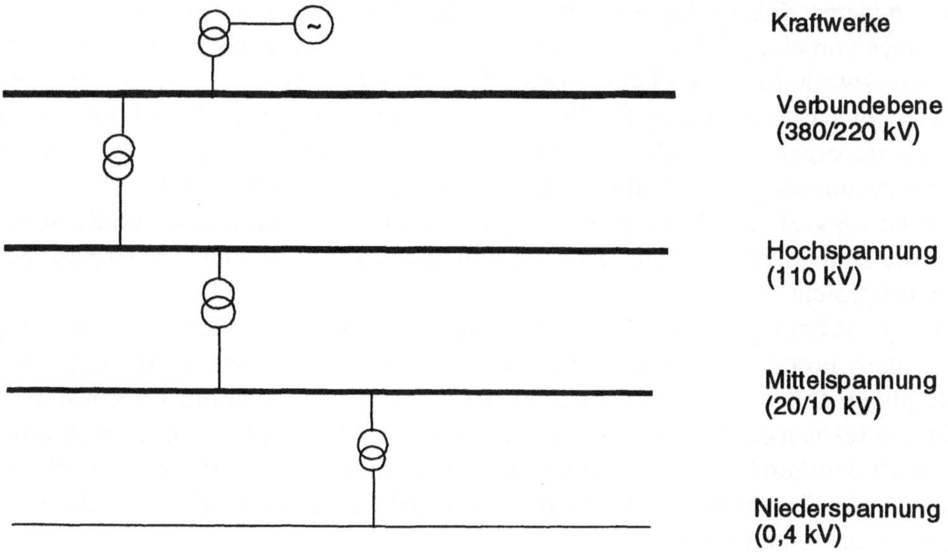

Abb. 1.7:   Stromerzeugung und -verteilung in Netzen

Mittelspannungsebene werden heute meist Erdkabel zum Stromtransport verwendet, während in den anderen Spannungsebenen außerhalb von Städten nur Freileitungen verwendet werden.

Die dargestellte Struktur der Elektroenergieversorgung besteht in allen dicht besiedelten Regionen der entwickelten Länder. In deren dünner besiedelten Regionen (vgl. Abbildung 4.19) sowie in den meisten Entwicklungs- und Schwellenländern werden vorwiegend sogenannte Inselnetze betrieben. Hier wird durch ein oder mehrere (Klein-)Kraftwerke der Bedarf der Verbraucher der betreffenden Region gedeckt. Der Leistungsbereich schwankt zwischen einigen Kilowatt und einigen Hundert Megawatt. Der Ausfall einzelner Kraftwerke in Inselnetzen ist naturgemäß schwieriger zu kompensieren, er führt mitunter zu Versorgungseinschränkungen.

In großen ländlichen bzw. unwegsamen Gebieten von Entwicklungsländern steht heute noch keinerlei elektrische Energie zur Verfügung. Dies betrifft 2 bis 3 Milliarden Menschen auf der Erde.

1.3.3 Perspektiven der Energieversorgung

Die Perspektiven der Energieversorgung werden vor allem durch den Umfang der vorhandenen Primärenergieträger, die Entwicklung der Weltbevölkerung und die mit der Energieumwandlung verbundenen Umweltbelastungen bestimmt.

Die konventionellen Energieträger (Kohle, Erdgas, Erdöl) entstanden in erdgeschichtlich weit zurückliegender Zeit über relativ lange Zeiträume. Die meisten Steinkohlevorräte bildeten sich im Karbon (etwa vor 300 Millionen Jahren) während eines Zeitraumes von einigen Millionen Jahren. Braunkohle ist erheblich jünger, sie entstand vor etwa 30 Millionen Jahren. Beide Kohlearten entstanden aus abgestorbenen Pflanzen unter Luftabschluss, der Prozess wird Inkohlung genannt. Erdöl entstand ebenfalls aus organischem Material (im Wasser lebende Mikroorganismen) etwa zur Zeit der Braunkohle. Auch Erdgas entstand aus organischem Material.

In Tabelle 1.8 sind Angaben zum bisherigen Verbrauch, den Reserven und Ressourcen sowie zum derzeitigen jährlichen Verbrauch der konventionellen Energieträger zusammengestellt.

Von den ursprünglich vorhandenen Ölvorräten wurde bereits ein Drittel verbraucht, eine weitere Förderung auf dem Niveau von heute führt in etwa 70 Jahren zur Erschöpfung. Die Gasvorräte wurden bisher zu 12 % ausgeschöpft, bei konstanter Förderung reichen die Vorräte noch etwa 150 Jahre. Mangels Erfassung - insbesondere im 19. Jahrhundert - liegen Angaben über den bisherigen Verbrauch von Kohle nicht vor. Die Reserven und Ressourcen sind jedoch um mehr als den Faktor 10 größer als die von Öl und Gas.

Nach den Angaben in Tabelle 1.8 scheint die Energieversorgung auf der Basis konventioneller Energieträger zumindest im Zeitraum des 21. Jahrhunderts denkbar.

Dennoch zeigen die Angaben, dass die im Laufe vieler Jahrmillionen entstandenen konventionellen Energievorräte derzeit innerhalb von wenigen hundert Jahren verbraucht werden (vgl. Abbildung 1.11). Berücksichtigt ist dabei noch nicht der

Tabelle 1.8:   Vorräte konventioneller Energieträger im Jahr 1997 (BMWi 1999)

Energieträger	Kumulierter Verbrauch	Reserven	Ressourcen	Jährlicher Verbrauch	Reichweite [Jahre]
Öl [Milliarden t]	114,5	151	76	3,4	44
Gas [Billionen m³]	60	153	226	2,3	66
Steinkohle [Milliarden t]	487	487	6665	3,0	170
Braunkohle [Milliarden t]		71	379	0,3	241
Uran, Thorium [Millionen t]		5	5,94	0,06	80

Umstand, dass die meisten der in Tabelle 1.8 dargestellten Energieträger auch als Grundstoff für andere Industrien (zum nichtenergetischen Einsatz) benötigt werden. Dies trifft insbesondere auf das Erdöl zu.

Auf das Problem der ungleichen Verteilung der vorhandenen Bodenschätze sei hier nur hingewiesen. Die sich daraus möglicherweise ergebenden politischen, juristischen und wirtschaftlichen Probleme können gegenwärtig nur schwer beurteilt werden.

Auch die Kernenergie stellt heute eine etablierte Energiewandlungstechnik dar, die Stromerzeugung aus Uran-235 gilt seit etwa 1970 als industriell eingeführt. Für eine künftige Nutzung sind derzeit Uran-Reserven von etwa 970 EJ (entsprechend 2,3 Millionen t Natururan) nachgewiesen. Auf einen ähnlichen Betrag werden die Ressourcen geschätzt. Neben Uran kann als Kernbrennstoff auch Thorium genutzt werden, dessen Reserven auf ein Äquivalent von 900 EJ geschätzt werden. Bei einem jährlichen Uran-Verbrauch von 60000 t liegt die Reichweite der Uran-Reserven bei Einsatz in den derzeit genutzten Leichtwasserreaktoren bei etwa 80 Jahren. Eine Verlängerung um den Faktor 1,5 ist möglich, falls der verbrauchte Brennstoff wiederaufgearbeitet wird. Grundsätzlich ist jedoch festzuhalten, dass mit der gegenwärtig verfügbaren Technik (insbesondere bei rasch wachsendem Verbrauch) die Vorräte an Kernbrennstoff kaum 100 Jahre reichen werden. Sie bietet also keine Möglichkeit für eine nachhaltige Entwicklung des Energiemarktes.

Die Situation könnte sich grundsätzlich ändern, wenn die als Schneller Brutreaktor bezeichnete Reaktortechnologie zur industriellen Reife käme. Sie erlaubt eine Ausnutzung des Kernbrennstoffes, die über den Faktor 60 größer ist als bei der derzeit genutzten Technologie. Der Einsatz von Schnellen Brutreaktoren könnte prinzipiell die Energieversorgung der Erde für mehrere Jahrhunderte sicherstellen. Das damit verbundene Energiepotenzial entspricht etwa dem doppelten Wert aller fossilen Energievorräte.

Insbesondere seit dem Unfall in Tschernobyl ist die öffentliche Akzeptanz der Kernenergienutzung allerdings stark gesunken. Es werden kaum noch Kernkraftwerke gebaut, die Förderung von Uran halbierte sich zwischen 1983 und 1993. Auch die Entwicklung der Brütertechnologie wurde praktisch eingestellt.

Forderungen nach einem Verzicht und definitivem Ausstieg aus der Kernenergienutzung sind Bestandteil der Politik in vielen Ländern. Neben der Bewertung der akuten Gefahren spielt in diesen Diskussionen vor allem auch die Frage der Behandlung (Endlagerung) nuklearer Abfälle eine große Rolle. Daher sind die Entwicklungschancen der Kernenergie im 21. Jahrhundert schwierig einzuschätzen. Grundsätzlich haben die entwickelten Länder (die bisher fast allein über diese Technologien verfügen) die materiellen und finanziellen Ressourcen zur Entwicklung einer Energiewirtschaft ohne Nutzung von Kernenergie. Der Ersatz der heute weltweit durch Kernkraftwerke erzeugten Strommengen (2000 Milliarden kWh) etwa durch Strom aus konventionellen Kraftwerken würde allerdings zu einer erheblichen zusätzlichen CO_2-Produktion (s.u.) führen. Andererseits erscheint der Vollzug eines Kernenergieausstieges allein auf der Basis von Energieeinsparungen angesichts der Rolle der Elektroenergie in modernen Volkswirtschaften nicht realistisch.

Neben der Spaltung von schweren Atomkernen kann die Kernenergie auch durch Verschmelzung (Fusion) von leichten Atomkernen freigesetzt werden. Die Reaktionen laufen in stabiler Form seit mehreren Milliarden Jahren im Inneren der Sonne ab (vgl. Kap. 2). Auf der Erde sind Kernverschmelzungsreaktionen bisher nur kurzzeitig in Wasserstoffbomben erzeugt worden. Die stabile und kontrollierte Kernfusion zur Energieproduktion befindet sich nach wie vor im Forschungsstadium. Mit ihrer Realisierung ist aus heutiger Sicht nicht vor Mitte des neuen Jahrhunderts zu rechnen.

Der zweite Gesichtspunkt bei der Beurteilung der Perspektiven der Energieversorgung ist die Entwicklung der Weltbevölkerung. Die Weltbevölkerung wächst seit einigen Jahrzehnten exponentiell. In Abbildung 1.8 ist die Entwicklung seit der Zeitenwende dargestellt. Lebten 1925 etwa 2 Milliarden Menschen auf der Erde, waren es 1950 bereits 3 Milliarden und 1964 bereits 4 Milliarden Menschen.

Nach dem UN-Bevölkerungsbericht von 1999 leben heute 6 Milliarden Menschen auf der Erde. Die mit diesem Wachstum verbundene Dynamik ist in Tabelle 1.9 dargestellt.

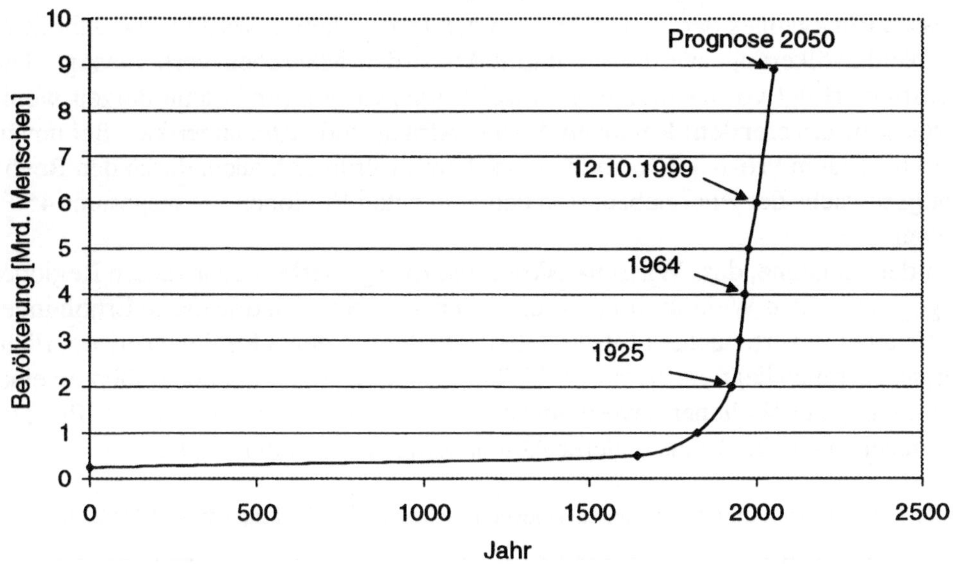

Abb. 1.8:   Entwicklung der Weltbevölkerung seit der Zeitenwende

Die mit einem raschen Bevölkerungswachstum verbundenen Probleme lassen sich u. a. am Beispiel der früheren Sowjetunion erkennen. Dort wuchs die Bevölkerung zwischen 1960 und 1985 rascher als die Industrieproduktion. Das Lebensniveau konnte nicht gehalten, geschweige denn verbessert werden. Auch dies hat ganz sicher zum Untergang dieses Staates beigetragen. Eine ähnliche Situation findet man heute in vielen Entwicklungsländern.

Tabelle 1.9:   Dynamik der Bevölkerungsentwicklung

Derzeitiger Stand	6 Milliarden
Durchschnittsalter	26 Jahre
Mittlere Lebenserwartung	65 Jahre
Geburtenrate	350 000 pro Tag
Sterberate	140 000 pro Tag
Geburtenüberschuss	77,7 Millionen p.a.
Prognose	9 bis 10 Milliarden im Jahr 2050

Die weitere Entwicklung der Weltbevölkerung lässt sich nur abschätzen. Trotz eines
gewissen Rückganges der Zuwachsrate in den letzten Jahren wird für das Jahr 2025
eine Weltbevölkerung zwischen 7 und 8 Milliarden Menschen vorhergesagt. Das
Wachstum erfolgt vor allem in den wirtschaftsschwachen (und damit derzeit wenig
Energie konsumierenden) Regionen Asiens, Afrikas und Lateinamerikas. Bei unverändert niedrigem Pro-Kopf-Verbrauch wie heute würde sich allein durch den Bevöl-
kerungszuwachs der Energiebedarf in den genannten Regionen um insgesamt 45 EJ
erhöhen.

Unter der Annahme, dass Wirtschaftskraft und Energieverbrauch in diesen Regionen
den gegenwärtigen Weltdurchschnitt erreichen, ergeben sich drastische Erhöhungen
des Weltenergieverbrauches (Tabelle 1.10). Der dann in den 3 Regionen erforderliche
Energieverbrauch liegt um etwa 234 EJ über dem derzeitigen Bedarf, er führt zu einer
Verdopplung des Weltenergieverbrauches im genannten Zeitraum. Zu dieser Prognose kommen auch eine Reihe anderer Abschätzungen (vgl. Abb. 1.11).

Tabelle 1.10: Entwicklung des Primärenergieverbrauches in Entwicklungsländern bis 2025

| | Bevölkerung [Millionen] | | Energieverbrauch 2025 [EJ] bei | |
	1990	2025	konstantem Pro-Kopf-Verbrauch	Erreichen des Durchschnittes
Afrika	680	1100	14,6	58,6
Lateinamerika	456	800	27,8	52,7
Asien	3200	4200	111,3	243,2
Summe	4336	6100	153,7	354

Für die konventionellen Energieträger bedeutet das, dass sich deren Reichweite in
relativ kurzer Zeit praktisch halbiert. Danach ist mit Engpässen bei der Ölversorgung
bereits in den ersten Jahrzehnten dieses Jahrhunderts zu rechnen, nach etwa 2050
trifft dies auch für Gas zu.

Das dritte, die Perspektiven der Energiewirtschaft beeinflussende Problem sind die
damit verbundenen Umweltbelastungen. Seit etwa 30 Jahren wird als Nebenwirkung
der starken fossilen Energienutzung ein deutlicher Anstieg des CO_2-Gehaltes in der
Atmosphäre festgestellt und untersucht. Kohlendioxid ist als Spurengas natürlicher
Bestandteil der Atmosphäre, seine Konzentration betrug in vorindustrieller Zeit etwa
280 ppm. Zusammen mit dem in der Luft enthaltenen Wasserdampf bewirkt das CO_2
einen natürlichen - und lebenswichtigen - Treibhauseffekt. Durch den Treibhauseffekt
wird die Abstrahlung von Wärme von der Erdoberfläche in das Weltall vermindert.
Der natürliche Treibhauseffekt trägt damit wesentlich dazu bei, die mittlere Tempera-

tur auf der Erdoberfläche bei 15 °C zu halten. Ohne diesen Effekt würde diese Temperatur etwa 30 Grad niedriger sein.

Zu diesem natürlichen Treibhauseffekt kommt der durch menschliches Wirken verursachte - anthropogene - Treibhauseffekt. Dieser Effekt wirkt ebenso temperaturerhöhend und damit u.U. langfristig klimaändernd. Ein Zusammenhang zwischen dem CO_2-Gehalt der Atmosphäre und der globalen Temperatur wurde u.a. aus Messungen an Bohrkernen aus Grönland und der Antarktis gefunden. Durch die im Eis vor vielen tausend Jahren eingeschlossenen Luftblasen konnte rückwirkend sowohl die Temperatur als auch die CO_2-Konzentration ermittelt werden. Eine deutliche Korrelation bestätigt den Zusammenhang über längere Zeiträume.

Zum anthropogenen Treibhauseffekt tragen mehrere Komponenten bei (Tabelle 1.11). Die mit der Energienutzung untrennbar verbundene CO_2-Bildung (80 % der gesamten CO_2-Komponente) und die Freisetzung von CH_4 haben daran jedoch den größten Anteil. Die zur Energieerzeugung eingesetzten fossilen Energieträger setzen nicht in gleichem Maße (bezogen auf den Energiegehalt) CO_2 frei. Pro erzeugte Kilowattstunde Energie entstehen aus Braunkohle 0,4 kg, aus Steinkohle 0,33 kg, aus Erdöl 0,27 kg und aus Erdgas 0,2 kg CO_2. Von den Anbietern der letztgenannten Energieträger wird der damit verbundene Umweltvorteil oft hervorgehoben, er gilt allerdings angesichts knapper Vorräte nur noch für wenige Jahrzehnte. Erdgas besteht zudem im wesentlichen aus CH_4, einem ebenfalls den Treibhauseffekt fördernden Gas. Praktisch unvermeidliche Leckagen während der Förderung und des Transports von Erdgas heben den Vorteil geringerer CO_2-Emission wieder auf, falls die Leckagen 1 bis 2 % der Fördermenge übersteigen.

Tabelle 1.11: Treibhausgase

	Anteil %	jährl. Wachstum (%)	Ursache
CO_2	50	0,4	Energie, Waldrodungen, Landwirtschaft, Chemie
CH_4	13	0,6	Viehzucht, Erdgaslecks, Kohleabbau
FCKW	24	4	Kältemittel, Sprühdosen
N_2O (Lachgas)	5	0,3	Waldrodungen, Landwirtschaft
andere Effekte	8		

In Abbildung 1.9 ist die Entwicklung des CO_2-Gehaltes in der Atmosphäre seit vorindustrieller Zeit dargestellt. Danach stieg zwischen 1950 und 1999 der CO_2-Gehalt stärker (um 60 ppm) als in den 200 Jahren davor (30 ppm).

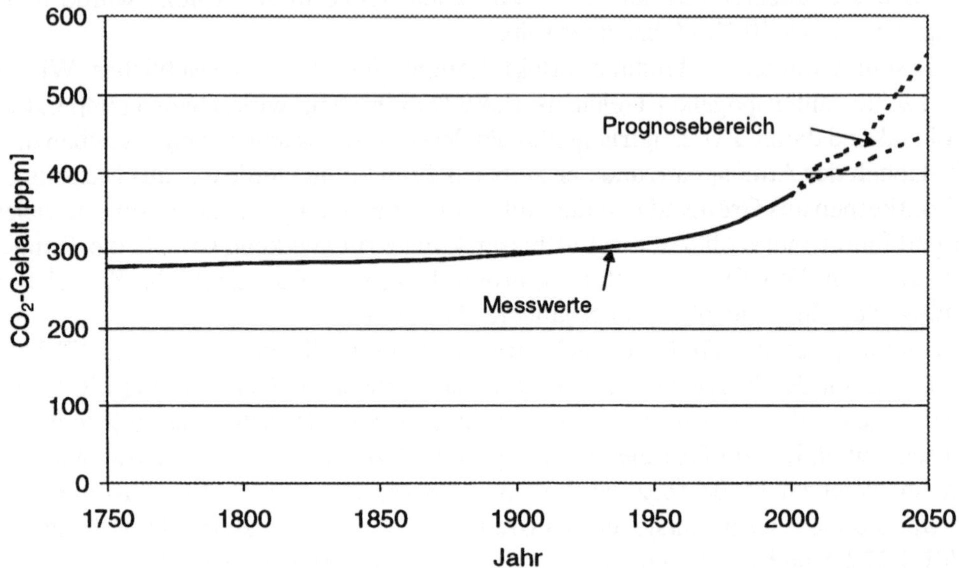

Abb. 1.9:   Entwicklung des CO_2-Gehaltes der Atmosphäre seit 1750 und Prognose der Entwicklung nach verschiedenen Szenarien (IPCC 2000)

Zur Bewertung des Einflusses des wachsenden CO_2-Gehaltes auf das weltweite Klima werden Klimamodellrechnungen durchgeführt. Obwohl die theoretischen Rechnungen noch nicht stabil sind und auch unter den Meteorologen die Aussagekraft der Rechnungen umstritten ist, wird das Überschreiten eines Wertes von 550 ppm CO_2 (das ist das Doppelte des vorindustriellen Wachstums) allgemein als kritisch angesehen. Bei der oben skizzierten Entwicklung des Weltenergieverbrauches kann diese Schwelle noch in der ersten Hälfte des 21. Jahrhunderts erreicht werden (Abb. 1.9). Dies würde zu globalen Temperaturänderungen von etwa (3 ± 1,5)°C führen. Praktisch würden durch eine solche Entwicklung die entwickelten Länder bevorzugt: Einerseits könnten sie den negativen Auswirkungen (etwa: Erhöhung des Meeresspiegels) besser begegnen, andererseits würden sich in nördlichen Breiten z.B. die Vegetationsbedingungen verbessern. Weniger entwickelte Länder dürften dagegen generell in noch stärkere Schwierigkeiten geraten.

Als energetische Konsequenz dieser Zusammenhänge entsteht die Frage, welche anthropogene CO_2-Emission bis zum Erreichen des o. g. CO_2-Grenzwertes noch zulässig ist. Dabei ist zu beachten, dass auch die Konzentration der übrigen in Tabelle 1.11 aufgeführten treibhausrelevanten Gase ständig zunimmt. In den einschlägigen Rechnungen wird deshalb der Beitrag der übrigen Gase summarisch mit dem CO_2-Anteil in einem "äquivalenten" CO_2-Gehalt zusammengefasst. Die maximal akzeptablen 550 ppm CO_2-Gehalt entsprechen dem äquivalenten CO_2-Gehalt. Ausgehend vom gegenwärtigen Niveau (350 ppm CO_2) sollte der CO_2-Anteil deshalb auf 450 ppm begrenzt werden, die restlichen 100 ppm sind dem Beitrag der anderen Gase zuzurechnen.

Während der letzten Jahre wurden jährlich etwa 30 Milliarden t CO_2 anthropogen freigesetzt (22 Milliarden t durch Verbrennung fossiler Brennstoffe, 8 Milliarden t durch Waldrodung/Landnutzung). Etwa die Hälfte davon wurde durch die Weltmeere und durch Speicherung in der Landbiosphäre aufgenommen, etwa 13 Milliarden t verblieben in der Atmosphäre und führten zu einer Erhöhung des jährlichen CO_2-Anteiles um 1,4 ppm bis 1,8 ppm. Werden die gleichen Relationen für die Zukunft vorausgesetzt, so führt die weitere Freisetzung von 1500 Milliarden t CO_2 zu dem als kritisch angesehenen atmosphärischen CO_2-Gehalt von 450 ppm. Wegen des angegebenen jährlichen energiebedingten Ausstoßes würde - bei unveränderter Struktur und konstantem Umfang des Energieverbrauches - der Grenzwert von 1500 Milliarden t CO_2 in knapp 50 Jahren erreicht. Wegen des ständig steigenden Energieverbrauches liegt dieser Zeitpunkt jedoch deutlich näher.

Die entscheidende Konsequenz dieser Aussage besteht darin, dass die vorhandenen fossilen Primärenergieträger nicht ausgeschöpft werden können. Die Begrenzung ihres Einsatzes besteht primär nicht auf der Ressourcenseite, sondern gewissermaßen auf der "Abfallseite" ihres Einsatzes.

Die Erkenntnis und Akzeptanz dieser Zusammenhänge hat sowohl zu nationalen als auch internationen CO_2-Reduktionsszenarien und ersten Vereinbarungen geführt. In Deutschland ist vorgesehen, bis zum Jahr 2005 die CO_2-Emissionen um 25 % gegenüber dem Stand von 1990 zu senken. Die bisher erreichte Reduktion von 16 % beruht allerdings zum größten Teil auf dem Strukturwandel der ostdeutschen Industrie, die Erreichbarkeit des Gesamtzieles erscheint derzeit eher fraglich.

1.4 Beiträge von erneuerbaren Energien

1.4.1 Derzeitiger Entwicklungsstand

In Abbildung 1.10 sind die erneuerbaren Energiequellen und die von ihnen ausgehenden Primärenenergieströme (meist als erneuerbare Energiequellen bezeichnet) dargestellt. Die Solarstrahlung ist die größte terrestrische erneuerbare Energiequelle. Sie kann über geeignete Wandler direkt in die Endenergien Strom und Wärme verwandelt werden. Zugleich bewirkt sie über die Photosynthese das Wachstum von Biomasse sowie über die atmosphärische Zirkulation das Entstehen von Wind- und Wasserkräften. Im Vergleich zur Solarstrahlung liefern die Geothermie und die Gravitationskräfte der Himmelskörper (Mond, Sonne) nur marginale Beiträge, die

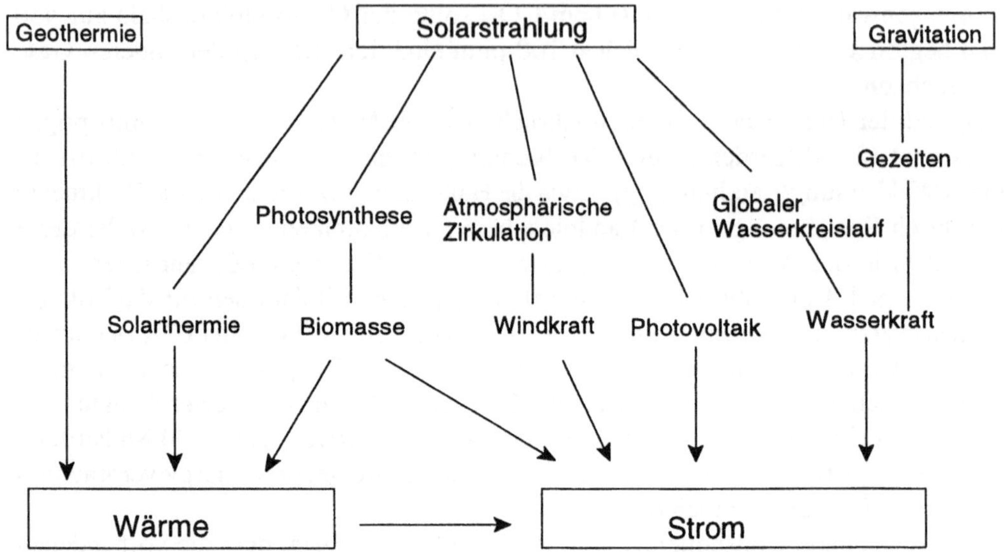

Abb. 1.10:   Erneuerbare Energiequellen und die von ihnen ausgehenden Energieströme. Der untere horizontale Pfeil steht für die Stromerzeugung aus Hochtemperaturwärme mittels thermodynamischer Kreisprozesse

zudem noch lokal begrenzt sind. Letztere können nur in bestimmten Regionen substantielle Beiträge zur Energieversorgung liefern.

Außerhalb der Erdatmosphäre beträgt die solare Strahlungsleistung 1,35 kW/m^2 (vgl. Abschnitt 2.1). Auf die der Sonne zugewandte Erdoberfläche ($1{,}27 \cdot 10^{14}$ m^2) entfällt demnach eine Strahlungsleistung von $1{,}72 \cdot 10^{17}$ W, im Jahr ergibt dies eine Energie von 5,42 Millionen EJ.

Verglichen mit dem jährlichen Energieverbrauch auf der Erde (etwa 400 EJ) ist dies eine unvorstellbare Menge, sie wird allerdings zum größten Teil für die Aufrechterhaltung der natürlichen Lebensbedingungen auf der Erde benötigt.

Etwa 30 % der eingestrahlten Jahressumme werden von der Atmosphäre direkt zurückgestrahlt. Ein Anteil von rund 20 % der Gesamtenergie wird zur Verdunstung von Wasser (vorwiegend über den Weltmeeren) verbraucht. Von der verbleibenden Energie von 2,6 Millionen EJ werden 100000 EJ für die atmosphärische Zirkulation (Wind), die Wellen sowie den Antrieb der Meeresströme verbraucht. Ein Anteil von 200000 EJ wird zur Photosynthese genutzt. Dabei entsteht - mit sehr geringem Nutzungsgrad - Biomasse mit einem Heizwert von 2000 EJ.

Der verbleibende Rest (2,3 Millionen EJ) wird letztlich in Wärmeenergie umgewandelt, er ist für eine menschliche Nutzung prinzipiell zugänglich. Auf die bewohnten

Kontinente entfällt davon ein Anteil von 670000 EJ. Dieser Primärenergiestrom beträgt etwa das 1900 fache des derzeitigen Weltprimärenergieverbrauches, auch unter Berücksichtigung eines noch steigenden Energiebedarfs stellt dieser kontinuierliche Primärenergiestrom ein riesiges Reservoir dar.

An dieser Stelle sind drei Anmerkungen nötig. Bei den dargestellten Zahlen handelt es sich um Primärenergieströme. Letztlich wird jedoch Endenergie (Strom, Wärme, Kraft) benötigt, durch die Nutzungsgrade der realisierbaren Umwandlungsprozesse treten große Verluste ein.

Zweitens ergeben sich teilweise erhebliche Nutzungseinschränkungen bzw. Mehraufwendungen durch die geringe Energiedichte und insbesondere das fluktuierende Angebot der Primärenergieströme. Eine breite Nutzung erneuerbarer Energieströme ist mit einem immerhin merklichen Flächenbedarf sowie dem Einsatz zusätzlicher (auch saisonaler) Energiespeicher verbunden.

Drittens enthält das abgeschätzte theoretische Potenzial definitionsgemäß keine Aussage über die technische Realisierbarkeit sowie die Wirtschaftlichkeit entsprechender Umwandlungsprozesse.

In Tabelle 1.12 sind die weltweiten Potenziale der in Abbildung 1.11 dargestellten Primärenergieströme zusammengestellt. Das technische Potenzial liegt in der Summe beim 3- bis 4-fachen des heutigen Weltenergieverbrauches. Etwa zwei Drittel der möglichen technischen Potenziale entfallen auf die Solarstrahlung.

Tabelle 1.12: Globale Potenziale der Primärenergieströme (nach NITSCH 1999). Die Nutzung des technischen Potenzials der Solarstrahlung erfordert etwa 2 % der globalen Landfläche (3 Millionen km², vgl. auch Tab. 2.1)

Primärenergie	natürliches Potenzial [EJ]	technisches Potenzial (Endenergie)	Endenergieform	derzeit bereits genutzt [%]
Solarstrahlung	670000	160000 TWh 400 EJ	Strom Wärme	0,02
Windenergie	55000	36000 TWh	Strom	0,06
Wasserkraft	275	7000 TWh	Strom	35
Biomasse (nachhaltig nutzbar)	100	30-60 EJ	Strom Wärme Kraftstoff	10
Geothermie	1400	300 EJ	Strom Wärme	0,3
Gezeitenenergie, Wellenenergie	275	3600 TWh	Strom	0,02

Die tatsächliche Nutzung der verfügbaren erneuerbaren Energiequellen im beginnenden Jahrhundert hängt von vielen Faktoren ab. Bisher wurde - vor allem aus wirtschaftlichen Gründen - allein die Wasserkraft in nennenswertem Umfang genutzt. Mit ihrem Anteil von etwa 20 % an der Weltstromerzeugung werden jedoch erst 35 % des in Tabelle 1.12 angegebenen Potenzials der Wasserkraft ausgeschöpft. Die weitere Ausschöpfung der bekannten Wasserkraftpotenziale stößt allerdings auch auf Vorbehalte (Umweltaspekte).

Im letzten Jahrzehnt konnte durch technische Weiterentwicklungen auch die Windkraftnutzung die Schwelle zur Wirtschaftlichkeit erreichen (Stromgestehungskosten etwa 0,1 bis 0,25 DM je Kilowattstunde). Jährlich werden derzeit Windenergiekonverter mit einer Leistung von 2,5 GW neu errichtet. In Deutschland, dem führenden Land in der Windkraftnutzung, waren Ende 1999 Windenergiekonverter mit einer Leistung von 4,5 GW in Betrieb, sie können etwa 2 % des jährlichen Strombedarfes decken (8 TWh). Für das Jahr 2010 wird in Deutschland eine Stromerzeugung von 25 TWh aus Windenergiekonvertern erwartet.

Die Beiträge der Gezeitenenergie und der Geothermie zur Energieversorgung bleiben bisher marginal. Da ihr Auftreten an bestimmte Regionen gebunden ist, können auch auf lange Sicht nur regional wirksame Beiträge erwartet werden.

Der bereits relativ hohe Stand der Biomassenutzung ist zum größten Teil auf die ökologisch nicht tolerierbare Nutzung von Brennholz (nichtkommerzielle Energie) in den Entwicklungsländern zurückzuführen. Eine verstärkte Nutzung der Biomasse für energetische Zwecke ist vor allem unter dem Aspekt der möglichen alternativen Gewinnung von Kraftstoff interessant. Sie ist allerdings nur denkbar, wenn das Ernährungsproblem weltweit annähernd gelöst ist.

Auf die Nutzung der Solarstrahlung zur photovoltaischen Stromerzeugung wird im nächsten Abschnitt eingegangen. Eine alternative Möglichkeit der Stromgewinnung aus Solarstrahlung bieten solarthermische Kraftwerke. Dabei wird unter Nutzung von konzentrierenden Empfänger-Systemen (Parabolrinnen-Spiegel) durch die Solarstrahlung Wasserdampf erzeugt, der dann über eine konventionelle Turbine Strom erzeugt. Grundsätzlich können solarthermische Kraftwerke nur in Regionen mit sehr hoher Einstrahlung (vgl. Abb. 2.8) arbeiten. Mehrere solcher Anlagen mit einer Gesamtleistung von 350 MW arbeiten seit einigen Jahren erfolgreich in Kalifornien, Projekte für Nachfolgeanlagen werden auch im Mittelmeerraum verfolgt. Die Kosten für solarthermisch erzeugten Strom liegen gegenwärtig bei etwa 0,3 DM je Kilowattstunde.

Die solare Stromerzeugung steht in gewisser Weise in Konkurrenz zur Wärmeerzeugung aus Solarstrahlung, für welche in vielen gemäßigten Regionen ebenfalls ein großer Bedarf besteht. In Abhängigkeit vom Standort und der Anlagengröße liegen die Wärmegestehungskosten in solarthermischen Anlagen zwischen 0,2 und 1,0 DM je Kilowattstunde.

Zumindest für die erste Hälfte dieses Jahrhunderts liegen eine Reihe Szenarien über

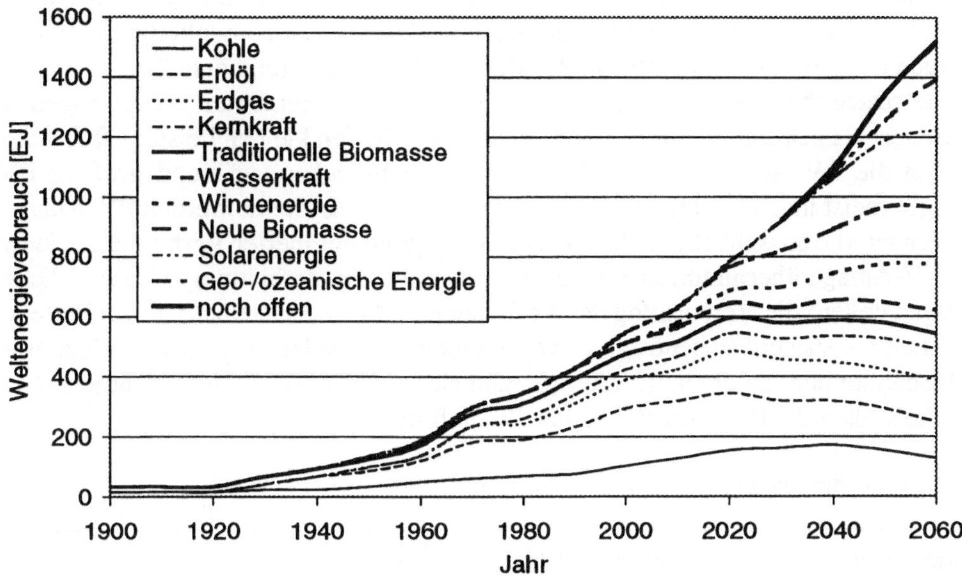

Abb. 1.11:   Entwicklung des Weltprimärenergieverbrauches nach einer neueren Studie (SHELL 1999, Szenario: Nachhaltiges Wachstum)

die Entwicklung und Struktur des Weltenergieverbrauches vor, die aufgrund verschiedener Annahmen über die Entwicklung der Weltbevölkerung sowie der technischen, wirtschaftlichen und politischen Entwicklung für bestimmte Ländergruppen abgeleitet wurden. In Abbildung 1.11 ist ein derartiges Szenario dargestellt. Es geht von einer Verdreifachung des Weltenergiebedarfes bis zum Jahr 2060 aus. Danach werden in den nächsten Jahrzehnten durch Biomasse, Windenergie und Solarenergie merkliche Zuwachsraten erwartet.

1.4.2 Beiträge der Photovoltaik zur Stromversorgung

Beim gegenwärtigen Entwicklungsstand der Photovoltaik (PV) können sechs Einsatzbereiche unterschieden werden (Tabelle 1.13).
Mangels geeigneter Alternativen ist die Energieversorgung von Erdsatelliten trotz hoher Kosten eine wirtschaftliche Einsatzmöglichkeit. Alle kommerziellen Satelliten sowie die meisten Forschungssatelliten sind mit dieser Technik ausgerüstet. Die erforderlichen Leistungen liegen im Bereich bis zu einigen kW. Zur Minimierung der erforderlichen Solarzellenflächen (und damit der in den Orbit zu bringenden Masse)

kommen Solarzellen mit dem höchsten heute erreichbaren Wirkungsgrad zum Einsatz ($\eta \approx 20\ \%$). Wegen des insgesamt geringen Bedarfs werden sowohl die Solarzellen als auch der gesamte Generator in der Regel in Einzelfertigung erstellt.

Die terrestrischen Anwendungen lassen sich entsprechend der zu erbringenden elektrischen Leistung in fünf Bereiche unterteilen. In den kleinen Leistungsbereichen werden die PV-Anlagen meist als Inselsysteme betrieben, während größere PV-Anlagen meist im Netzparallelbetrieb arbeiten. Als Inselsysteme werden PV-Anlagen bezeichnet, die ausschließlich der Energieversorgung definierter Verbraucher dienen. Die PV-Anlage übernimmt hier allein (mitunter auch in Verbindung mit zusätzlichen Energiequellen) die Versorgung des Verbrauchers. In Inselsystemen werden Batterien zur Energiespeicherung benötigt. Netzgekoppelte PV-Anlagen speisen im Gegensatz zu Inselsystemen die erzeugte Energie (zumindest teilweise) in das öffentliche Netz ein. Sie stellen die PV-Kraftwerke der Zukunft dar.

Tabelle 1.13: Anwendungsgebiete der Photovoltaik

Anwendung	typ. PV-Leistung	Beispiele
Erdsatelliten	1 bis 20 kW	TV-Satelliten, Wettersatelliten, Raumsonden, bemannte Raumstationen
Kleinstanwendungen	< 1 W	Uhren, Radios, Messgeräte (Temperatur, Strahlung), Taschenrechner
Solare Haushalt-Systeme (SHS)	< 100 W	Elektrische Grundversorgung von Haushalten (Licht, Telekommunikation)
Kommerzielle Inselsysteme	50 W bis 10 kW	Leuchttürme, Bojen, Fernsehsender und Relaisstationen, Verbraucher ohne Netz (Gaststätten, Einzelhöfe, Berghütten) Parkscheinautomaten, Autobahntelefone, in Entwicklungsländern: Trinkwasserpumpsysteme
dezentrale netzgekoppelte PV-Anlagen	1 kW bis 30 kW	Wohngebäude, Demonstrationsanlagen auf Schulen u.a. Gebäuden
PV-Kraftwerke	> 30 kW	Demonstrations- und Versuchsanlagen

Zu den Kleinstanwendungen (Inselsysteme) gehört die Versorgung von elektrischen Uhren, Taschenrechnern, Radios u. ä. so genannten Konsumerprodukten. Die Leistungen liegen im Milliwatt-Bereich (häufig noch deutlich darunter). Zum Einsatz kommen hier in der Regel amorphe Solarzellen, eine aufladbare Batterie dient als Speicher für den Betrieb bei Dunkelheit. Die Anwendungen sind wirtschaftlich, d. h., der Einsatz von Solarzellen beeinflusst den Gesamtpreis des Produktes - zumindest auf Dauer - nicht mehr als alternative Energieversorgungen.

Ein großes Marktpotenzial (etwa 30 % des gesamten Marktes) besitzen die in Entwicklungsländern zunehmend zum Einsatz kommenden solaren Haushalt-Systeme (SHS). In Gebieten ohne elektrisches Netz können batteriebetriebene PV-Anlagen sowohl die abendliche Beleuchtung (anstelle von Petroleumlampen) ersetzen als auch zur Versorgung von kleinen Radio- bzw. Fernsehempfängern genutzt werden (täglicher Energieverbrauch einige 10 Wh). Mit verhältnismäßig geringem Aufwand lässt sich so eine erhebliche Verbesserung der Lebensbedingungen erreichen. Bei einem minimalen Bedarf von 10 Watt pro Kopf ergibt sich aus der Zahl der betroffenen Menschen ein Marktpotenzial von etwa 25 GW.

Auch in industrialisierten Ländern gibt es einen ähnlich großen Markt für Inselsysteme. Verbreitete Anwendungen in Europa sind beispielsweise Parkscheinautomaten und Autobahntelefone. Auch die Beleuchtung von Verkehrszeichen, Bojen, anderen Seeschifffahrtszeichen, Wartehäusern oder von bestimmten Wegen oder Plätzen gehört in diesen Leistungsbereich. Größere Inselsysteme versorgen Einzelgehöfte, Berghütten, Fernsehsender oder auch Leuchttürme. Auch diese (energetisch allerdings kaum relevanten) Nischenmärkte stellen wirtschaftliche Anwendungen der Photovoltaik dar.

Dezentrale netzgekoppelte PV-Anlagen werden seit etwa einem Jahrzehnt mit wachsender Tendenz in einigen Industrieländern errichtet. Die Anlagen dienen meist der Versorgung eines bestimmten Verbrauchers (etwa eines Haushalts) und speisen überschüssigen Strom in das Netz ein. Die PV-Anlagen sind in der Regel in die Gebäude oder in anderen Strukturen integriert und beanspruchen deshalb keine eigene Fläche. Der Flächenbedarf liegt zwischen 10 und 300 m². In Mitteleuropa werden heute Stromgestehungskosten von etwa 1,3 DM pro Kilowattstunde erreicht, in einstrahlungsreichen Regionen kann dieser Wert um 50 % sinken.

PV-Kraftwerke sind stets netzgekoppelte Anlagen. Heute handelt es sich dabei in der Regel um Versuchs- und Demonstrationsvorhaben zur Erprobung der eingesetzten Komponenten bzw. des Gesamtsystems unter bestimmten Gesichtspunkten. Die Funktion der Gesamtanlage zur optimalen Erzeugung von Elektroenergie steht gegenüber der Versorgung eines einzelnen Verbrauchers im Vordergrund. Die größten deutschen Anlagen haben eine Leistung von etwa 1 MW, weltweit existieren bisher nur wenige Anlagen mit größeren Leistungen. Wegen des hohen Flächenbedarfs von PV-Anlagen dieser Leistung (40.000 m² = 4 ha für eine Leistung von 1 MW) werden zumindest in Mitteleuropa künftige energetisch relevante Erträge der Photovoltaik eher vom (massenhaften) Einsatz kleinerer netzgekoppelter Anlagen erwartet. Weltweit dürften gegenwärtig netzgekoppelte Anlagen mit einer Leistung von etwa 500 MW in Betrieb sein.

Der Markt für Photovoltaik hat sich in den letzten Jahren mit jährlichen Wachstumsraten von etwa 15 % dynamisch entwickelt (Abbildung 1.12), im Jahr 1999

wurden weltweit Photovoltaik-Module mit einer Leistung von etwa 150 MW abge-
setzt. Die Produktionskapazitäten werden derzeit weiter ausgebaut. Im Jahr 2010
wird eine Produktion von 1000 MW erwartet.
In Deutschland lag der jährliche Zuwachs der Leistung von PV-Anlagen zwischen
1997 und 1999 bei etwa 12 MW mit steigender Tendenz, davon kamen etwa 2 MW
in Inselanlagen und der Rest in netzgekoppelten Anlagen zum Einsatz. Insgesamt
waren Ende 1999 in Deutschland PV-Anlagen mit einer Leistung von etwa 70 MW
installiert, die Leistung netzgekoppelter Anlagen betrug etwa 55 MW. Bis zum Jahr
2010 wird in Deutschland eine installierte PV-Leistung von etwa 500 MW erwartet.
Damit könnte eine Strommenge von 0,4 TWh (das entspricht 0,1 % des derzeitigen
Verbrauches) erzeugt werden.

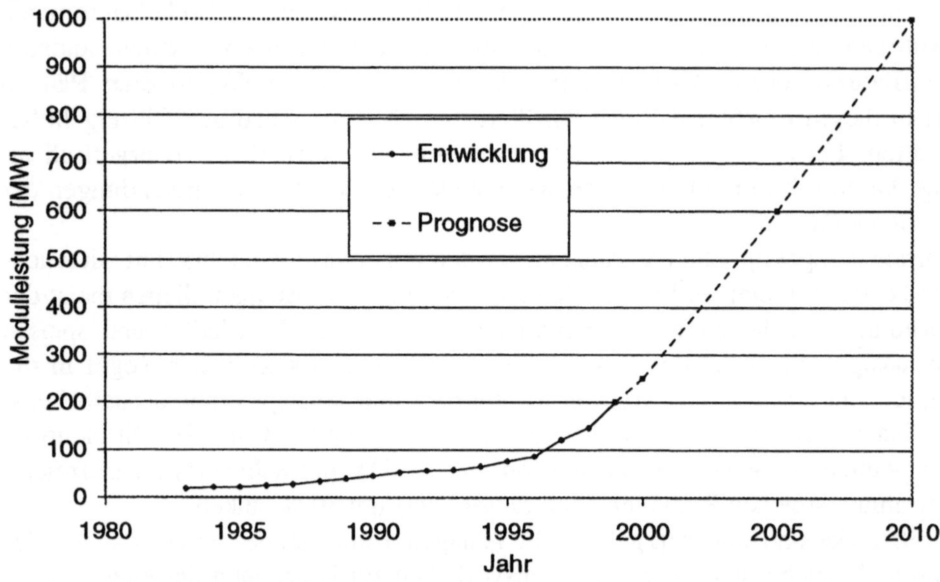

Abb. 1.12:   Entwicklung und Prognose der Leistung der weltweit jährlich produzierten PV-
              Module

2 Solarstrahlung

2.1 Strahlungsquelle Sonne

Die Sonne ist ein Stern mittlerer Größe (Masse etwa 10^{27} Tonnen) und stellt als solcher eine riesige Energiequelle dar. Sie besteht zum größten Teil aus Wasserstoff, das zweithäufigste Element ist Helium. Die Energie wird durch im Inneren der Sonne bei extrem hohen Temperaturen (T $\approx 1{,}5 \cdot 10^7$ K) ablaufende Kernfusionsreaktionen freigesetzt. In einem Radius von etwa 0,23 Sonnenradien werden bei Dichten von 100000 kg/m^3 etwa 90 % der Sonnenenergie erzeugt. In diesem Volumen befinden sich etwa 40 % der Sonnenmasse.

Bei Fusionsreaktionen verschmelzen stets leichte Atomkerne zu schwereren Atomkernen. Die Masse des neu entstehenden Kerns ist geringfügig kleiner als die Summe der Massen der Ausgangskerne, die Differenz (Massendefekt) wird entsprechend der EINSTEINschen Gleichung

$$E = m \cdot c^2 \qquad\qquad (2.1)$$

(m: Masse, c: Lichtgeschwindigkeit) als Energie freigesetzt.

Der in der Sonne dominierende Fusionsprozess basiert auf den nur aus einem Proton bestehenden Wasserstoffkernen. Über mehrere Stufen entstehen letztlich Heliumkerne:

$$\begin{aligned}
{}^1_1H + {}^1_1H &\rightarrow {}^2_1D + e^+ + \nu \\
{}^2_1D + {}^1_1H &\rightarrow {}^3_2He + \gamma \\
{}^3_2He + {}^3_2He &\rightarrow {}^4_2He + {}^1_1H + {}^1_1H
\end{aligned} \qquad\qquad (2.2)$$

Ferner entstehen im Fusionsprozess Neutrinos ν sowie Gamma-Strahlung γ. Bei einer Fusionsreaktion wird eine Energie von $4{,}2 \cdot 10^{-7}$ Joule freigesetzt.

Dieser sehr geringe Energieertrag erreicht nur durch vielfache Wiederholung makroskopische Beträge, nach Gleichung (2.1) führt bereits ein Massendefekt von 1 g zu einer Energiefreisetzung von ca. 90 TJ. Würde dieser Massendefekt in der Sonne pro Minute auftreten, entspräche dies einer Leistung von ca. 1500 GW.

Der tatsächliche Masseverlust der Sonne beträgt jedoch etwa 4,3 Millionen Tonnen pro Sekunde (!). Dies entspricht einer Leistung von $4 \cdot 10^{20}$ MW. Bei ihrer großen Gesamtmasse verliert die Sonne damit jedoch nur einen winzigen Bruchteil ihrer Masse, bei gleichbleibender Ausstrahlung würde sie in den nächsten 10 Milliarden Jahren nur 0,07 % ihrer derzeitigen Masse verlieren.

Der mit der Energieabstrahlung verbundene Masseverlust würde im genannten Zeitraum die Existenz unseres Sonnensystems demnach nicht gefährden. Die in der Sonne ablaufenden Fusionsprozesse führen allerdings in etwa 5 Milliarden Jahren zum

Verbrauch des vorhandenen Wasserstoffvorrates. Dies sowie das Auftreten anderer Fusionsprozesse (He-Verschmelzung) führen nach dem heutigen Kenntnisstand zu einem Anstieg der freigesetzten Energie um etwa 10 % aller Milliarden Jahre. Bei dominierenden He-Fusionsprozessen wächst die Sonne danach zum sogenannten "Roten Riesen" unter Vergrößerung des Durchmessers um den Faktor 170. Diese Phase dauert etwa 2 bis 3 Milliarden Jahre. Die Existenzbedingungen für Menschen auf der Erde sind nach diesen Modellen zumindest für einige Milliarden Jahre gesichert. Aus diesen Zahlen ergibt sich die Berechtigung, von der Sonne als einer - nach menschlichen Maßstäben - unerschöpflichen oder erneuerbaren Energiequelle zu sprechen.

Die im Kern der Sonne entstehende Energie wird über mehrere Prozesse durch die Sonne zur Oberfläche transportiert. Dem Sonnenkern folgt zunächst die sogenannte Strahlungszone bis etwa 0,7 Sonnenradien. Die Sonnentemperatur beträgt in 0,7 Sonnenradien noch etwa 130 000 K, von dort wird die erzeugte Wärme konvektiv (d.h. durch Massentransport) zur Sonnenoberfläche geleitet. An der Oberfläche der Sonne herrschen Temperaturen von ca. 5700 K, die sich aus dem Gleichgewicht zwischen der aus dem Inneren nachströmenden Energie und der in das Weltall abgestrahlten Energie ergeben. Bei der Temperatur der Sonnenoberfläche liegen nahezu alle Atome in hochangeregter Form vor, durch Elektronenübergang zu niedrigeren Energieniveaus wird elektromagnetische Strahlung abgegeben. Infolge der Vielzahl der beteiligten Atome und Übergänge ist die Strahlung nicht monochromatisch, sondern erstreckt sich über einen großen Wellenlängenbereich. Die erzeugte Energie wird als zeitlich konstante elektromagnetische Strahlung isotrop abstrahlt.

Die Verteilung der Strahlungsleistung pro Flächeneinheit (spezifische Ausstrahlung) M_λ auf die einzelnen Wellenlängen λ wird für ideale schwarze Strahler durch das PLANCKsche Strahlungsgesetz bestimmt:

$$M_\lambda = \frac{8\pi hc^2}{\lambda^5 (e^{(hc/\lambda kT)} - 1)} \tag{2.3}$$

(h: PLANCKsches Wirkungsquantum, c: Lichtgeschwindigkeit, k: BOLTZMANN-Konstante).

Das von einem Körper abgestrahlte Spektrum wird danach durch die Temperatur T des Körpers bestimmt, grundsätzlich strahlt jeder Körper entsprechend seiner Temperatur Energie ab. Für die Oberflächentemperatur der Sonne ergibt sich ein Strahlungsspektrum zwischen 0,3 und 3 µm Wellenlänge (Abbildung 2.1), es verändert sich nicht auf dem Weg zur Erde. Die in Abbildung 2.1 sichtbaren Abweichungen des Sonnenspektrums vom PLANCKschen Spektrum nach Gleichung (2.3) zeigen, dass die Sonne kein idealer schwarzer Strahler ist. Weiterhin ist aus Abbildung 2.1 zu entnehmen, dass im Bereich des sichtbaren Lichtes (0,38 µm < λ < 0,78 µm) nur ein

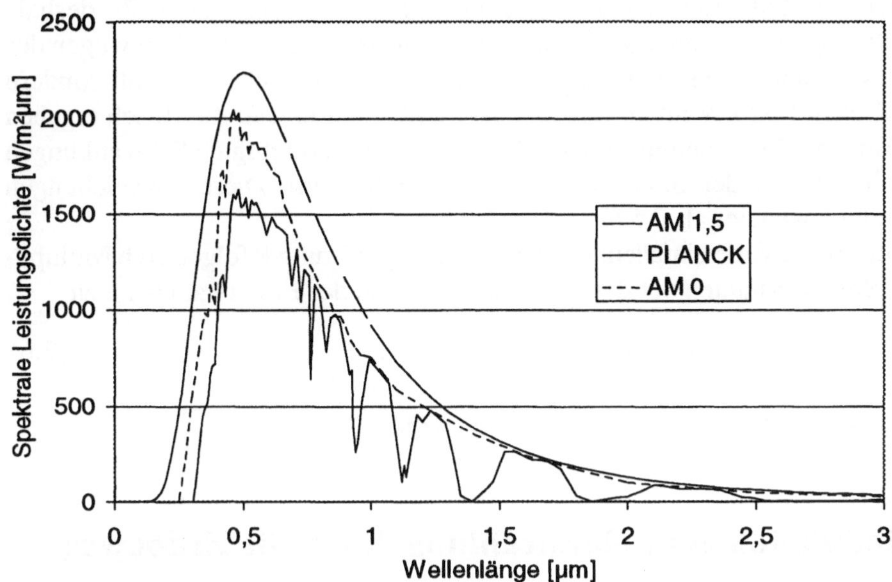

Abb. 2.1:   Spektrum eines schwarzen Strahlers (PLANCKsches Spektrum) mit einer Temperatur
von T = 5700 K, extraterrestrisches (AM0) und terrestrisches (AM1,5) Sonnenspektrum

Teil (etwa 48 %) der Sonnenenergie übertragen wird.

Die gesamte von einem Körper abgestrahlte Leistung pro Fläche M folgt (streng für
schwarze Strahler) aus Gleichung (2.3) durch Integration über alle Wellenlängen.
Nach dem sich ergebenden STEFAN-BOLTZMANNschen Gesetz ist die abgestrahlte
Leistung nur von der absoluten Temperatur T abhängig:

$$M = \sigma \cdot T^4 \quad .\tag{2.4}$$

Hierin steht σ für die STEFAN-BOLTZMANN-Konstante. Nach Gleichung (2.4)
erfolgt von jedem Quadratmeter der Sonnenoberfläche eine Leistungsabgabe von
etwa 63 MW. Die Intensität der Strahlung im Weltraum nimmt mit dem Quadrat des
Abstandes von der Sonne ab. Im Falle der Erde als Empfänger ist dies der Radius R
der Erdumlaufbahn um die Sonne. Mit r_s als Radius der Sonne ergibt sich die auf die
Erde pro Fläche eingestrahlte Leistung, die sogenannte Solarkonstante S, zu

$$S = (r_s/R)^2 \sigma \cdot T^4 \quad .\tag{2.5}$$

Als mittlerer Wert für die Solarkonstante wurde S = 1,36 kW/m² definiert. Die

Unsicherheit der Solarkonstanten liegt in der Größenordnung von 1 %, deshalb werden mitunter auch andere Zahlen angegeben. Sie ist im übrigen schon wegen des nicht ganz konstanten Abstandes der Erde von der Sonne nicht konstant, sondern variiert zwischen 1,32 kW/m^2 im Juni und 1,41 kW/m^2 im Januar. Zusätzlich ergeben sich vor allem im ultravioletten Bereich des Spektrums geringfügige Schwankungen in Abhängigkeit von der Sonnenaktivität (Sonnenflecken). Diese Abweichungen betragen jedoch weniger als 0,5 %.

Die gesamte auf die Erde einfallende solare Strahlungsleistung P folgt durch Multiplikation der Solarkonstanten mit der scheinbaren Fläche der Erde (Radius r_e) zu

$$P = \pi \cdot r_e^2 \cdot S = 174 \; PW \quad . \tag{2.6}$$

Im Jahr entspricht dies einer Energie von 5,42 Millionen EJ.

2.2 Modulation der Solarstrahlung durch die Erdbewegungen

Während die insgesamt auf die Erde auftreffende Strahlung - im Rahmen der oben angegebenen Grenzen - zeitlich konstant ist, wird die an einem konkreten Standort auf der Erde einfallende Strahlung durch die Erdrotation und den Erdumlauf um die Sonne moduliert. Für die Diskussion der sich daraus ergebenden deterministischen Abhängigkeiten (Tag-Nacht- bzw. saisonaler Zyklus) wird zunächst der Einfluss der Erdatmosphäre vernachlässigt.

Die Erde dreht sich mit einer Periodendauer von 24 Stunden um die eigene Achse, die ihrerseits um 23,45° gegen die Ebene der Erdumlaufbahn um die Sonne geneigt ist. Diese Neigung der Erdachse ist die Ursache für die Jahreszeiten. Astronomisch wird der Ablauf der Jahreszeiten durch die Deklination beschrieben. Als Deklination δ wird der Winkel zwischen der durch die Erdumlaufbahn um die Sonne definierten Ebene und der Äquatorebene der Erde bezeichnet. Die Deklination wird nach folgender Gleichung berechnet:

$$\delta = -23,45 \cos\left[\frac{2\pi}{365} \, (n+10)\right] \quad . \tag{2.7}$$

Hierin ist n die Zahl des Tages im Jahr (gezählt vom 1.Januar an). Die Definition der Deklination sowie der geographischen Breite φ (Winkel zwischen der Äquatorebene und der Ebene des jeweiligen Breitenkreises) ist in Abbildung 2.2 dargestellt.

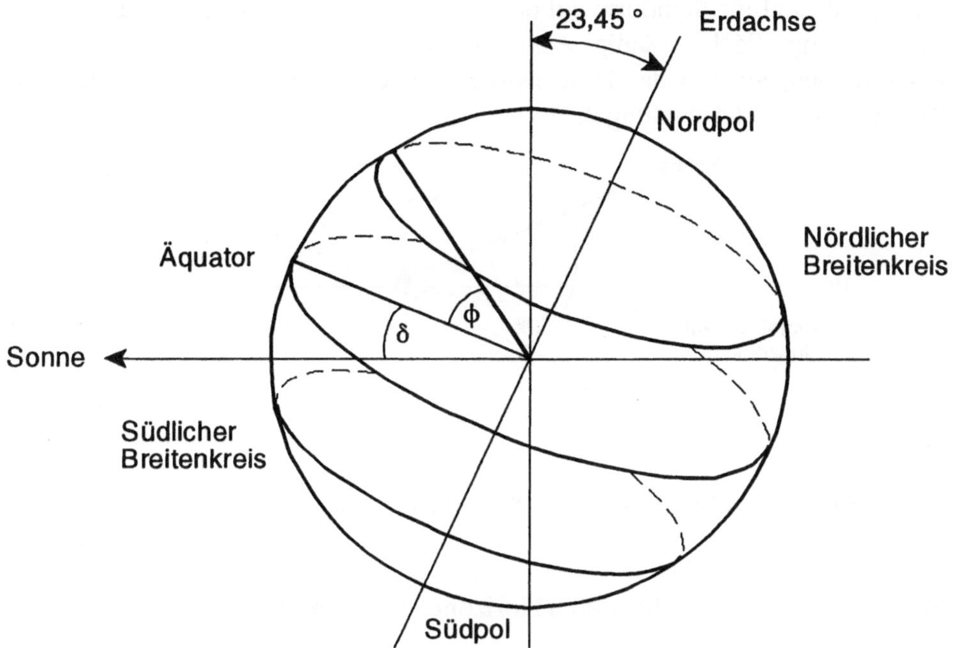

Abb. 2.2:   Definition der geographischen Breite φ und der Deklination δ

2.2.1 Einstrahlung auf nachgeführte Empfängerflächen

Wird - bei atmosphäreloser Erde - eine Empfängerfläche dem jeweiligen Sonnenstand nachgeführt (d. h. Strahlungseinfall erfolgt ständig senkrecht zur Empfängerebene), so nimmt diese Fläche zwischen Sonnenaufgang und Sonnenuntergang die durch die Solarkonstante gegebene Strahlungsleistung S auf. Die gesamte tägliche Energieaufnahme pro Fläche (im weiteren Einstrahlung genannt) H_d

$$H_d = \int_{t_{sr}}^{t_{ss}} S \, dt \tag{2.8}$$

wird nur durch die Länge des Sonnentages (Differenz zwischen Sonnenuntergang und Sonnenaufgang: $t_{ss} - t_{sr}$) bestimmt, welche ihrerseits von der geographischen Breite φ des Standortes und der Jahreszeit abhängt. Die Jahressumme der extraterrestrischen Einstrahlung H_y ergibt sich durch Summation über alle Tage des Jahres. Sie beträgt bei 365 Tagen am Äquator 5987 kWh/m², wegen der Exzentrizität der Erdumlaufbahn ist der Wert für Standorte auf der Nordhalbkugel geringfügig höher (0,5 % am

50. Breitengrad) und für Standorte auf der Südhalbkugel entsprechend geringer.
Um eine Empfängerfläche ständig senkrecht zur einfallenden Solarstrahlung aus-
richten zu können, müssen der Höhenwinkel h und der Azimutwinkel ψ für den
Standort bekannt sein (Abbildung 2.3).

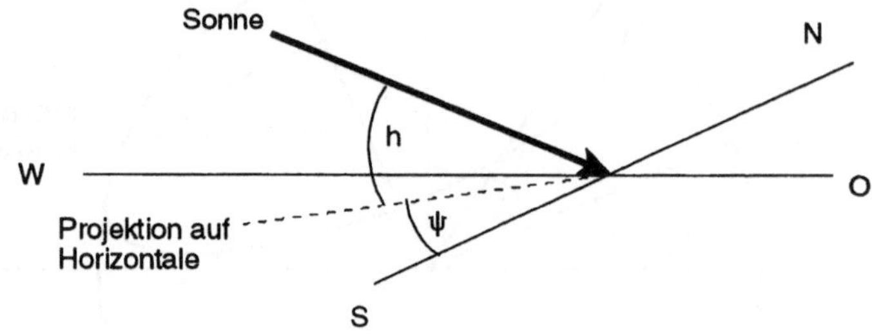

Abb. 2.3:   Definition der Einfallswinkel der Solarstrahlung auf die Erdoberfläche

Der Höhenwinkel der Sonne über dem Horizont h wird durch

$$\sin h = \cos \varphi \cdot \cos \delta \cdot \cos \omega + \sin \varphi \cdot \sin \delta \qquad (2.9)$$

gegeben. Die Zeitabhängigkeit des Höhenwinkels wird über den Stundenwinkel ω
bestimmt. Der Stundenwinkel ω beträgt 15°/Stunde oder 0,25°/Minute, er hängt mit
der wahren Ortszeit t_{lt} über

$$\omega = (t_{lt} - 720 \text{ min}) \cdot 0,25°/\text{min} \qquad (2.10)$$

(t_{lt}: in Minuten; ω: vormittags negativ) zusammen. Der Stundenwinkel wird um 12.00
Uhr wahrer Ortszeit (zum Sonnenhöchststand) gleich Null.
Aus der Bedingung h = 0 für den Sonnenauf- bzw. Sonnenuntergang folgt aus
Gl. (2.9) für die entsprechenden Stundenwinkel ω_{sr} bzw. ω_{ss}

$$\cos \omega_{sr} = \cos \omega_{ss} = \frac{(\sin \varphi \cdot \sin \delta)}{(\cos \varphi \cdot \cos \delta)} = - \tan \varphi \cdot \tan \delta \ . \qquad (2.11)$$

Ihre Bestimmung ermöglicht die Ermittlung der Länge des Sonnentages.
Eine zweiachsige Nachführung erfordert neben der Kenntnis des Höhenwinkels h (der
Elevation) noch die Angabe des Azimutwinkels ψ:

$$\sin\ \psi\ =\frac{\cos\ \delta\ \cdot\ \sin\ \omega}{\cos\ h}\ .\qquad(2.12)$$

Wegen der Abhängigkeit vom Stundenwinkel ω gilt $\psi = 0$ um 12.00 Uhr und $\psi > 0$ vormittags.

In Abbildung 2.4 ist der tägliche Verlauf des Höhenwinkels h und des Azimutwinkels ψ für den 21. Tag verschiedener Monate für den Standort Dresden angegeben. Die vollen Stunden sind durch Kreise markiert.

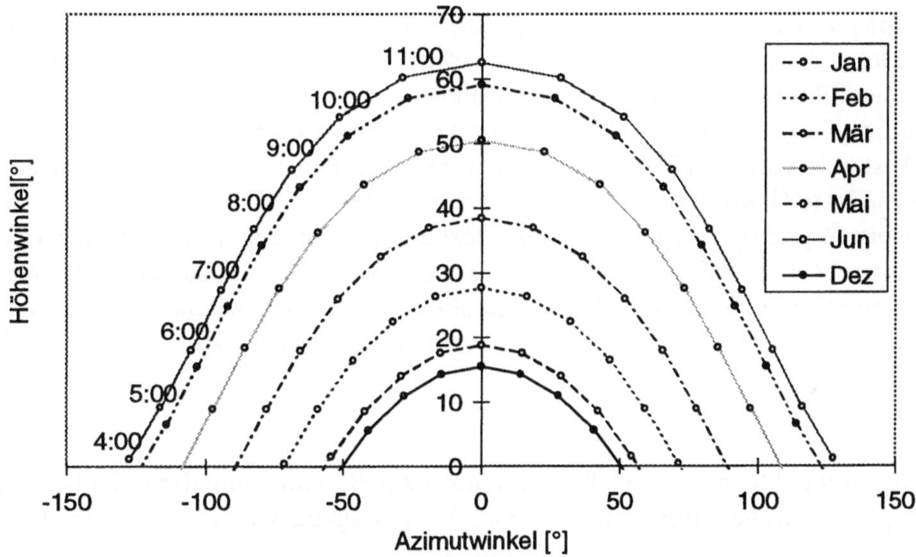

Abb. 2.4:   Sonnenbahn für Standorte auf dem 51. Breitengrad (Dresden, Köln), dargestellt jeweils für den 21. Tag verschiedener Monate (Zeitangaben in wahrer Ortszeit)

Der Vollständigkeit halber sei hier noch der Zusammenhang zwischen der wahren Ortszeit t_{lt} (gültig für einen Ort mit der geographischen Länge Φ) und der jeweiligen Standardzeit t_{lst} angegeben:

$$t_{lt}\ =\ t_{lst}+4(\Phi\ -\ \Phi_{lst})+t_{te}\ .\qquad(2.13)$$

Neben der Korrektur des Längengrades des Standortes Φ zum Längengrad der Standardzeit Φ_{lst} werden durch die Zeitgleichung t_{te} auf die Exzentrizität der Erdumlaufbahn um die Sonne zurückgehende Differenzen korrigiert:

$$t_{te} = 9{,}87 \cdot \sin(1{,}987(n-81)) - 7{,}53 \cdot \cos(0{,}989(n-81))$$
$$- 1{,}5 \cdot \sin(0{,}989(n-81)) \quad . \tag{2.14}$$

Der Parameter n steht wieder für den Tag des Jahres. Die Korrekturwerte durch die Zeitgleichung im Verlauf des Jahres liegen immerhin im Bereich zwischen ± 16 Minuten.

2.2.2 Einstrahlung auf fest orientierte Flächen

Die Nutzung von Solarenergie über zweiachsig nachgeführte Empfängerflächen führt zwar an einem gegebenen Standort zu den höchsten Energieerträgen, allerdings muss für die Nachführung auch Energie aufgewandt werden. Hinzu kommt, dass nachgeführte Empfängerflächen zur Vermeidung von gegenseitiger Abschattung relativ große Abstände voneinander haben müssen und dadurch der auf einer gegebenen Fläche erzielbare Gesamtertrag wieder reduziert wird.
In den meisten praktischen Fällen erfolgt deshalb die Nutzung von Sonnenenergie mittels feststehender, geneigter Empfängerflächen. Die auf solche Flächen einfallende Bestrahlungsstärke G hängt zu jedem Zeitpunkt vom Winkel θ zwischen der Flächennormalen und der einfallenden Strahlung nach dem Cosinusgesetz

$$G = S \cdot \cos \theta \tag{2.15}$$

ab. In Abbildung 2.5 sind die wichtigen Winkel zur Beschreibung der Orientierung einer Empfängerfläche dargestellt. Dabei ist β der Neigungswinkel gegen die Hori-

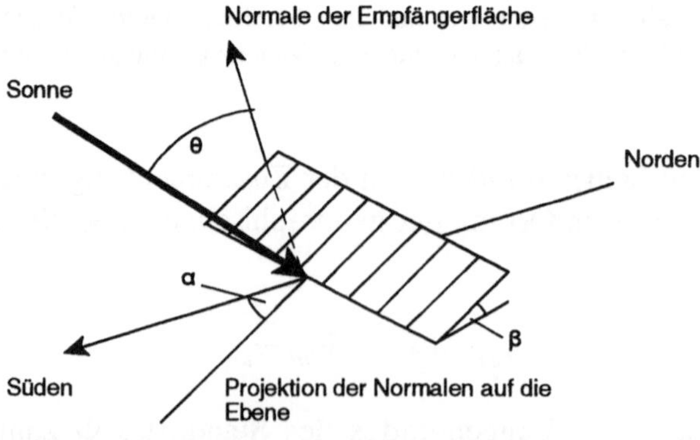

Abb. 2.5:   Winkeldefinitionen an beliebig orientierten Flächen

zontale und der Winkel α beschreibt die Abweichung der Projektion der Flächennormalen auf die Horizontale von der Südrichtung.

Der Einfallswinkel θ der Sonnenstrahlung in bezug auf die Flächennormale ist gegeben durch:

$$\cos\,\theta = (\cos\,\beta \cdot \sin\,\varphi - \cos\,\varphi \cdot \cos\,\alpha \cdot \sin\,\beta)\sin\,\delta$$
$$+ (\sin\,\varphi \cdot \cos\,\alpha \cdot \sin\,\beta + \cos\,\beta \cdot \cos\,\varphi)\cos\,\delta \cdot \cos\,\omega \qquad (2.16)$$
$$+ \sin\,\alpha \cdot \sin\,\beta \cdot \cos\,\delta \cdot \sin\omega \; .$$

Gleichung (2.16) lässt sich in einigen praktisch vorkommenden Fällen (horizontale bzw. nach Süden ausgerichtete Empfängerflächen) drastisch vereinfachen.

Die tägliche Einstrahlung der auf eine feste Empfängerfläche einfallenden extraterrestrischen Strahlung ergibt sich analog zu (2.8) zu

$$H_d = \int G(t)\,dt = \int_{\omega_{sr}}^{\omega_{ss}} S \cdot \cos\,\theta(\omega)d\omega = \int_{t_{sr}}^{t_{ss}} S \cdot \cos\,\theta(\omega(t))\,dt \; , \qquad (2.17)$$

wobei für die Stundenwinkel ω Gleichung (2.10) gilt. Besondere Aufmerksamkeit ist bei Anwendung von Gleichung (2.17) auf die richtige Wahl der Integrationsgrenzen zu legen. Die untere und die obere Grenze sind nur dann mit den durch Gleichung (2.11) gegebenen Sonnenauf- und Sonnenuntergangszeiten identisch, wenn die zugehörigen Azimutwinkel ψ im Sichtbereich der Empfängerfläche liegen. Geht die Sonne außerhalb dieses Bereiches auf bzw. unter, wird die untere Grenze entweder durch Erreichen des Höhenwinkels h = β gegeben oder aus Gleichung (2.11) mit $\psi = 90-\alpha$ (für $\alpha > 0$) bzw. $\psi = 90+\alpha$ (für $\alpha < 0$) ermittelt. Für die Ermittlung der oberen Grenze gilt entsprechendes.

In Abbildung 2.6 ist die jährliche extraterrestrische Einstrahlung für nach Süden ausgerichtete Flächen unterschiedlicher Neigung für Standorte auf dem 51. Breitengrad dargestellt. Aus der Abbildung ist ersichtlich, dass eine etwa um den Winkel des Breitengrades geneigte Fläche im Jahr die höchste Einstrahlung erfährt. Dieser Zusammenhang gilt für die extraterrestrische Einstrahlung an allen Breitengraden. Die Einstrahlung liegt bei etwa 60 % der Einstrahlung auf die nachgeführten Fläche. Die Einstrahlung auf horizontal bzw. vertikal orientierten Flächen wird durch geringe Beiträge im Winter bzw. im Sommer demgegenüber reduziert.

Die dargestellten Zusammenhänge zeigen, dass Solarenergie grundsätzlich zur Deckung der Tagesbedarfsspitze des Stromverbrauches (vgl. Abschnitt 1.3.2) beitragen kann. Dies gilt insbesondere im Sommerhalbjahr. Wegen der saisonalen Abhängigkeit der Einstrahlung entfällt in den gemäßigten Breiten (30° - 60°) nur ein geringer Anteil (ca. 20 %) auf das Winterhalbjahr.

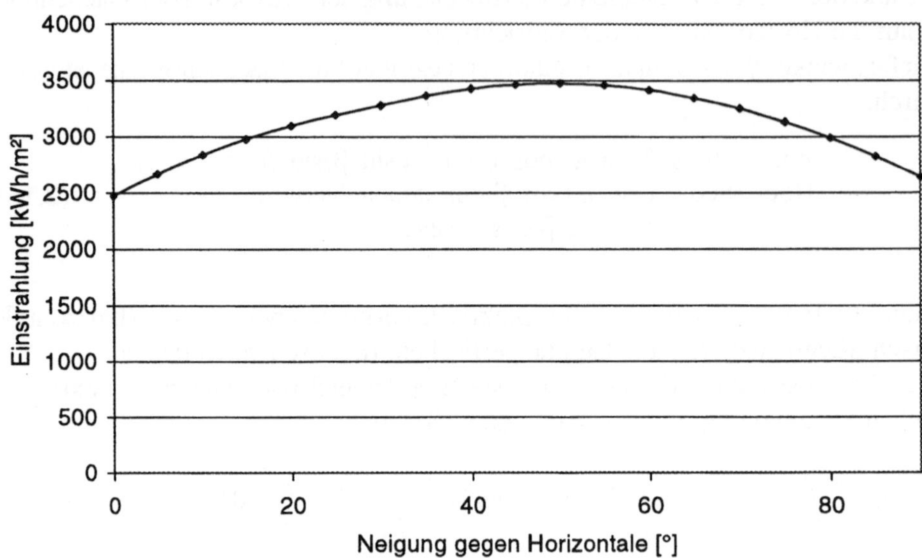

Abb. 2.6:   Jährliche extraterrestrische Einstrahlung auf unterschiedlich geneigte, nach Süden
              ausgerichtete Flächen (φ=51° n.B.)

2.3   Terrestrische Solarstrahlung

Die bisher betrachtete extraterrestrische Strahlung hatte wegen Vernachlässigung des
Einflusses der Atmosphäre streng deterministischen Charakter. Die Berücksichtigung
der Erdatmosphäre führt zu zwei Effekten. Einerseits wird die direkte Sonnenstrahlung durch die Wechselwirkung mit den Bestandteilen der Atmosphäre
geschwächt. Diese Prozesse lassen sich - zumindest für eine "Normatmosphäre" -
noch relativ einfach modellieren (clear-sky-models). Neben der direkten Strahlung
wird dadurch der gesamte Himmel zur Quelle der diffusen Strahlung (Himmelsstrahlung). Durch den stets in der Atmosphäre enthaltenen Wasserdampf und die
damit verbundene Bewölkung erhält die terrestrische Solarstrahlung andererseits eine
ausgesprochen stochastische Komponente, welche durch das Wettergeschehen
bestimmt wird.

2.3.1 Wechselwirkung der Solarstrahlung mit der Atmosphäre

Die die Erde umschließende Lufthülle mit allen Bestandteilen bildet die Atmosphäre.
Sie reicht bis in eine Höhe von 100 000 km und wird nach dem vertikalen Tempera-

turprofil in verschiedene Schichten unterteilt. Die unterste Schicht (Troposphäre, bis 10 km) ist der Träger der wesentlichen Wettererscheinungen. Sie umfasst etwa 70 % der Gesamtmasse der Atmosphäre.

Auch die anschließende Stratosphäre (10-80 km Höhe) besteht im wesentlichen aus Luftmolekülen. In einer Höhe von 40 - 50 km wird die Ozonsphäre eingeschlossen, in welcher durch erhöhte Energieaufnahme infolge UV-Absorption ein Ansteigen der Temperatur registriert wird. In der Ionosphäre (80 - 600 km Höhe) befinden sich vorwiegend ionisierende Gasmoleküle, deren Dichte immerhin noch ausreicht, um in dieser Höhe kreisende Erdsatelliten abzubremsen und zum Absturz zu bringen.

Die Luft besteht zu 78 % aus N_2- und zu 21 % aus O_2-Molekülen. Etwa 0,9 % der Luft wird durch Argon gebildet. Der CO_2-Anteil beträgt derzeit 0,03 %. Weitere wichtige Bestandteile der Luft sind Aerosole und Wasserdampf. Als Aerosole werden alle festen Bestandteile wie Staub, Salzkristalle, Rauch, Pollen sowie Reste von Vulkanausbrüchen, Meteoriten und Waldbränden bezeichnet. Aerosole sind Kondensationskerne für Wasser. Sie führen mit wachsender Konzentration zu Eintrübungen. Der Wasserdampf in der Luft wird durch die Luftfeuchte bzw. Bewölkung bestimmt. Der temperaturabhängige Sättigungsbereich bestimmt die Höchstmenge Wasser im Luftvolumen. Bei einer Temperatur von 20 °C kann 1 m^3 Luft maximal 17,3 g Wasser enthalten. Der Wert steigt auf 51,1 g bei einer Temperatur von 40 °C, selbst bei einer Temperatur von 0°C kann die Luft noch 4,9 g Wasser aufnehmen.

Die Intensität der Wechselwirkung der Solarstrahlung mit der Atmosphäre ist proportional der Gesamtzahl der Teilchen, mit denen die Solarstrahlung auf dem Weg zur Erdoberfläche wechselwirken kann. Nach Abbildung 2.7 hat die senkrecht auf die Erdoberfläche einfallende Solarstrahlung den kürzesten Weg und ist damit den

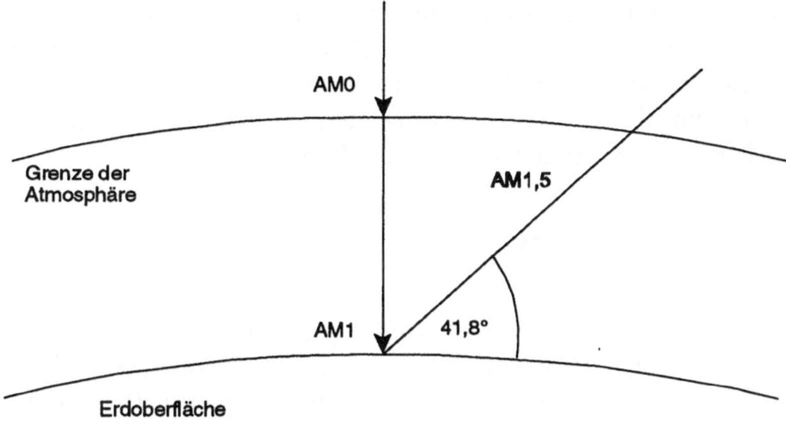

Abb. 2.7: Definition der relativen Luftmasse AM. Der extraterrestrischen Solarstrahlung wird die relative Luftmasse 0 (AM0) zugeordnet.

geringsten Wechselwirkungen ausgesetzt. Zur Charakterisierung dieses Weges wird
der Begriff der relativen Luftmasse AM (von Air Mass) eingeführt.
Der senkrecht auftreffenden Strahlung wird die relative Luftmasse 1 zugeordnet (AM
=1, übliche Schreibweise AM1). Die relative Luftmasse AM der unter einem Höhenwinkel h einfallenden Strahlung an einem Standort in Meereshöhe wird durch

$$AM = \frac{1}{\sin h} \qquad (2.18)$$

gegeben. Die Gleichung gilt für Höhenwinkel h > 10°. Für höher als der Meeres-
spiegel liegende Standorte kann eine Höhenkorrektur nach

$$AM = \frac{1}{\sin h} \, (1 - 0,1 \cdot z) \qquad (2.19)$$

vorgenommen werden, wobei die Standorthöhe z in Kilometern einzugeben ist.
Die Wechselwirkungen der Solarstrahlung mit der Atmosphäre sind im wesentlichen
Streu- und Absorptionsprozesse. Sie führen zu einer Verringerung der extraterrestri-
schen Bestrahlungsstärke (Solarkonstante) entsprechend

$$G = S \cdot \tau(\lambda, \, AM) \quad , \qquad (2.20)$$

wobei τ den spektralen Transmissionsgrad beschreibt. Letzterer ist von der Wellenlänge der Solarstrahlung und der durchstrahlten Luftmasse abhängig.
Die Streuung an Luftmolekülen wird als RAYLEIGH-Streuung (Durchmesser der
streuenden Teilchen ist kleiner als Wellenlänge) bezeichnet. Obwohl die Vorwärts-
und Rückwärtsstreuung dominiert, existiert eine deutliche Seitwärtskomponente. Für
den spektralen Transmissionsgrad der RAYLEIGH-Streuung gilt:

$$\tau_R \sim \frac{1}{\lambda^4} \quad . \qquad (2.21)$$

Energiereiches (blaues) Licht wird danach stärker gestreut, für Wellenlängen größer
als 1 µm ist die RAYLEIGH-Streuung kaum noch wirksam. Die RAYLEIGH-
Streuung mit ihrer deutlichen Seitwärtskomponente führt zur Blaufärbung des
Himmels an klaren Tagen. Bei niedrigen Sonnenständen (kleiner Höhenwinkel) am
Morgen und am Abend ist die durchstrahlte Luftmasse AM groß (Gleichung 2.18).
Durch die Seitwärtskomponente der RAYLEIGH-Streuung werden die blauen
Wellenlängen massiv gestreut, es kommt zu einer Rotverschiebung des Spektrums

(Morgenrot und Abendrot).

Aerosolteilchen haben einen größeren Durchmesser als die Wellenlänge der Solarstrahlung. Die Streuung an solchen Teilchen wird als MIEsche Streuung bezeichnet, sie erfolgt vorwiegend in Vorwärtsrichtung. Der Transmissionsgrad

$$\tau_M = \exp\,(-AM{\cdot}\beta{\cdot}\lambda^{-\alpha}) \tag{2.22}$$

hängt neben der Luftmasse AM und der Wellenlänge λ auch vom Trübungskoeffizienten β (nach ANGSTRÖM) ab. Letzterer beschreibt den Aerosolgehalt in der Atmosphäre. Der Wellenlängenexponent α nimmt Werte zwischen 0,6 an dunstigen Sommertagen und 1,5 an klaren Wintertagen an.

Auch für die Absorptionsprozesse lassen sich Transmissionsgrade definieren. Die Absorption durch O_3-Moleküle erfolgt dominierend im UV-Bereich und im Bereich des sichtbaren Lichtes. Ihr Beitrag ist insgesamt geringer als derjenige der RAYLEIGH-Streuung.

Eine erhebliche Absorption der Solarstrahlung im infraroten Bereich des Sonnenspektrums erfolgt durch Wasserdampf und andere Gase (überwiegend CO_2). Entsprechend den Energiebanden der Moleküle erfolgt die Absorption in exakt definierten Wellenlängenbereichen, ihre Intensität wird durch den Wasserdampfgehalt der Luft bestimmt.

Im Abbildung 2.1 sind die Auswirkungen aller genannten Prozesse auf das Sonnenspektrum dargestellt. Es ist deutlich, wie das Spektrum durch die Wechselwirkungen mit der Atmosphäre spektral verändert und in der Intensität verringert wird.

Für eine Standardatmosphäre (mit definiertem Wasser- und Aerosolgehalt) und einen festgelegten Höhenwinkel der Strahlung von 41,8 °(entsprechend AM1,5) kann ein solares "Standardspektrum" angegeben werden. Die Bestrahlungsstärke des Standardspektrums entspricht genau 1 kW/m². Es wurde speziell für Wirkungsgradmessungen an Solarzellen (mit der zusätzlichen Bedingung des senkrechten Einfalls der Strahlung) definiert. An einem Standort auf dem 51. Breitengrad tritt der genannte Höhenwinkel im Sommer - abgesehen von wenigen Tagen Ende März/Anfang April sowie Anfang September - im wesentlichen in den frühen Vormittagsstunden auf. Jeweils symmetrisch zu 12.00 wahrer Ortszeit wiederholen sich die Werte in den Nachmittagsstunden.

2.3.2 Terrestrische Globalstrahlung

Die Abbildung 2.8 zeigt die weltweiten jährlichen Einstrahlungen H_y in der horizontalen Ebene (Globalstrahlung). Zunächst ist auffällig, dass die höchsten Einstrahlungen von über 2200 kWh/m² nicht in der Äquatorregion, sondern in ariden Landgebieten etwa 20° nördlich und südlich davon auftreten. Im Westen der USA sowie

in Australien reichen diese Gebiete bis etwa 30° nördlicher bzw. südlicher Breite. In
Äquatornähe selbst verhindert häufige Bewölkung das Erreichen der Maximalwerte.
In Mitteleuropa werden noch Werte von etwa 1000 - 1100 kWh/m² gefunden. Dies
ist lediglich um den Faktor 2 geringer als in den Gebieten höchster Einstrahlung.
Auffällig ist auch der vergleichsweise geringe Abfall der Globalstrahlung in Nordeuropa. Jährliche Einstrahlungen von 800 kWh/m² werden bis zum Polarkreis gemessen. Bemerkenswert sind weiterhin die relativ hohen Einstrahlungswerte in Asien
(Japan, China, Indien) sowie in Südamerika.
Den Wüstengebiete mit den höchsten Einstrahlungen kommt auf lange Sicht eine
große Bedeutung bei der photovoltaischen Stromerzeugung zu. Einerseits sind die
betreffenden Gebiete einer anderen Nutzung kaum zugänglich, und andererseits sind
sie regional recht gleichmäßig verteilt (Tabelle 2.1). Europa könnte dabei langfristig
von der weltweit größten Wüste (Sahara, 860·10⁴ km²) mit versorgt werden.

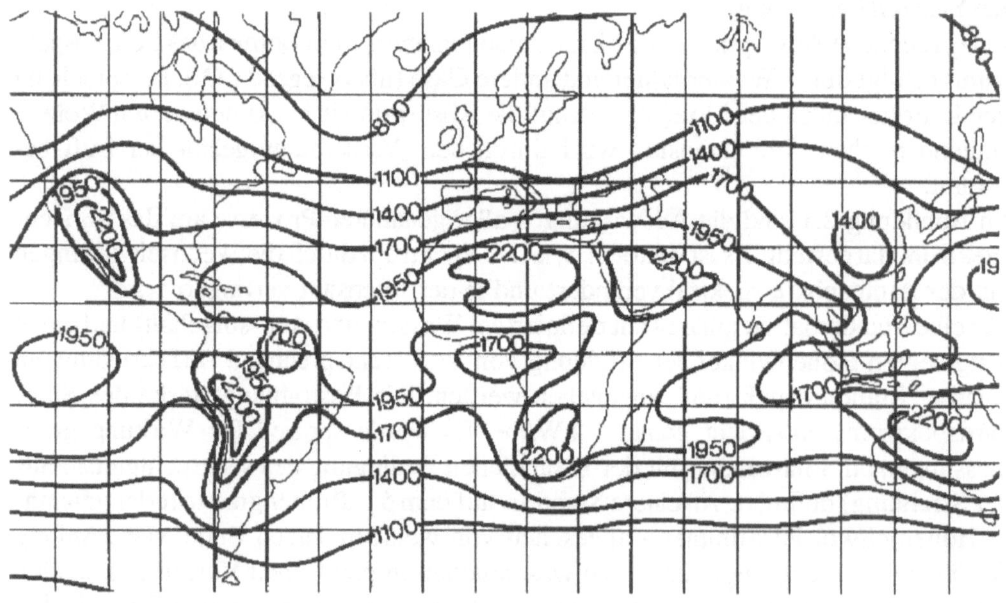

Abb. 2.8:   Jährliche Einstrahlung (in kWh/m²) auf die bewohnten Regionen der Erdoberfläche
              (DLR 1989)

Die Abbildung 2.9 zeigt die mittlere tägliche Einstrahlung H_d in der horizontalen
Ebene für mehrere Standorte auf der Nordhalbkugel im Jahresverlauf. In den Breitengraden zwischen den europäischen Standorten lebt nahezu die gesamte europäische

Tabelle 2.1: Wüstengebiete auf der Erde

Kontinent	Wüstenfläche [10000 km²]
Nordamerika	132
Südamerika	81
Australien	120
Afrika	900
Asien	412
Summe:	1645

Bevölkerung. Helsinki erreicht mit 985 kWh/m² fast die gleichen jährlichen Einstrahlungswerte wie Dresden (1020 kWh/m²), nach Südeuropa wächst die Einstrahlung rasch an. In Almeria (Südspanien) erreicht sie mit 1715 kWh/m² europäische Spitzenwerte.

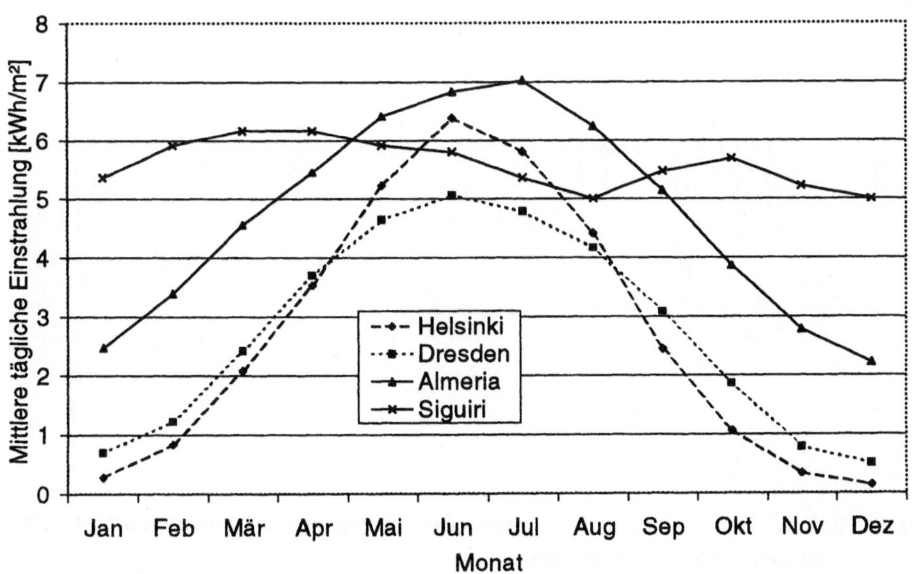

Abb. 2.9: Saisonaler Verlauf der mittleren Tagessumme der Einstrahlung für 4 Standorte auf der Nordhalbkugel (nach IHWD (1993))

Deutlich unterscheidet sich die saisonale Abhängigkeit der Einstrahlung zwischen den dargestellten Standorten. In den Wintermonaten (Oktober bis März) werden in Helsinki nur 15 % der Jahressumme, in Dresden etwa 20 % und in Almeria etwa 35 % eingestrahlt. Noch deutlicher wird dieser Unterschied bei einem Vergleich mit Siguiri (Guinea, 11° n.B.). Am äquatornahen Standort werden praktisch 50 % der Einstrahlung in den Monaten September bis März gemessen, die mittlere tägliche Einstrahlung liegt nahezu konstant über das Jahr bei reichlich 5 kWh/m^2.

Die mittleren europäischen Einstrahlungsverhältnisse sind in mehreren Kartenwerken dokumentiert. Die Isolinien der Einstrahlung folgen den geographischen Breitengraden keineswegs durchgehend. Insbesondere die Einflüsse der Nordsee, der Alpen und des Mittelmeeres führen zu teilweise erheblichen Veränderungen des allgemeinen Süd-Nord-Gefälles der Einstrahlung.

In Deutschland besteht mit über 40 vom Deutschen Wetterdienst (DWD) betriebenen Stationen ein relativ dichtes Strahlungsmessnetz. Grundsätzlich ist ein Süd-Nord-Gefälle auch in Deutschland nachweisbar, aus dem jedoch einzelne Stationen herausfallen. Im Mittel liegt die jährliche Einstrahlung bei reichlich 1000 kWh/m^2. Je nach Standort sind die gemessenen Einstrahlungen repräsentativ für größere Gebiete. In Abbildung 2.10 sind gemessene Einstrahlungen an 5 weit auseinander liegenden

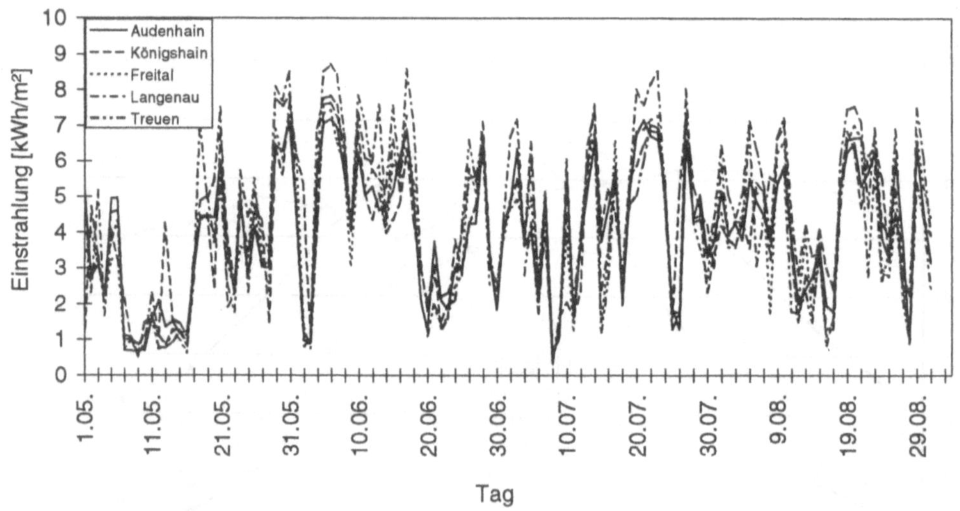

Abb. 2.10:   Tägliche Einstrahlungen an 5 Standorten in Sachsen im Sommerhalbjahr 1996 (gemessen in PV-Generatorebene)

Orten in Sachsen aufgetragen. Obwohl die Entfernungen zwischen den Orten bis zu 150 km betragen sind die täglichen Einstrahlungen stark miteinander korreliert. Aus energiewirtschaftlicher Sicht wünschenswerte räumliche Ausgleichseffekte treten in diesem Gebiet einer Größe von immerhin 22000 km² nicht auf. Andererseits erlaubt diese Korrelation, die an einem Standort gemessenen Strahlungsverhältnisse auf eine relativ große Umgebung zu extrapolieren (etwa 50 bis 100 km bei Ausschluss extremer Lagen).

2.4 Energiemeteorologie

2.4.1 Kenngrößen

Als grundlegende meteorologische Größe zur Bewertung des standortbezogenen Potentials der Sonnenenergie gilt die tägliche bzw. jährliche Einstrahlung auf die horizontale Fläche. Sie setzt sich aus mehreren Komponenten zusammen, deren Kenntnis die Bestimmung der Einstrahlung auf beliebig orientierte Flächen erlaubt. Neben der Einstrahlung ist die Bestrahlungsstärke von Bedeutung, deren Dauerlinie die zeitliche Verfügbarkeit der Solarenergie charakterisiert. Die Kenntnis der statistischen Schwankungen der Einstrahlungswerte ist besonders wichtig zur Auslegung von Energieversorgungssystemen, die allein auf Sonnenenergie beruhen (vgl. Kapitel 4). Zur Simulation von solchen Anlagen wird häufig auf Testreferenzjahre oder andere synthetisch erzeugte Werte zurückgegriffen.
Künftig an Bedeutung zunehmen wird die kurz- und mittelfristige Vorhersage der Einstrahlung für bestimmte Regionen bzw. Länder. Dies ist wichtig, um auch bei hohen Anteilen solarer Energieerzeugung einen stabilen Netzbetrieb mit konventionellen Kraftwerken zu sichern. Erste Ansätze zu derartigen Voraussagen auf der Basis von Satellitendaten werden gegenwärtig erprobt.

2.4.2 Komponenten der terrestrischen Strahlung

Die gesamte auf eine horizontale Fläche fallende Strahlung im Bereich des Sonnenspektrums wird als Globalstrahlung bezeichnet, bei geneigten Flächen wird auch der Begriff Gesamtstrahlung verwendet.
Die tägliche globale Einstrahlung auf eine horizontale Fläche $H_{d,h}$ (der erste Index bezeichnet in diesem Abschnitt den Integrationszeitraum, der zweite Index bezeichnet die Orientierung der Fläche) setzt sich zusammen aus einer direkten Komponente $B_{d,h}$ und einer diffusen Komponente $D_{d,h}$:

$$H_{d,h} = B_{d,h}(\varphi,\delta,\omega,\tau) + D_{d,h}(\varphi,\delta,\omega,\tau) \quad . \tag{2.23}$$

Die direkte Strahlung ist die durch Streuung geschwächte, von der Sonne ausgehende Strahlung. Als diffuse Strahlung wird der Teil der Strahlung bezeichnet, der aus der Richtung der direkten Strahlung gestreut wurde und danach scheinbar vom gesamten Himmel (deshalb mitunter auch als Himmelsstrahlung bezeichnet) auf die Erde gelangt. Neben den astronomischen Größen hängen beide Komponenten von der Transmission der Atmosphäre ab, die u.a. durch die aktuelle Bewölkung und den Aerosolgehalt bestimmt wird. Die Gleichung gilt selbstverständlich auch für andere Integrationszeiträume (Stunde, Monat, Jahr).

Strahlungsmessungen erfolgen üblicherweise mit Pyranometern. Dabei wird stets die gesamte auf den Sensor fallende Strahlung (d. h. die Globalstrahlung) gemessen. Zur Bestimmung der diffusen Strahlung muss entweder daneben noch die direkte Sonnenstrahlung oder durch Abschattung der direkten Strahlung die diffuse Strahlung gemessen werden. Häufig kommt das letztgenannte Verfahren unter Einsatz eines Schattenringes zur Anwendung. Die direkte Sonnenstrahlung ergibt sich dann als Differenz von H und D. Die praktische und präzise Durchführung der Messung ist nicht unproblematisch, da der Schattenring je nach Jahreszeit einen Teil des Halbraumes abdeckt. Die Messwerte müssen deshalb korrigiert werden, was wegen des über den Himmel variierenden diffusen Anteils mit Fehlern verbunden ist.

In den meisten meteorologischen Stationen werden nur Messungen der Globalstrahlung in der horizontalen Ebene durchgeführt, häufig wird aus Kostengründen sogar auf die getrennte Erfassung der direkten und diffusen Komponente verzichtet. Messungen der Gesamtstrahlung auf geneigte oder beliebig orientierte Flächen liegen nur selten vor. Die Ermittlung der Einstrahlung auf solche, zur Energieumwandlung geeignete Flächen erfolgt deshalb numerisch nach verschiedenen Näherungsverfahren. Diese basieren alle auf der Umrechnung der direkten und der diffusen Komponente aus der horizontalen in die interessierende Ebene.

Falls für die diffuse Strahlung keine Messwerte vorliegen, kann deren Anteil nach einem von LIU und JORDAN beschriebenen Verfahren aus den Globalstrahlungswerten ermittelt werden. Nach der LIU-JORDAN-Korrelation hängt der Anteil der diffusen Strahlung vom Verhältnis der Globalstrahlung auf die horizontale Fläche $H_{d,h}$ zur extraterrestrischen Einstrahlung auf die Horizontale $H_{d,h,o}$ (nach Gleichung 2.17) ab. In Abbildung 2.11 ist der relative Diffusanteil der täglichen Einstrahlung K_d

$$K_d = \frac{D_{d,h}}{H_{d,h}} \tag{2.24}$$

als Funktion des Clearnessfaktors K

$$K = \frac{H_{d,h}}{H_{d,h,o}} \qquad (2.25)$$

($H_{d,h,o}$: extraterrestrische Einstrahlung auf Horizontale) für ein Jahr aufgetragen.

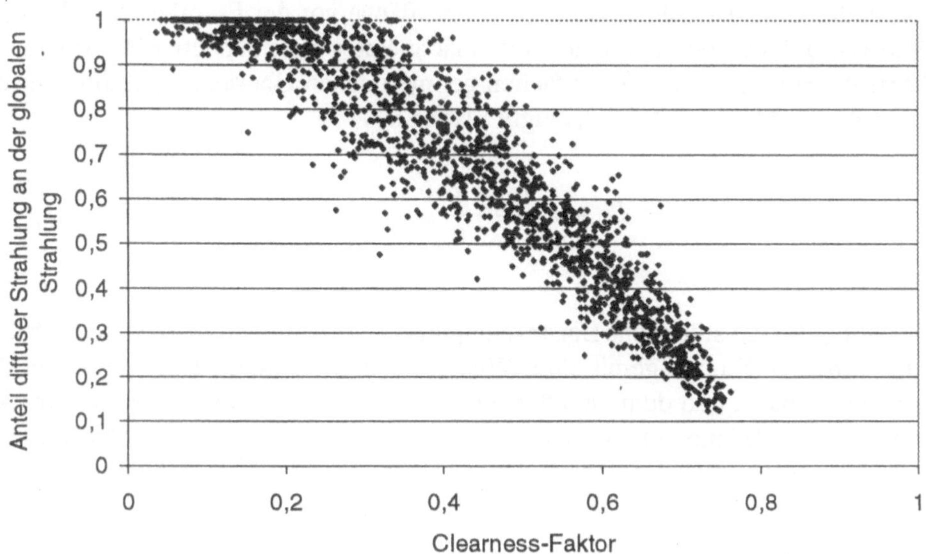

Abb. 2.11: LIU-JORDAN-Korrelation für die tägliche Einstrahlung in Dresden

Der von LIU und JORDAN gefundene Zusammenhang lässt sich näherungsweise analytisch beschreiben und erlaubt somit die Bestimmung der direkten und der diffusen Komponente der Einstrahlung aus Messwerten der Globalstrahlung. Die Unterschiede der verschiedenen Modelle bleiben generell gering und werden grundsätzlich von den zugrunde gelegten Messwerten bestimmt. Sie sind in diesem Sinne standortabhängig. Es sei hier nur bemerkt, dass die LIU-JORDAN-Korrelation auch für stündliche - allerdings mit größerer Streuung - sowie für die monatliche Einstrahlung ermittelt werden kann. Unabhängig von der in Abb. 2.11 sichtbaren Streuung der Messwerte lassen sich mehrere Folgerungen ziehen:
Zum einen beträgt in Deutschland auch an ganz klaren Sommertagen auf horizontalen Flächen der Anteil diffuser Strahlung noch etwa 15 bis 20 % der gesamten Einstrahlung. In Südeuropa kann der Diffusanteil demgegenüber bis auf weniger als 10 % absinken. Zum anderen erreicht die maximale tägliche Einstrahlung in Deutschland nur Werte bis zu 75 % der extraterrestrischen Einstrahlung, an trüben Wintertagen werden sogar weniger als 10 % der extraterrestrischen Einstrahlung gemessen.

Bei Kenntnis der direkten und diffusen Komponente der horizontalen Einstrahlung kann nunmehr die Ermittlung der Einstrahlung auf beliebig orientierte Flächen nach verschiedenen Näherungen erfolgen. Für den allgemeinen Fall einer beliebig orientierten Fläche sind drei unterschiedliche Strahlungsquellen (Abbildung 2.12) zu berücksichtigen. Analog der Einstrahlung auf die horizontale Ebene wirken hier zunächst die direkte Strahlung und die diffuse Strahlung. Ein dritter Beitrag R resultiert aus der Reflexion der Globalstrahlung auf der Erdoberfläche vor der Empfängerfläche.
Die Direktstrahlung fällt auf die geneigte Fläche unter einem anderen Winkel als auf die horizontale Fläche ein, aus einfachen geometrischen Überlegungen folgt für die stündliche Einstrahlung auf die geneigte Fläche $B_{h,t}$

$$B_{h,t} = B_{h,h} \frac{\cos \theta}{\cos \theta_z} \quad . \tag{2.26}$$

Hier steht $B_{h,h}$ für die stündliche Einstrahlung in der horizontalen Ebene und θ für den über die jeweilige Stunde gemittelten Winkel nach Gleichung (2.16) zwischen der Empfängernormalen und dem einfallenden Licht. Der Zenitwinkel θ_z ist der Winkel zwischen dem einfallenden Licht und der Vertikalen, es gilt (Supplementwinkel)

$$\cos \theta_z = \sin h \quad . \tag{2.27}$$

Bei stündlicher Auflösung der Messwerte wird eine gute Genauigkeit erreicht, häufig liegen jedoch nur Tages- oder gar Monatssummen der Direktstrahlung vor.

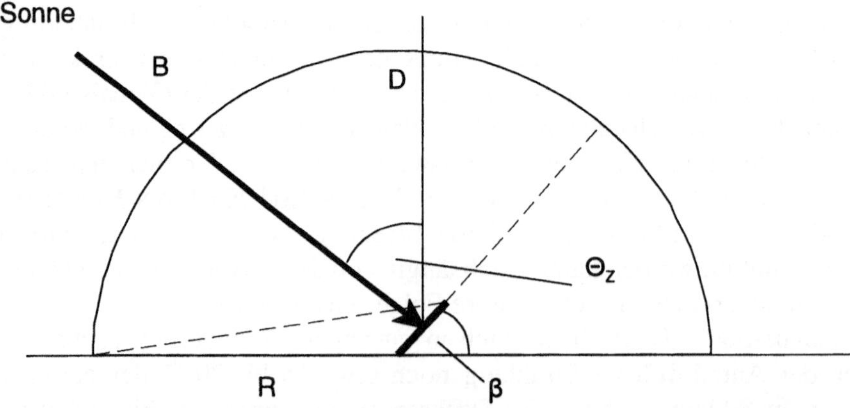

Abb. 2.12:   Strahlungsquellen auf geneigte Empfängerflächen. Die gestrichelten Linien markieren die Sichtbereiche der diffusen bzw. reflektierten Komponente.

Die diffuse Strahlung ist bei geneigten Flächen gegenüber horizontalen Flächen eingeschränkt, der Empfänger "sieht" nur einen Teil des Halbraumes. Für den eingeschränkten Sichtfaktor f_{sky} am Himmel einer mit dem Winkel β geneigten Ebene gilt

$$f_{sky} = \frac{(1 + \cos \beta)}{2} \quad . \tag{2.28}$$

Die Empfängerebene "sieht" dafür zusätzlich einen Teil der vor ihr liegenden Erdoberfläche und des davon reflektierten Lichtes, für den entsprechenden Faktor f_{sur} gilt

$$f_{sur} = \frac{(1 - \cos \beta)}{2} \quad . \tag{2.29}$$

Zur Beschreibung der diffusen Strahlung auf geneigte Flächen existieren mehrere Modelle. Die einfachste Näherung geht davon aus, dass die diffuse Strahlung D isotrop über dem Himmel verteilt ist. Sie gilt recht gut an relativ trüben Tagen (G < 300 W/m^2), für den Diffusanteil auf die geneigte Fläche gilt dann (einschließlich der reflektierten Strahlung) am Boden

$$D_{h,t} + R = D_{h,h} \frac{(1 + \cos\beta)}{2} + \varrho \cdot (D_{h,h} + B_{h,h}) \frac{(1 - \cos \beta)}{2} \quad . \tag{2.30}$$

Der zweite Term berücksichtigt die über das Albedo wirksame, ansonsten als perfekt (d.h. λ-unabhängig) angenommene Rückstrahlung der horizontalen Globalstrahlung. Der Reflexionsfaktor ρ gibt die "optischen" Bodeneigenschaften an, er liegt in der Regel bei 0,2, erreicht in Ausnahmefällen (Neuschnee, spiegelnde Wasserflächen) jedoch auch Werte bis 0,9.

Tabelle 2.2:   Albedo bei unterschiedlichen Bodentypen

Untergrund	Reflexionsfaktor ρ
Ackerboden	0,05 - 0,15
Wald	0,05 - 0,2
Sand	0,1 -0,2
Wasser	0,05 - 0,22
Schnee	0,7 - 0,9

Insbesondere an sehr klaren Tagen (blauer Himmel) ist die Näherung einer isotropen

Verteilung der diffusen Strahlung schlecht. Die Streuung des Lichtes an Aerosolen (MIE-Streuung) erfolgt vorwiegend in Vorwärtsrichtung, wodurch es in der Umgebung der Sonne (zirkumsolar) zu einer starken Erhöhung (bis zum Faktor 10) der diffusen Strahlung kommt. Aufgrund seiner Natur ist dieser Effekt besonders in industrialisierten bzw. stark verschmutzten Gebieten ausgeprägt, er verschwindet nahezu in sehr klaren Gebieten (Hochgebirge, Antarktis).

Eine zweite Inhomogenität der Diffusstrahlung wird in Horizontnähe beobachtet. Die RAYLEIGH-Streuung an Luftteilchen erfolgt nach allen Seiten, sie ist jedoch proportional der Anzahl der Luftmoleküle. Da in Horizontnähe die Zahl der streuenden Luftmoleküle wesentlich größer als im übrigen Himmelsraum ist, kommt es zu einer Überhöhung der diffusen Strahlung in Horizontnähe. Gegebenenfalls vorhandene Aerosole verstärken den Effekt durch Vorwärtsstreuung parallel zur Erdoberfläche. In Abbildung 2.13 sind die Verhältnisse qualitativ dargestellt.

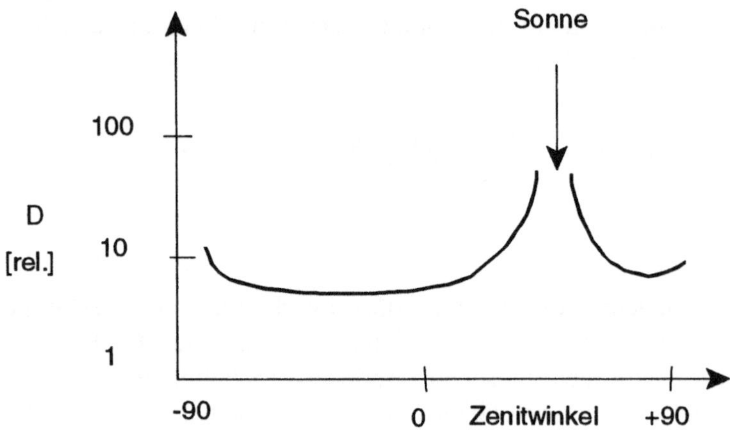

Abb. 2.13:   Abhängigkeit der Diffusstrahlung vom Zenitwinkel an klaren Tagen

Zwischen den beiden diskutierten Grenzfällen der diffusen Strahlung existieren viele Zwischen- und Übergangszustände. Ein erwähnenswerter Fall ist der Durchzug einzelner Wolken vor blauem Himmel. Er führt einerseits zu einer starkern Anisotropie in der Diffusstrahlung, die allerdings schwer zu berücksichtigen ist. Andererseits können gewisse Wolkenanordnungen (Löcher) wie optische Linsen wirken, die Direktstrahlung kann hier kurzzeitig (Minutenbereich) Werte bis zur Solarkonstante und darüber erreichen.

Das Modell von HAY und DAVIES (1980) berücksichtigt eine isotrope und eine zirkumpolare Komponente der Diffusstrahlung. Das Verhältnis beider Komponenten wird über einen modifizierten Clearness-Faktor (Anisotropie-Index) K_{mod}

$$K_{mod} = \frac{B_{h,h}}{H_{h,h,o}}$$ (2.31)

beschrieben, der die gemessene direkte Einstrahlung ins Verhältnis zur jeweiligen extraterrestrischen Einstrahlung setzt. Danach gilt in HAY's Modell für die Diffusstrahlung

$$D_{h,t} = D_{h,h} \left[(1 - K_{mod}) \; (\frac{1 + \cos \beta}{2}) + K_{mod} \cdot \frac{\cos \theta}{\cos \theta_z} \right] \; .$$ (2.32)

Der erste Term in der Klammer beschreibt den (reduzierten) isotropen Anteil der diffusen Strahlung, der zweite Term den zirkumpolaren Anteil. Für die Variation des zirkumpolaren Anteils mit dem Sonnenstand gilt die gleiche Abhängigkeit wie für die direkte Komponente (siehe Gleichung (2.26)). Für Monats- bzw. Jahressummen (jeweils auf der Basis stündlicher Messwerte) führt die HAYsche Näherung zu sehr brauchbaren Werten.

Eine weitere Verbesserung der Berechnung der Diffusstrahlung auf geneigte Flächen wird durch das Modell von PEREZ (1986) erreicht. Es berücksichtigt zusätzlich die Horizontüberhöhung. Der Ansatz lautet

$$D_{h,t} = D_{h,h} \left[(1 - F_1)(\frac{1 + \cos \beta}{2}) + F_1 \cdot \frac{\cos \theta}{\cos \theta_z} + F_2 \cdot \sin \beta \right] \; .$$ (2.33)

F_1 beschreibt analog K_{mod} in HAYs Modell den zirkumpolaren Anteil, F_2 definiert den horizontnahen Anteil. Beide Parameter hängen neben dem Zenitwinkel θ_z von einem Trübungsparameter und der aktuellen Bestrahlungsstärke ab. Dieses numerisch etwas aufwendigere Modell führt zur besten Übereinstimmung mit integralen Messwerten, insbesondere auch bei großen Auslenkungen der Empfängerfläche von der Südrichtung. Das PEREZ-Modell wurde mit Strahlungsdaten von verschiedenen Standorten verifiziert. Für den Standort Dresden (typisch für mittlere Standorte in Deutschland) sind in der Abbildung 2.14 die extraterrestrische Einstrahlung sowie die nach dem PEREZ-Modell berechnete direkte Strahlung und die diffuse Strahlung auf eine nach Süden ausgerichtete und um 35° gegen die Horizontale geneigte Fläche dargestellt. Die diffuse Strahlung ist in einen zirkumpolaren Anteil, einen isotrop diffusen Anteil, einen horizontalen diffusen Anteil und einen reflektierten Anteil aufgeteilt. Auffallend ist die Größe des zirkumpolaren Anteils, der in den Sommermonaten fast die Hälfte des diffusen Anteils ausmacht. Der reflektierte Anteil und der horizontale diffuse Anteil erreichen nur im Sommer nennenswerte Beträge.

Solarstrahlung

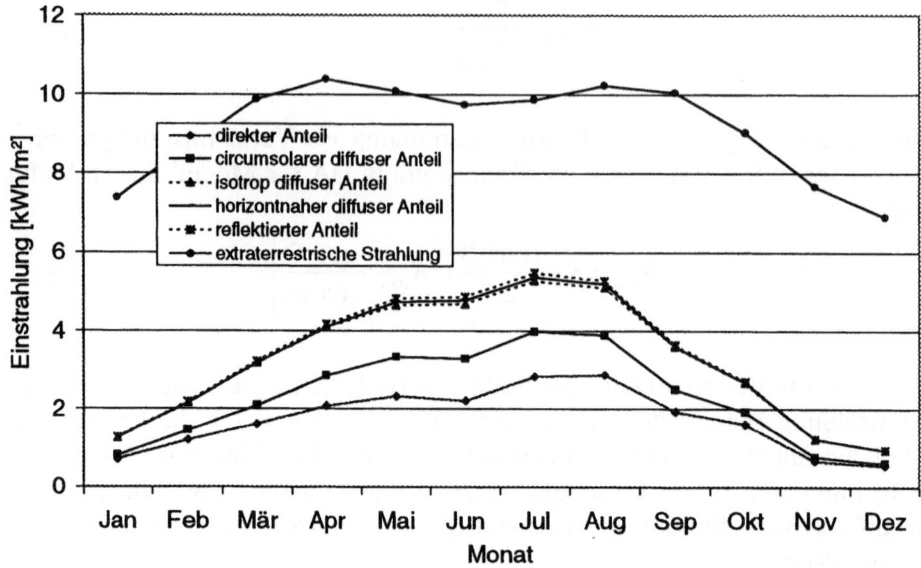

Abb. 2.14: Saisonaler Verlauf der mittleren tägliche extraterrestrischen Einstrahlung, der gemessenen direkten Strahlung sowie der Komponenten der diffusen Strahlung nach dem PEREZ-Modell (Dresden, Messwerte DWD)

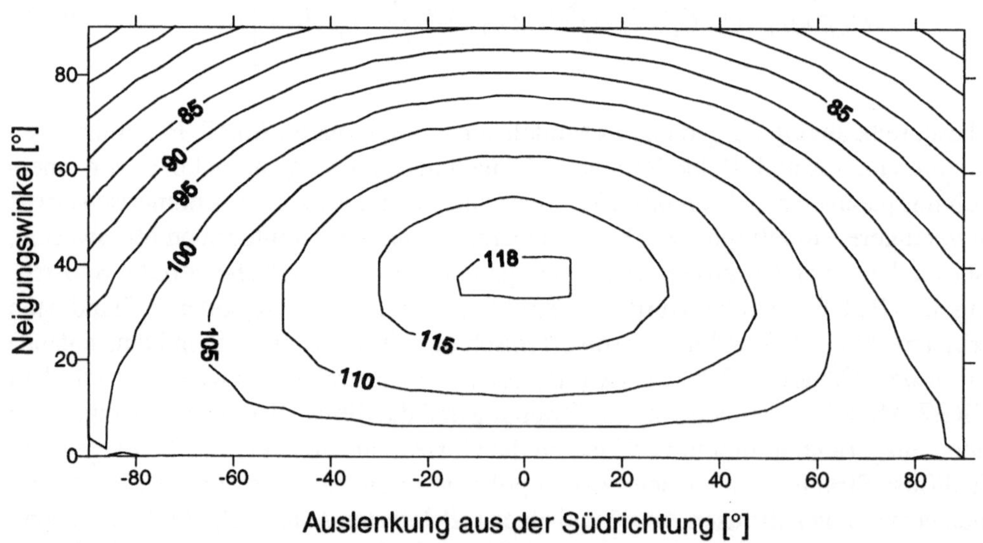

Abb. 2.15: Jährliche relative Einstrahlung (bezogen auf die Einstrahlung in horizontaler Ebene) auf beliebig orientierte Empfängerflächen, berechnet nach dem PEREZ-Modell

In Abbildung 2.15 ist die Einstrahlung auf beliebig ausgerichtete Flächen angegeben, die aus Strahlungsdaten des DWD für den Standort Dresden nach dem PEREZ-Modell errechnet wurde. Dabei wurde eine Albedo von 0,2 zugrundegelegt. Unabhängig von der globalen Einstrahlung wird danach auf einer nach Süden ausgerichteten Fläche mit einer Neigung von etwa 35° die höchste jährliche Einstrahlung erreicht. Abweichungen in der Orientierung im Neigungswinkel β zwischen 15° und 55° Neigung und in der Ausrichtung α von etwa ± 30° führen nur zu geringfügigen Einstrahlungsminderungen (< 6 %). Selbst exakt nach Osten bzw. Westen ausgerichtete Flächen erreichen bei einem Neigungswinkel von 30° noch etwa 80 % der maximal möglichen Einstrahlungssumme bzw. 94 % der Einstrahlung in der horizontalen Ebene. Diese Ergebnisse wurden nicht nur für andere Standorte in Deutschland bestätigt, sondern gelten auch für große Teile Mitteleuropas.

2.4.3 Energiewirtschaftliche Kenngrößen der Solarstrahlung

Für die energetische Nutzung der Solarenergie ist weniger die im Mittel vorliegende Einstrahlung sondern vor allem das verfügbare Leistungsspektrum von Bedeutung. Die üblicherweise genutzte feste Aufständerung der Empfängerflächen (PV-Generatoren) führt auch an ganz klaren Tagen wegen des Kosinusfaktors in Gleichung (2.15) zu einem Spektrum der Bestrahlungsstärke. In Abbildung 2.16 ist die jährliche

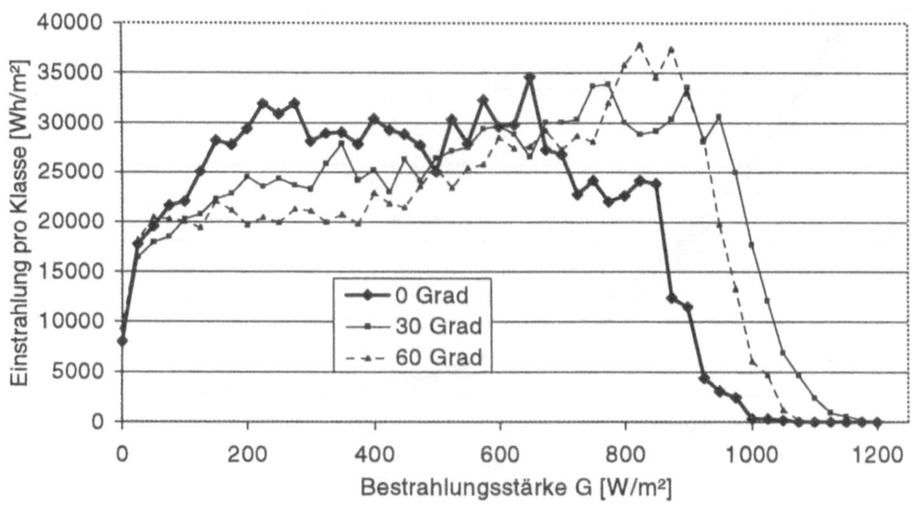

Abb. 2.16:   Einstrahlung auf unterschiedlich geneigte, nach Süden ausgerichtete Flächen in Abhängigkeit von der Bestrahlungsstärke, Dresden 1999 (Klassenbreite 25 W/m²)

Einstrahlung in Abhängigkeit von der Bestrahlungsstärke auf unterschiedlich orientierte Flächen dargestellt. Die höhere Einstrahlung auf die geneigten Flächen entsteht durch Verschiebung des Spektrums zu Bestrahlungsstärken > 700 W/m^2. Der Beitrag der einzelnen Bestrahlungsstärken zur jährlichen Einstrahlung steigt zwischen 100 W/m^2 und 800 W/m^2 nahezu linear an und fällt danach rasch ab.

Die dargestellten Spektren wurden in Dresden gemessen, sie gelten auch für andere Standorte. Werden an einem Standort Empfängerflächen mit unterschiedlicher Orientierung betrachtet, so verschiebt sich das über alle Flächen gemittelte Spektrum zu geringeren Bestrahlungsstärken (vgl. auch Abbildung 3.20). Bei einer großflächigen Nutzung der Solarstrahlung etwa im Gebiet Deutschlands treten bei integraler Betrachtung weitere Ausgleichseffekte auf. Sie werden zum einen durch die Differenz der wahren Ortszeiten (über Deutschland nach Gleichung (2.13) etwa 30 Minuten) verursacht. Andererseits tritt eine räumliche Mittelung auf, die ebenfalls zu einer Minderung der sich integral ergebenden Bestrahlungsstärken führt.

Zur energiewirtschaftlichen Charakterisierung von Energieumwandlungsanlagen wird häufig die Jahresdauerlinie angegeben. Sie gibt an, mit welcher Leistung eine Energiequelle im Verlauf eines Jahres verfügbar ist. In Abbildung 2.17 sind gemessene Jahresdauerlinien der Solarstrahlung dargestellt. Aus der Abbildung ist zu entnehmen, dass im Jahr etwa 3200 nutzbare „Sonnenscheinstunden" mit Bestrahlungsstärken G > 50 W/m^2 auftreten. Angemerkt sei, dass in der Meteorologie der Begriff Sonnen-

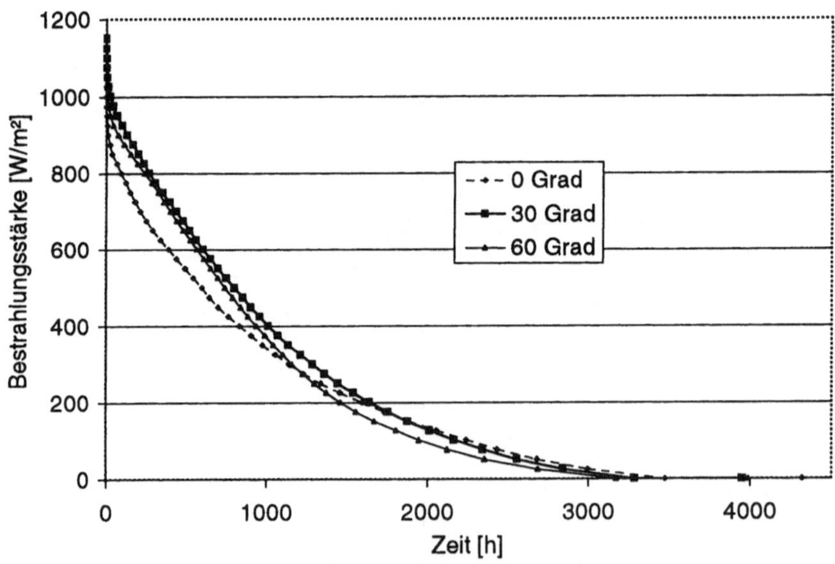

Abb. 2.17:   Jahresdauerlinien der Bestrahlungsstärke auf verschieden geneigte Flächen (Dresden 1999, 10-Minuten-Mittelwerte)

scheinstunden anders definiert ist. Die mittlere Bestrahlungsstärke liegt bei 300 W/m². Die jährliche Einstrahlung ergibt sich als Integral über die Jahresdauerlinien.

Die bisher dargestellten Ergebnisse wurden an professionell betriebenen Messstationen von Wetterdiensten bzw. im Rahmen von Forschungsvorhaben gewonnen. Deren Standorte werden - um die gesamte Einstrahlung zu erfassen - in der Regel so ausgewählt, dass keine Horizontverbauungen vorhanden sind. Sie stellen insofern maximal erreichbare Werte dar.

Im Rahmen des Bund-Länder-1000-Dächer-Photovoltaik-Programms wurden u.a. die Einstrahlungen auf eine große Zahl von dachinstallierten Photovoltaikanlagen gemessen. So wurden an 25 Anlagen in Sachsen, die zwischen Südost und Südwest ausgerichtet waren und Neigungswinkel zwischen 30 und 60 Grad gegen die Horizontale hatten, in Modulebene im Mittel nur Einstrahlungen (1057 kWh/m²) gefunden, die etwa der Einstrahlung in horizontaler Ebene an der DWD-Station Dresden-Wahnsdorf (1063 kWh/m²) im gleichen Zeitraum (1995-1997) entsprachen. Dieser Befund wurde auch deutschlandweit beobachtet, im Mittel wurde 1995 an 100 über

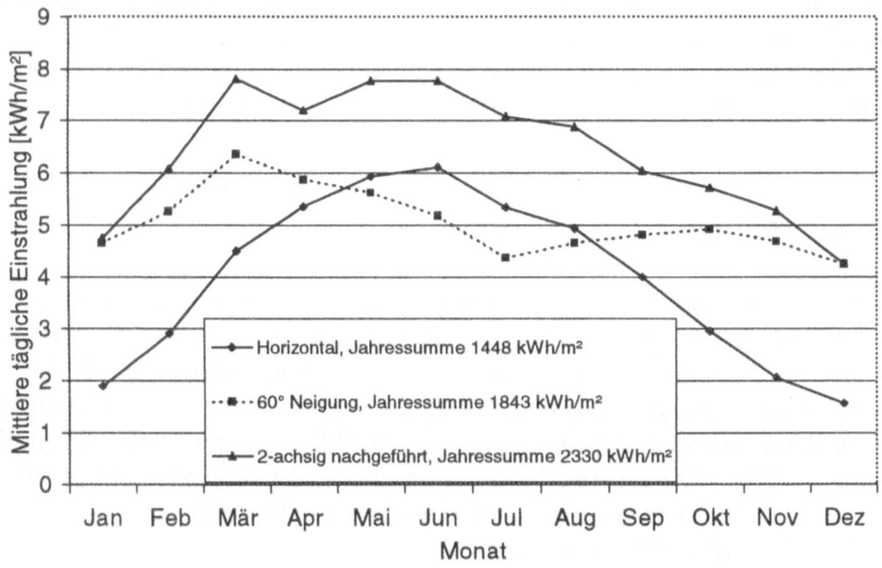

Abb. 2.18:   Saisonaler Verlauf der Einstrahlung auf verschiedene Empfängerflächen am Schweizer Standort Laj Alv (nach DURISCH und HOFER, 1996)

Deutschland verteilten Anlagenstandorten eine horizontale Einstrahlung von 918 kWh/m² und an 30 DWD-Stationen ein Wert von 1052 kWh/m² gefunden. Die Reduktion der Einstrahlung an den Anlagenstandorten ist primär auf die in Sied-

lungen unvermeidlichen Horizontverbauungen zurückzuführen. In Ballungsgebieten
kann weiterhin eine stärkere Lufttrübung eine Rolle spielen. Im Mittel muss demnach
an solchen Standorten mit Einstrahlungsminderungen von 10 - 15 % im Vergleich zu
„idealen" Standorten gerechnet werden.
Zur Charakterisierung des Einflusses extremer Standorte auf die Einstrahlung seien
noch die Ergebnisse von mehrjährigen systematischen Messungen der Solarstrahlung
an einem Schweizer Hochgebirgsstandort (Laj Alv, Graubünden) erwähnt. Der durch
geneigte Flächen bzw. nachgeführte Flächen erreichbare Effekt an diesem Standort
ist in Abbildung 2.18 dargestellt. Die jährliche Einstrahlung liegt bei 1448 kWh/m^2 in
der horizontalen Ebene bei einem verhältnismäßig geringen Diffusstrahlungsanteil.
Ursache für diesen Befund ist die Lage des Standortes, er befindet sich häufig (auch
im Winter) über den Wolken. Eine um 60° geneigte Fläche empfängt immerhin 1840
kWh/m^2 (dies entspricht der horizontalen Einstrahlung in Almeria in Südspanien) bei
nur schwach ausgeprägtem saisonalem Verlauf. Dazu trägt im Winter die Schnee-
decke mit ihren hohen Albedo-Werten bei. Eine zweiachsig nachgeführte Empfängerfläche an diesem Standort erfährt eine Einstrahlung von 2330 kWh/m^2 (das sind etwa
26 % mehr als die 60°-Fläche). Die direkte Einstrahlung bei 2-achsiger Nachführung
(wichtig für konzentrierende Empfängerflächen, z.B. Parabolspiegel) beträgt 1404
kWh/m^2, dies entspricht näherungsweise der Globalstrahlung in der horizontalen
Fläche. Dieser Zusammenhang gilt näherungsweise in ganz Europa.

2.4.4 Einstrahlungsstatistik im Winter

Die zeitliche Variabilität der Strahlung bestimmt in entscheidendem Maße die Möglichkeit ihrer energetischen Nutzung. Aus langjährigen Messungen lassen sich zwar
Mittelwerte für die tägliche bzw. monatliche Einstrahlung ableiten, die in den einzelnen Jahren auftretenden Schwankungen sind jedoch erheblich. In Abbildung 2.19
sind die mittleren monatlichen Einstrahlungen der DWD-Station Dresden-Wahnsdorf
im Zeitraum 1950 - 1990 mit Angabe der beobachteten Extremwerte dargestellt. Im
Sommer weichen die Extremwerte bis zu 30 % von den Mittelwerten ab, im Winter
sind die Abweichungen sogar noch größer.
Für die Auslegung von ganzjährig arbeitenden photovoltaischen Inselsystemen ist die
Untersuchung der Einstrahlungsstatistik im Winter von besonderer Bedeutung.
Solche Systeme bestehen grundsätzlich aus einem PV-Generator und einem Energie-
speicher. Letzterer übernimmt die Versorgung in der Nacht bzw. an einstrahlungs-
armen Tagen. Die Auslegung derartiger Systeme (d.h. Festlegung der Größe des PV-
Generators und des Speichers bei vorgegebener zu versorgender Last) kann nach
verschiedenen Ansätzen erfolgen, die optimale Lösung wird meist vom für den
Aufbau des Systems erforderlichen finanziellen Aufwand bestimmt.

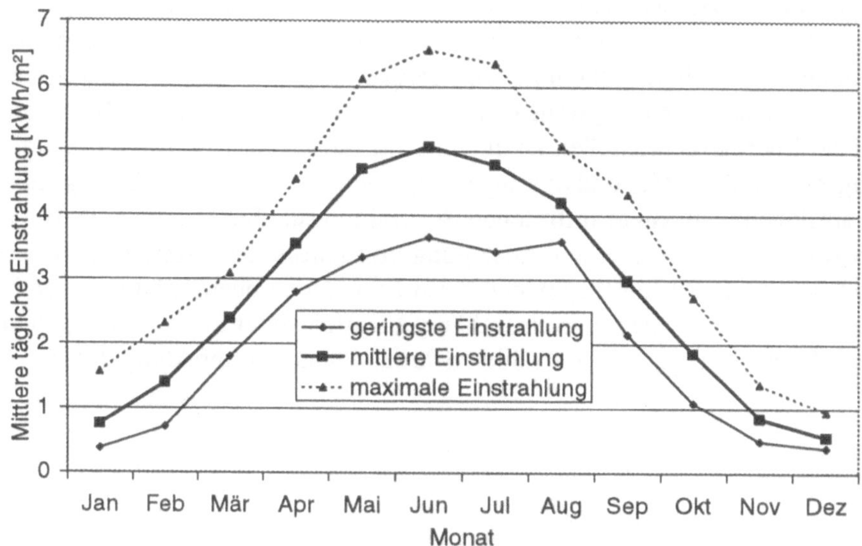

Abb. 2.19: Mittlere tägliche Einstrahlung in Dresden und Angabe der gemessenen monatlichen Extremwerte (Zeitraum 1950 bis 1990, nach DWD 1995)

Zur Verdeutlichung der Fragestellung ist zunächst die Betrachtung von zwei Grenzfällen sinnvoll. Einmal könnte der Auslegung des PV-Generators die kleinste im Jahr auftretende tägliche Einstrahlung ($H_{d,min}$ etwa 0,1 kWh/m²) zugrundegelegt werden. Der Generator soll aus dieser Auslegungseinstrahlung die von dem Verbraucher täglich benötigte Energie erzeugen. Der Generator wird dabei sehr groß (und teuer), er erzeugt an allen anderen Tagen des Jahres Energieüberschüsse. Der Speicher bleibt dagegen sehr klein, er muss nur die für eine Nacht erforderliche Energiemenge aufnehmen.

Der zweite Grenzfall besteht darin, den im Sommerhalbjahr auftretenden „Einstrahlungsüberschuss" für das Winterhalbjahr zu speichern. Hier wird faktisch eine aus der jährlichen Einstrahlung ermittelte mittlere tägliche Einstrahlung (H_d etwa 2,7 kWh/m²) der Auslegung des PV-Generators zugrundegelegt. Entsprechend der oben genannten Zahl besteht in diesem Fall ein sehr großer Speicherbedarf von etwa 92 Tagen (25 % des Jahresbedarfes). Dagegen würde unter idealen Bedingen (keine Speicherverluste) nunmehr der PV-Generator minimiert, er erzeugt im gesamten Jahr genau die vom Verbraucher benötigte Energiemenge.

Zur Ermittlung einer optimalen täglichen Auslegungseinstrahlung H_{des} ist die Auswertung langjähriger Messreihen erforderlich, die allerdings nur von wenigen Orten vorliegen. Am Beispiel einer von Dresden-Wahnsdorf seit 1950 vorliegenden Reihe soll die Vorgehensweise dargestellt werden.

Zunächst ist klar, dass der kritische Einstrahlungszeitraum für ganzjährig zu versorgende Verbraucher im Winter liegt. Bei der Auswertung kann man sich auf die 3 Wintermonate November, Dezember und Januar beschränken, da ein für diesen Zeitraum korrekt ausgelegtes System auch in den einstrahlungsreicheren Monaten die erforderliche Energie bereitstellen kann. Eine für diesen Zeitraum gültige tägliche Auslegungseinstrahlung H_{des} und das zugehörige, von der gewählten Auslegungseinstrahlung abhängige maximal auftretende Einstrahlungsdefizit H_{def} sind die meteorologisch bestimmenden Größen zur Auslegung von autonomen Systemen. In jedem Winter existiert ein Zeitraum (beginnend meist Ende November/Anfang Dezember), in dem die (definierte) Auslegungseinstrahlung an aufeinander folgenden Tagen nicht erreicht wird und dadurch ein Einstrahlungsdefizit entsteht (Abbildung 2.20).

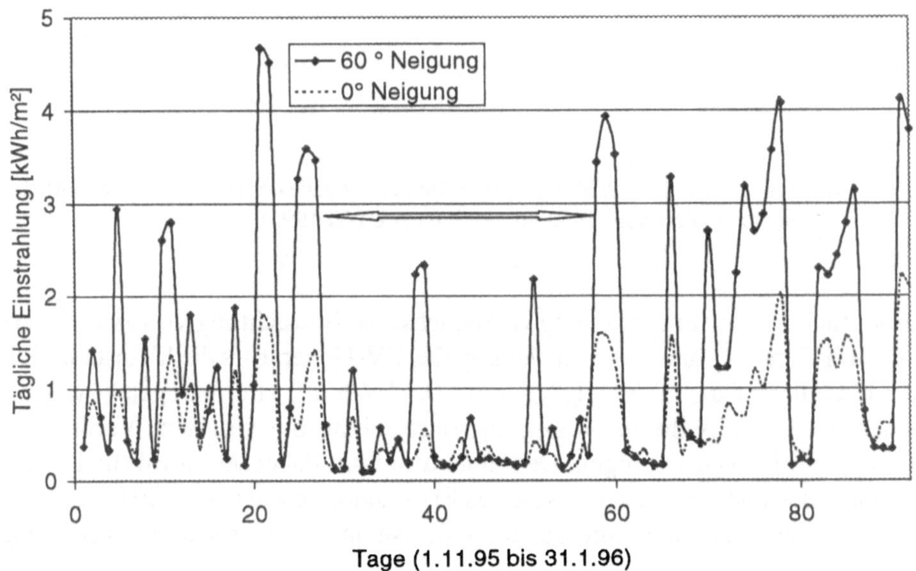

Abb. 2.20:   Verlauf der täglichen Einstrahlung im Winter 1995/96 in Dresden. Der horizontale Pfeil markiert den Zeitraum, in dem sich das maximal auftretende Einstrahlungsdefizit aufbaut.

Das Einstrahlungsdefizit bestimmt die Speichergröße. Das maximal auftretende Einstrahlungsdefizit hängt völlig vom jeweiligen Wetterablauf ab, d.h. neben dem Tag des Beginns seines Auftretens ist auch die Zahl n der nachfolgenden Tage, die zu seiner Vergrößerung beitragen, in den einzelnen Jahren völlig unterschiedlich ($10 < n < 30$):

$$H_{def} = \sum_{1}^{n} H_d - n \cdot H_{des} \qquad (2.34)$$

In Abbildung 2.21 ist die Häufigkeit der in Dresden-Wahnsdorf gemessenen Einstrahlungen in 43 Wintern (Zeitraum jeweils 1.11. -31.1.) dargestellt. Der Mittelwert liegt

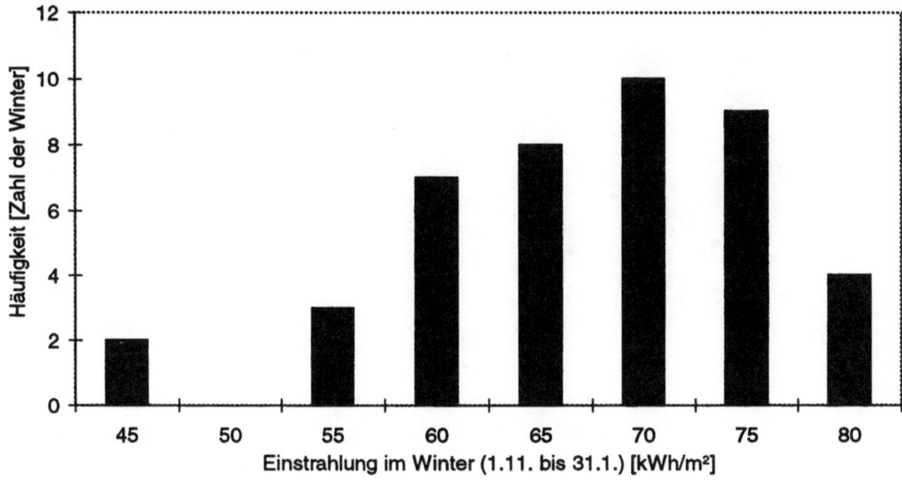

Abb. 2.21:   Häufigkeit der Einstrahlung in den Wintermonaten in Dresden-Wahnsdorf (Zeitraum
              1950 bis 1996)

für diesen Zeitraum bei 66 kWh/m² (H_d = 0,72 kWh/m²). In 5 Wintern liegt die
Einstrahlung mehr als 10 % unter dem langjährigen Mittelwert, in 2 Wintern beträgt
das Defizit zum langjährigen Mittel sogar mehr als 35 % (H_d= 0,43 kWh/m²).
Für verschiedene angenommene Auslegungseinstrahlungen H_{des} wurden die nach
Gleichung (2.34) auftretenden Einstrahlungsdefizite berechnet. In Abbildung 2.22
sind die ermittelten Defizite H_{def} (bezogen auf die jeweilige Auslegungseinstrahlung)
für die entscheidenden einstrahlungsarmen Winter als Funktion von Auslegungseinstrahlung dargestellt. Das Verhältnis H_{def}/H_{des} wird auch als Systemautonomie SA
bezeichnet:

$$SA = \frac{H_{def}}{H_{des}} = \sum_1^n \frac{H_d}{H_{des}} - n \qquad (2.35)$$

Die Systemautonomie gibt an, das Wievielfache der aus der Auslegungseinstrahlung
erzeugbaren Energie im Speicher einer PV-Anlage bereitgehalten werden muss, um
das auftretende Einstrahlungsdefizit zu decken.
Mit abnehmendem Wert der Auslegungseinstrahlung sinkt das auftretende Defizit,
jedoch erst bei H_{des}= 0,45 kWh/m²d wird für alle untersuchten Winter ein Einstrah-

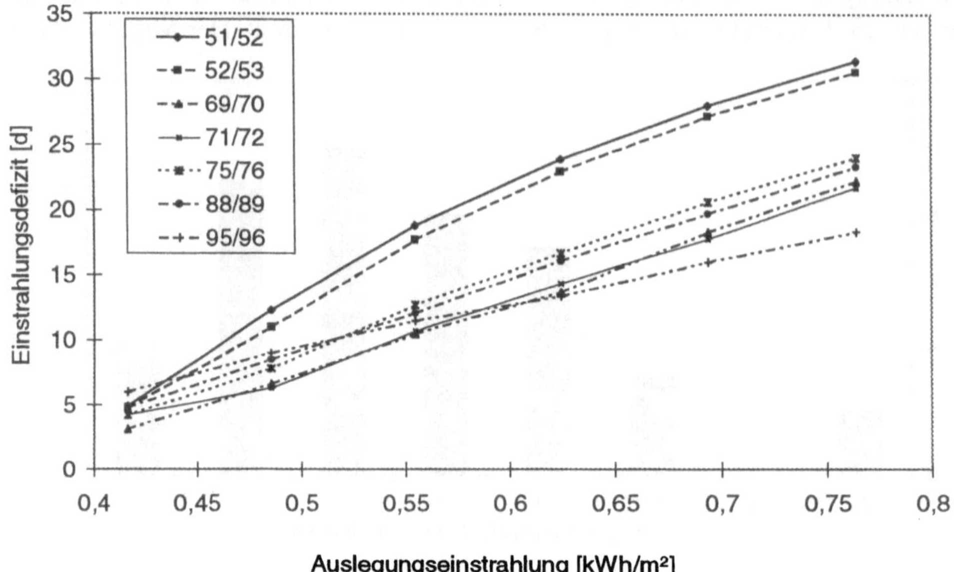

Abb. 2.22:   Einstrahlungsdefizit als Funktion der Auslegungseinstrahlung in einstrahlungsarmen
Wintern (Standort Dresden-Wahnsdorf)

lungsdefizit H_{def} von weniger als dem Achtfachen von H_{des} erreicht. Praktisch bedeutet dies, dass der Energiespeicher zur Sicherung eines ununterbrochenen Betriebes
des Verbrauchers auch in den extremsten Wintern dessen Energiebedarf für 8 Tage
bereitstellen muss.
Da diese Ergebnisse auch für andere deutsche Standorte (Würzburg, Potsdam,
Hamburg) bestätigt werden konnten, können sie als Richtwerte der Auslegung von
batteriegestützten PV-Anlagen in Deutschland zugrundegelegt werden.

2.4.5 Synthetische Strahlungsdaten

Zur Simulation der Energiewandlung in Solaranlagen (PV-Anlagen, solarthermische
Anlagen) wurden in den letzten Jahren eine Reihe von Simulationsprogrammen
entwickelt. Häufig werden mittels eines Strahlungsgenerators die für die Simulation
des Systemverhaltens und der Energieerträge benötigten Einstrahlungsdaten generiert
(in Abhängigkeit von Standort und Orientierung der Empfängerfläche). In der Regel
werden von diesen Programmen viele Standorte z. B. in Deutschland angeboten. Aus
den für diese Standorte gespeicherten Monatsmitteln der Globalstrahlung in der
horizontalen Ebene werden Monats-, Tages- oder auch Stundensummen für die

gewünschte Orientierung des Empfängers berechnet. Die dabei genutzten Ausgangswerte unterscheiden sich jedoch teilweise deutlich, die Umrechnung erfolgt - je nach Programmen - mit sehr einfachen bis zu sehr aufwendigen Modellen.

Bei der Bewertung derartig erzielter Ergebnisse muss stets berücksichtigt werden, dass ihre Gültigkeit entsprechend der Gültigkeit der Ausgangsdaten begrenzt ist. Extreme Einstrahlungen können zu deutlich abweichenden Aussagen führen.

Einige Simulationsprogramme nutzen als Einstrahlungsdaten die Testreferenzjahre des DWD. Für charakteristische Klimazonen der BRD wurden Mitte der 80er Jahre Referenzdatensätze entwickelt, die - in stündlicher Auflösung - u. a. Werte der Globalstrahlung (horizontal), der Lufttemperatur und der Windgeschwindigkeit umfassen. Sie sind weniger unter energiemeteorologischen als vielmehr unter allgemeinen klimatologischen Gesichtspunkten entwickelt worden und umfassen typische, jedoch keine extremen Wetterabläufe. Insofern führt ihre Nutzung unter energiemeteorologischen Gesichtspunkten ebenfalls eher zu durchschnittlichen Ergebnissen.

Die bei Simulationsrechnungen zugrundegelegten Strahlungsdaten, speziell ihr zeitlicher Ablauf, beeinflussen die erreichbaren Ergebnisse von Simulationsprogrammen wesentlich. In Abbildung 2.23 sind die Verläufe der täglichen solaren Einstrahlung in einer nach Süden ausgerichteten und um 60° gegen die Horizontale geneigten Generatorfläche für den Standort Dresden, wie sie in zwei Simulationsprogrammen ermittelt wurden, dargestellt. Sowohl im zeitlichen Ablauf als auch in den Absolutwerten sind deutliche Unterschiede zu erkennen. Das Programm PHOVOLT (L. ROUVEL) berechnet die Einstrahlungswerte aus dem DWD-Testreferenzjahr Trier. Es berechnet im Sommer zu hohe Werte, zeigt aber im Winter eine reale Statistik der Einstrahlung. Das Programm PVS (ecoconcept GmbH) besitzt einen eigenen Strahlungsgenerator. Ein Vergleich mit gemessenen Werten aus Dresden zeigt die in einem konkreten Jahr möglichen auftretenden Differenzen.

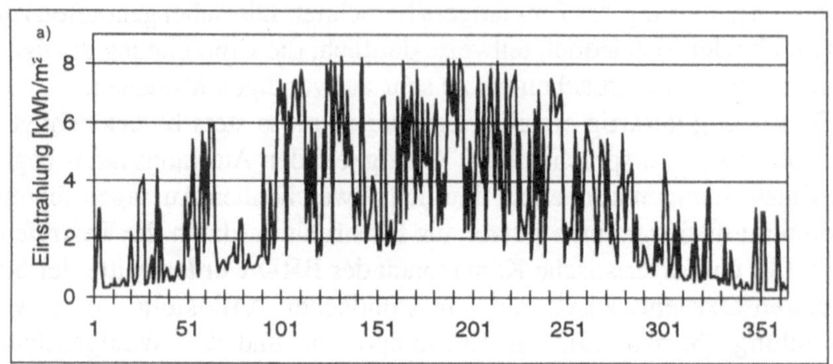
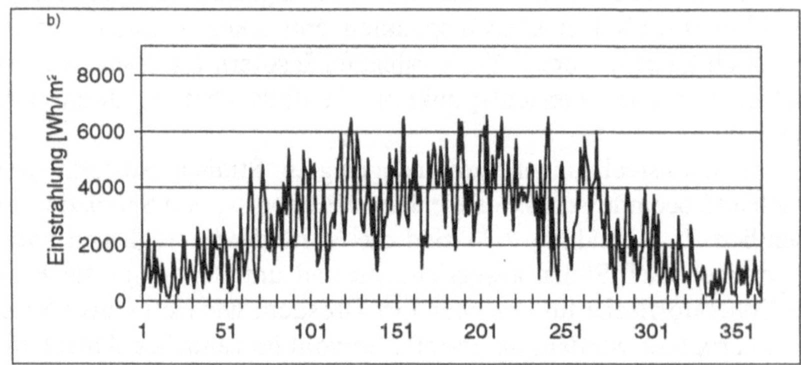
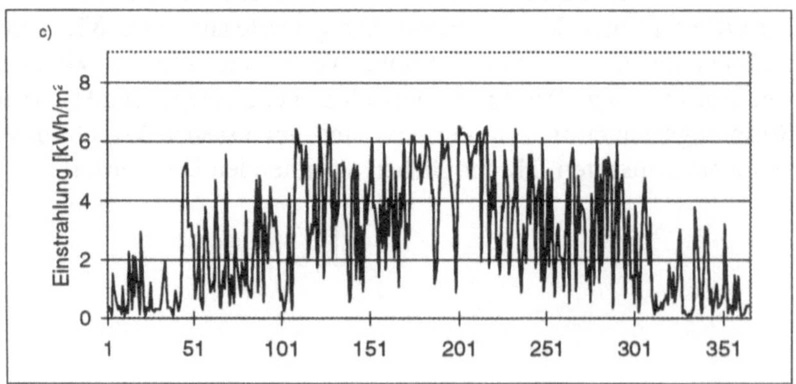

Abb.2.23:   Berechnete und gemessene tägliche Einstrahlungen (Dresden, Empfängerfläche in
            Südrichtung, 60° Neigung gegen die Horizontale)
            a) Programm PHOVOLT (Basis DWD-Testreferenzjahr Trier)
            b) Programm PVS (Basis: Eigener Strahlungsgenerator)
            c) Messwerte 1994

3 Solarzellen und Module

3.1 Der photovoltaische Effekt

Die auf der Erde einfallende Solarstrahlung kann im allgemeinen nicht direkt genutzt werden. Zur Bereitstellung von Endenergie im Sinne von Kapitel 1 ist deshalb die Umwandlung der Strahlungsenergie in Wärme bzw. Strom erforderlich. Als Photovoltaik wird die Technik bezeichnet, die eine direkte Umwandlung von Solarstrahlung in Strom ermöglicht. Die beim photovoltaischen Effekt ablaufenden physikalischen Prozesse sind sehr komplex und können im Rahmen dieser Einführung nicht dargestellt werden. Die Ausführungen dieses Kapitels beschränken sich daher auf die Darstellung der wesentlichen phänomenologischen Zusammenhänge und eine qualitative Diskussion der Eigenschaften von Solarzellen. Module als technisch einsetzbare Baugruppen werden anschließend mit ihren energetisch relevanten Parametern behandelt.

Die terrestrische Solarstrahlung besteht entsprechend Abbildung 2.1 aus Strahlung unterschiedlicher Wellenlänge. Der Energietransport erfolgt durch einzelne Lichtquanten (Photonen), für deren Energie E_{ph} gilt

$$E_{ph} = h \cdot \frac{c}{\lambda} \tag{3.1}$$

mit c als Lichtgeschwindigkeit und h als dem PLANCKschen Wirkungsquantum. Ein Photon mit der Wellenlänge von 1 µm besitzt nach Gleichung (3.1) beispielsweise eine Energie von $1,98 \cdot 10^{-19}$ Joule, eine offensichtlich sehr kleine Energiemenge. Zur Aufnahme der bei der Fusion von 2 Kernen nach Gleichung (2.2) freiwerdenden Energie sind deshalb etwa $2 \cdot 10^{12}$ Photonen dieser Wellenlänge erforderlich. Um eine Bestrahlungsstärke von 1000 W/m^2 zu erreichen, müßten andererseits etwa $2 \cdot 10^{23}$ dieser Photonen pro Sekunde auf eine Fläche von 1 m² auftreffen.

Zur Darstellung des photovoltaischen Effektes ist es nützlich, den elektrische Strom etwas näher zu charakterisieren. Elektrische Energie ist nutzbar, wenn die beiden Pole einer Spannungsquelle (gekennzeichnet durch die Potenzialdifferenz U) über elektrische Leiter miteinander verbunden werden. Der dabei in den Leitern auftretende Strom I entsteht durch die Bewegung „freier" Elektronen vom höheren Potenzial zum niederen Potenzial. Die umgesetzte elektrische Energie E_{el}

$$E_{el} = U \cdot I \cdot t \tag{3.2}$$

hängt außerdem noch von der Zeitdauer t des Stromflusses ab.

Umgekehrt erfordert die Erzeugung von elektrischer Energie die Überwindung einer Potenzialdifferenz U (vom niederen zum höheren Niveau) für die einzelnen Elektronen, ein Elektron nimmt dabei die Energie

$$E_e = e \cdot U \tag{3.3}$$

mit e als elektrischer Elementarladung auf. Prinzipiell kann das oben betrachtete Lichtquant von 1 µm Wellenlänge seine Energie vollständig auf ein Elektron übertragen, wegen $E_{ph} = E_e$ folgt für die dabei erreichbare Spannungsdifferenz U = 1,24 V.

Dies ist für technische Anwendungen ein sehr kleiner Wert. Unter Berücksichtigung des gesamten Strahlungsspektrums können aus den solaren Lichtquanten direkt lediglich elektrische Spannungen zwischen 0,4 und 7 V erzeugt werden. Zur praktischen Nutzung der Photovoltaik müssen diese kleinen Spannungen auf einen technisch nutzbaren Wert transformiert werden.

Als geeigneter Effekt zur Absorption der Solarstrahlung unter gleichzeitiger Überwindung einer Potenzialdifferenz durch Elektronen ist seit langem der innere Photoeffekt in Halbleitern bekannt. Er lässt sich am einfachsten im Rahmen des Bändermodells für Elektronen in Festkörpern beschreiben.

Nach diesem Modell sind in allen Festkörpern die Elektronen bestimmten Energiebändern zugeordnet. Neben erlaubten Energiebereichen (Bändern) existieren nach quantentheoretischen Regeln auch verbotene Energiezonen (gaps), die entsprechenden Energien können von Elektronen nicht eingenommen werden. In Abbildung 3.1 sind für unterschiedliche Festkörper jeweils die obersten Energiebänder dargestellt, die vorhandenen Elektronen besetzen die möglichen Zustände bis zur so genannten FERMI-Energie E_F.

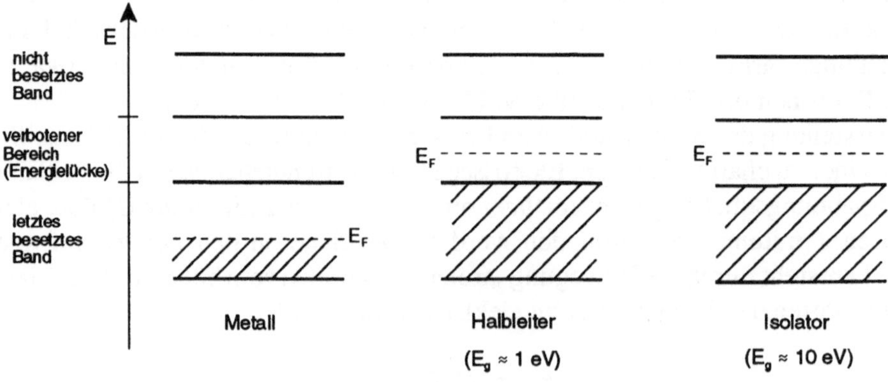

Abb. 3.1:   Energiebänder in Metallen, Halbleitern und Isolatoren. Die schraffierten Flächen markieren die jeweils von Elektronen besetzten Zustände.

Aus Abbildung 3.1 ist zu entnehmen, dass in einem Metall die FERMI-Energie E_F etwa mitten in einem Energieband verläuft. Dies hat zur Folge, dass die Elektronen auch kleinste Energiemengen aufnehmen und Strom leiten können. Bei Halbleitern liegt die FERMI-Energie in einem verbotenen Bereich, d. h. das darunter liegende Band (Valenzband) ist vollständig gefüllt. Halbleiter können nur Strom leiten, wenn infolge thermischer Anregung (die bereits bei Zimmertemperatur wirksam ist) die relativ geringe Energielücke E_g durch einzelne Elektronen überwunden wird und diese dann im höheren Energieband (Leitungsband) eine Leitfähigkeit herbeiführen. Bei Isolatoren sind die Verhältnisse qualitativ vergleichbar mit der Situation bei Halbleitern, allerdings beträgt die Energielücke etwa 10 eV. Sie kann durch thermische Anregung nicht überwunden werden, in Isolatoren kann deshalb kein elektrischer Strom fließen.

Beim inneren Photoeffekt in Halbleitern wird ein (von außen auf den Halbleiter auftreffendes) Photon absorbiert und mit der entsprechenden Energie ein "freies" Elektron im Leitungsband erzeugt. Gleichzeitig entsteht im Valenzband ein freier Elektronenzustand, der als "Loch" bezeichnet wird. Das freie Elektron und das Loch rekombinieren nach kurzer Zeit, wobei das Elektron seine Energie an das Gitter abgibt. Als wesentlich ist hier festzuhalten, dass mit dem inneren Photoeffekt ein Mechanismus zur Absorption von Photonen durch Erzeugung beweglicher (freier) Elektronen existiert. Diese Elektronen befinden sich zudem auf einem durch die Energielücke des Halbleiters festgelegten höheren Energieniveau (Potenzial). Um diesen Effekt zur Grundlage einer technisch nutzbaren Stromquelle zu machen, müssen allerdings noch weitere Bedingungen erfüllt werden:

-       Die durch die Absorption freigesetzten elektrischen Ladungsträger müssen eine gewisse Lebensdauer und Beweglichkeit haben. Dies stellt eine Forderung an die chemische Reinheit und den kristallinen Aufbau des Materials dar.

-       Im Halbleiter muss ein inneres, möglichst hohes elektrisches Feld zur Trennung der durch die Absorption entstehenden Ladungsträger (und damit zur Verhinderung der Rekombination) existieren. Dieses elektrische Feld kann auf unterschiedliche Art erzeugt werden.

-       Die erzeugten Ladungsträger müssen möglichst verlustfrei zu geeigneten äußeren Kontakten gelangen, die die beiden Pole der Stromquelle bilden. Der Strom beginnt zu fließen, wenn die beiden Pole über einen äußeren Stromkreis verbunden werden.

-       Das Halbleitermaterial muss die Solarstrahlung möglichst vollständig absorbieren. Die Energielücke des Halbleiters muss so groß sein, dass aus dem relativ breiten Spektrum der Strahlung ein möglichst großer Teil absorbiert

wird. Ferner muss das Material eine reflexionsarme Oberfläche besitzen und
großflächig herstellbar sein.

Diese Bedingungen können grundsätzlich durch Halbleiter mit geeigneter Energielü-
cke erfüllt werden, die aufgrund eines Dotierungsprofils oder eines geeigneten Kon-
takts Gradienten in ihren Energiebändern, d. h. interne elektrische Felder besitzen.
Die am häufigsten angewandte (aber nicht einzige) technische Lösung zur Feld-
erzeugung ist der p-n-Übergang in Halbleitern. In vereinfachter Weise kann die
Entstehung des elektrischen Feldes anhand des Bändermodells verdeutlicht werden.
In Abbildung 3.2 sind im Bändermodell die elektronischen Zustände in reinem
Silizium (gegenwärtig wichtigstes Material der Photovoltaik) sowie in schwach
Phosphor- bzw. Bor-dotiertem Silizium dargestellt. Phosphor besitzt ein Elektron pro

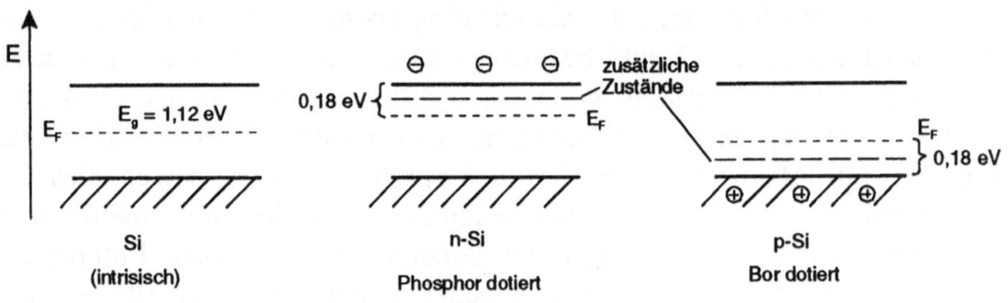

Abb. 3.2:   Energiebänder in reinem Silizium sowie in schwach mit Phosphor bzw. Bor dotiertem
              Silizium

Atom mehr als Silizium, die überschüssigen Elektronen sind im Leitungsband einge-
baut. Zudem verschiebt sich die FERMI-Energie und unterhalb des Leitungsbandes
treten (im Abstand von etwa 0,2 eV von der Bandgrenze) einzelne zusätzliche
Elektronenzustände auf. Das entstandene n-Silizium ist leitfähig. Bor besitzt demgegenüber ein Elektron weniger als Silizium. Das bei der Bor-Dotierung entstehende
p-Silizium verhält sich elektronisch etwa spiegelbildlich zum n-Silizium. Hier führen
die Löcher im Valenzband ebenfalls zu einer Leitfähigkeit.
Der p-n-Übergang (Abbildung 3.3) entsteht nun durch Zusammenfügen von p- und
n-leitenden Gebieten. Seine technische Realisierung erfolgt durch Diffusion von n-
Atomen (Phosphor) in p-leitendes Material. Am p-n-Übergang diffundieren Elektronen (Abbildung 3.3a) aus dem n-leitenden in das p-leitende Gebiet. Im n-leitenden
Gebiet bleiben positiv geladene Atome zurück. Im p-leitenden Material entstehen
gleichzeitig infolge der diffundierten Elektronen negativ geladene Atome. Die

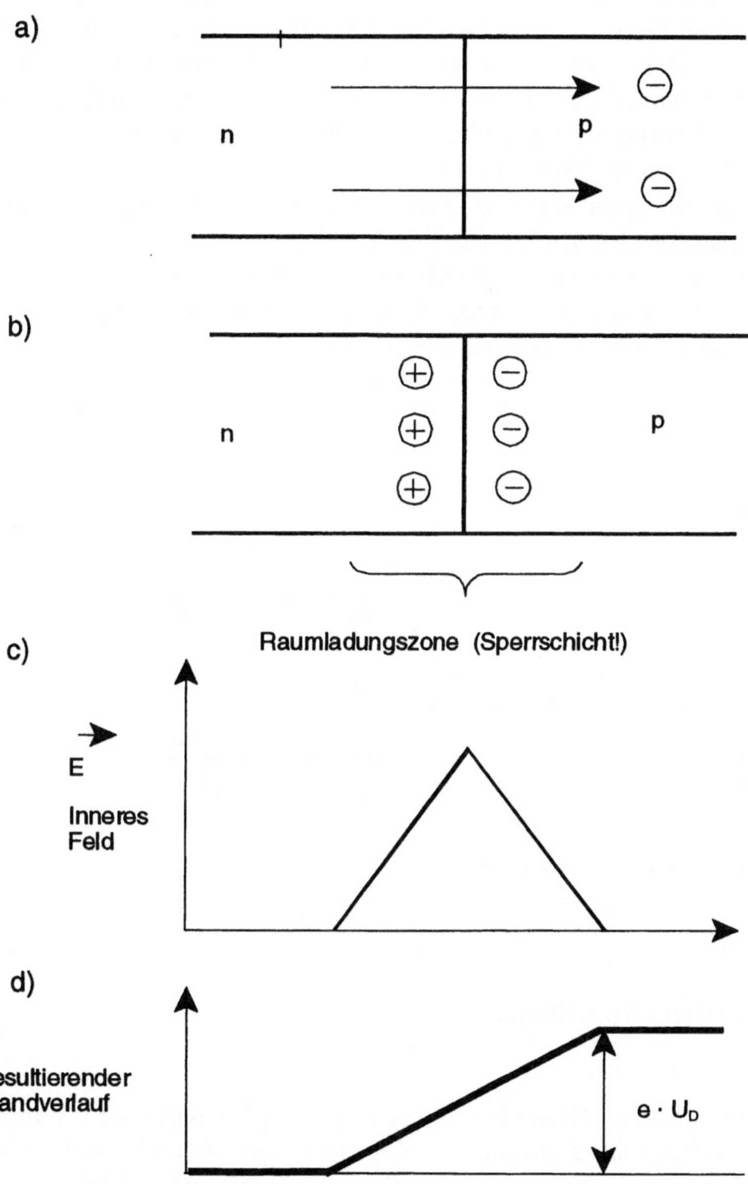

Abb. 3.3: Elektronenverhalten am p-n-Übergang. Die Raumladungszone ist mit einem elektrischen Feld verbunden, welches seinerseits eine charakteristische Bandverbiegung (gekennzeichnet durch die Diffussionsspannung U_D) verursacht.

dadurch entstehende Raumladung (Abbildung 3.3b) baut ein elektrisches Feld auf (Abbildung 3.3c). Das elektrische Feld ist der Diffusionsbewegung entgegen gerichtet und sucht diese zu stoppen. Es stellt sich faktisch ein Gleichgewicht zwischen den diffundierenden und den durch das Feld bewegten Ladungsträgern ein. Das entstandene Feld führt schließlich zu einer Potenzialdifferenz zwischen den n- und p-leitenden Gebieten des Halbleiters (Abbildung 3.3d), die mit einer charakteristischen Biegung der Energiebänder verbunden ist.

Die sich am p-n-Übergang einstellende Bandstruktur ist in Abbildung 3.4 dargestellt. Sie ist dadurch charakterisiert, dass die FERMI-Energie E_F auf beiden Seiten das gleiche Niveau besitzt. Die entstehende Diffusionsspannung U_D ist stets kleiner als die sich aus E_g ergebende Spannung. Die Diffusionsspannung von Silizium ergibt sich aus der Energielücke abzüglich der Energie, die den durch die Dotierungen im n- und p-Gebiet entstandenen Energiezuständen entspricht (vgl. Abbildung 3.2). Es gilt demnach $U_D = (1{,}12 - 0{,}4)$ V $= 0{,}72$ V. Die makroskopisch an den Zellen messbare

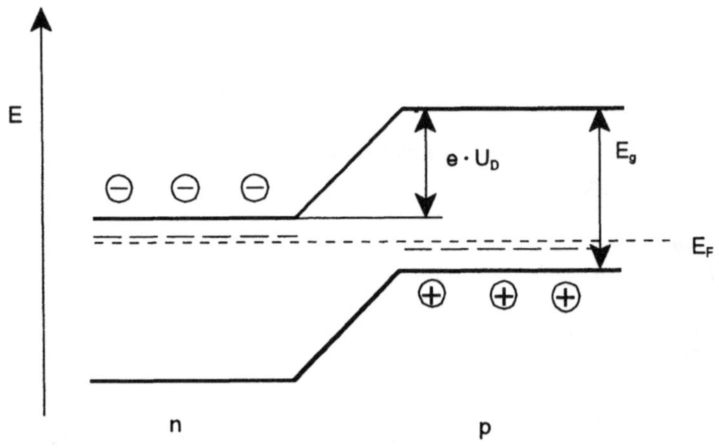

Abb. 3.4:   Bandverlauf am p-n-Übergang

Spannung liegt (u.a. infolge Ohmscher Widerstände) noch um etwa 0,1 V niedriger, an Silizium-Solarzellen wird demnach eine Zellspannung von 0,6 V beobachtet.

Der p-n-Übergang wurde ursprünglich für die Entwicklung von Halbleiter-Dioden intensiv untersucht. Er wird für diese Anwendung auch heute noch genutzt. Die Wirkungsweise von Dioden kann anhand von Abbildung 3.4 einfach erklärt werden. Jede der beiden unterschiedlich dotierten Zonen ist für sich genommen leitend. Am p-n-Übergang besteht eine mit einer Potenzialdifferenz verbundene Sperrschicht (Ausdehnung etwa 1 μm). Wird an den p-n-Übergang eine äußere Spannung der

Größe U_D in der Weise gelegt, dass der negative Pol am n-leitenden Gebiet und der positive Pol am p-leitenden Gebiet liegt, so wird die Potenzialdifferenz aufgehoben. Die Raumladungsschicht verschwindet und die Diode ist stromleitend (Durchlassrichtung). Bei umgekehrter Richtung der äußeren Spannung wird dagegen die Potenzialdifferenz verstärkt, ein Stromfluss ist nicht möglich (Sperrrichtung).

Die Kennlinie der Diode wird näherungsweise durch die SHOCKLEY-Gleichung beschrieben

$$I_D = I_0\left(e^{\left(\frac{eU}{kT}\right)} - 1\right) \tag{3.4}$$

worin I_D den Diodenstrom, I_0 den Dunkel- oder Sättigungsstrom und U die angelegte äußere Spannung bedeuten. Sie ist in Abbildung 3.5 dargestellt.

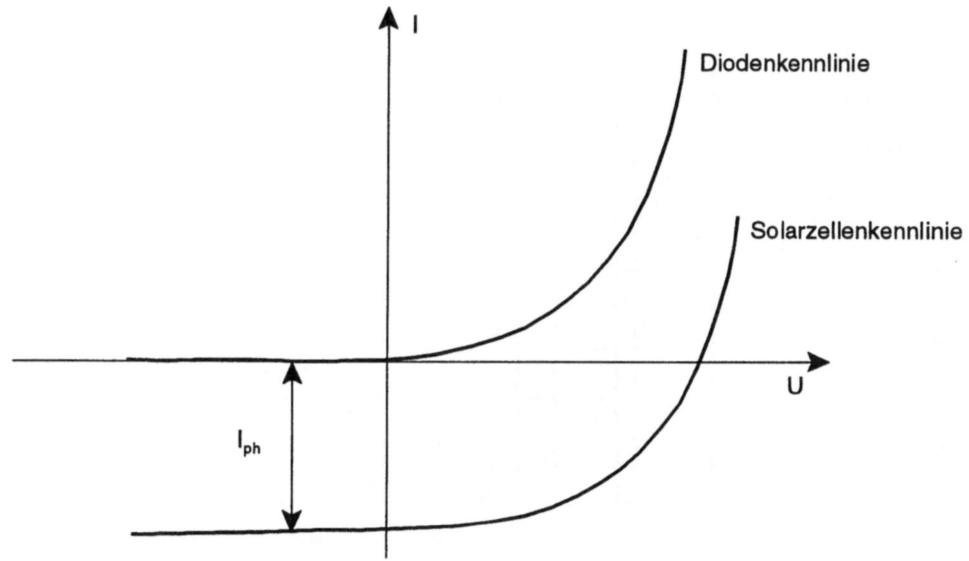

Abb. 3.5:   Dioden- und Solarzellenkennlinie

Wird eine Diode beleuchtet, so kommt es durch Lichtabsorption zur Ladungstrennung und zu einem Stromfluss in einem äußeren Stromkreis zwischen dem p- und dem n-leitenden Gebiet. Der Photostrom I_{ph} ist dem Durchlassstrom der Diode entgegengerichtet (Abbildung 3.5). Gemeinsam mit der Diffusionsspannung U_D charakterisiert er das Bauelement Solarzelle.

3.2   Solarzellen

3.2.1 Wirkungsgrad von Solarzellen

Die Energielücke eines Halbleiters spielt für die Absorption von Solarstrahlung eine
große Rolle. Jeder Halbleiter kann entsprechend seiner Energielücke nur den Teil der
Solarstrahlung vollständig zur Ladungstrennung (und damit zur Stromerzeugung)
nutzen, dessen Energie genau der Energielücke entspricht. Der Teil des Sonnenspektrums mit geringerer Energie trägt nicht zur Stromerzeugung bei.
In Abbildung 3.6 sind im terrestrischen Strahlungsspektrum die Energielücken einiger
für die Solarzellenherstellung geeigneter Halbleiter markiert. Die kleinste Energielücke besitzt Germanium mit etwa 0,7 eV, die größte Energielücke wird mit 2,3 eV bei
CdS gefunden.

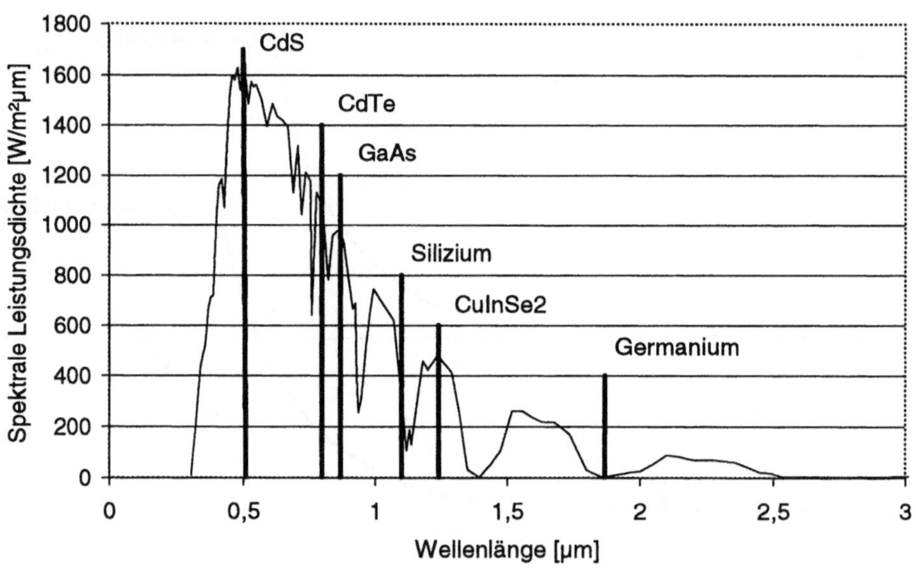

Abb. 3.6:   Terrestrisches Sonnenspektrum (AM1,5) mit Markierung der Energielücken ver-
            schiedener Halbleiter. Die Halbleiter können nur die Photonen absorbieren, deren
            Energie größer ist als der Betrag ihrer Energielücke.

Ein Halbleiter mit einer kleinen Energielücke nutzt mehr Lichtquanten aus dem
breiten Energiespektrum der Sonnenstrahlung als ein Halbleiter mit großer Energielücke und wird daher einen größeren Photostrom liefern. Ein Teil der auf das Elektron-

Loch-Paar übertragenen Energie geht allerdings wieder verloren: Der Überschuss-
betrag $E_{ph} - E_g$, den die Elektronen bei der Anregung über die Energielücke hinaus
erhalten, wird praktisch sofort als Wärme an das Kristallgitter abgegeben. Da die
Diffusionsspannung eines Halbleiters an dessen Energielücke gebunden ist, besitzt ein
solcher Halbleiter eine kleine Leerlaufspannung.
Halbleiter mit einer großer Energielücke absorbieren dagegen weniger Photonen,
verschenken somit Energie in Form von nicht absorbierten Photonen und zeigen einen
kleineren Photostrom. Dafür haben sie eine größere Leerlaufspannung. Da aber
sowohl der Photostrom als auch die Spannung den Wirkungsgrad einer Solarzelle
beeinflussen (vgl. Gleichung 3.17), werden sowohl Halbleiter mit sehr großer als auch
mit sehr kleiner Energielücke nicht zu maximalen Wirkungsgraden führen. Die
unvollständige Ausnutzung des Sonnenspektrums in Solarzellen ist demnach grund-
sätzlicher Natur und liegt im breiten Spektrum des Sonnenlichtes begründet.

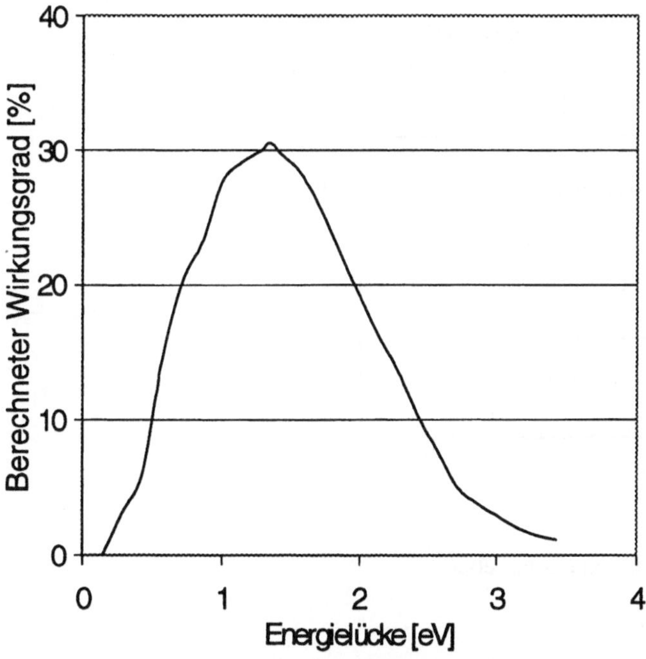

Abb. 3.7:   Berechneter Wirkungsgrad von Solarzellen in Abhängigkeit von der Größe der
Energielücke eines Halbleiters (nach LEWERENZ und JUNGBLUT,1995) bei einer
Bestrahlungsstärke entsprechend Standardprüfbedingungen (vgl. S. 93)

Theoretische Berechnungen des Wirkungsgrades von Solarzellen in Abhängigkeit von der Energielücke (Abbildung 3.7) zeigen ein relativ breites Maximum für Halbleiter mit Energielücken zwischen 1 eV und 1,7 eV. Der Wirkungsgrad einer einfachen Solarzelle ist auf etwa 25 bis 30 % beschränkt. Unter AM0-Bedingungen (Weltall) liegt der Wirkungsgrad bis zu 3 % unter dem terrestrischen Wert. Eine Solarzelle auf erdnahen Satelliten gibt dennoch wegen der größeren Bestrahlungsstärke mehr Energie als terrestrisch betriebene Solarzellen ab.

Durch Kombination von mehreren Solarzellen in Stapelzellen können höhere Wirkungsgrade erreicht werden. Das Prinzip der Stapelzellen basiert auf der Tatsache, dass die Halbleiter eine ihrer Energielücke entsprechende Absorptionskante haben, d.h. für Photonen mit Energien unterhalb der Energielücke durchlässig sind. Dieses Licht kann in einer weiteren, unter der ersten Solarzelle liegenden Solarzelle mit kleinerer Energielücke genutzt werden. Abbildung 3.8 zeigt den prinzipiellen Aufbau. Durch die „innere" Reihenschaltung erhöht sich zudem die von der Zelle gelieferte Spannung. Sowohl zweifache (Tandemzellen) als auch dreifache Zellen (triple cells) werden heute bereits in kleinen Serien hergestellt.

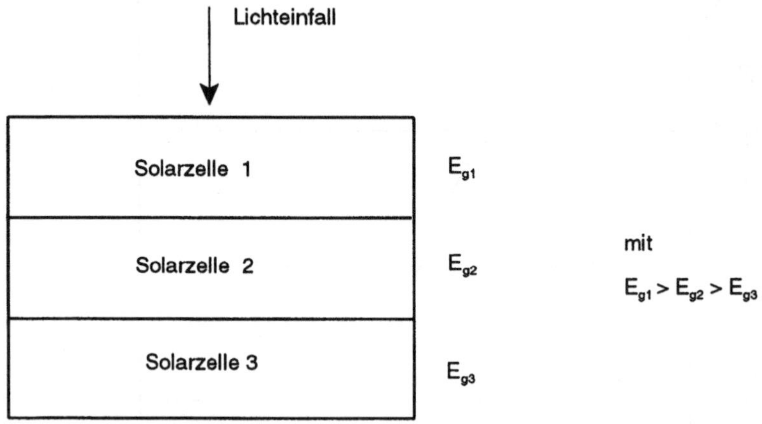

E_{g1}

E_{g2}

E_{g3}

mit

$E_{g1} > E_{g2} > E_{g3}$

Abb. 3.8: Aufbau von Stapelsolarzellen

Speziell für Weltraumanwendungen sind z.B. dreifache Zellen verfügbar. Während eine einfache GaAs/Ge Zelle unter AM0 einen Wirkungsgrad von knapp 19 % erreicht (Leerlaufspannung 1 V), erreicht die Stapelzelle GaInP$_2$/GaAs/Ge bei einer Leerlaufspannung von 2,5 V einen Wirkungsgrad von 24 %.

Nach neueren theoretischen Untersuchungen scheint es möglich, unter gewissen Voraussetzungen die von (mehreren) Photonen erbrachte Überschussenergie zur

Erzeugung eines weiteren Elektron-Loch-Paares zu nutzen. Pro Photon entsteht dann gewissermaßen mehr als ein Elektron. Die nur bei speziellen Bandsituationen denkbaren Mechanismen lassen theoretisch Gesamtwirkungsgrade von bis zu 40 % erwarten. Eine experimentelle Bestätigung dieser Vorhersagen steht allerdings noch aus.

3.2.2 Mono- und polykristalline Silizium-Solarzellen

Kristallines Silizium ist heute und auch in der nächsten Zukunft der wichtigste Werkstoff für Solarzellen. Mehr als 80 % der derzeitigen Weltproduktion an Solarzellen basiert auf kristallinem Silizium, wobei etwa 2/3 auf einkristallines und der Rest auf polykristallines Material entfallen.

Die Herstellung von kristallinen Silizium-Solarzellen erfolgt in mehreren Schritten. Zunächst wird Quarz (SiO_2) in Schmelzöfen zu so genanntem metallurgischen Silizium mit einer Reinheit von 98 % reduziert. Zur Nutzung als Halbleiterbauelement ist Silizium weiter zu reinigen. Das „electronic grade" Silizium entsteht durch Destillation von Trichlorsilan ($SiHCl_3$) in mehrstufigen Anlagen mit nachfolgender Kristallisation. Im nächsten Schritt erfolgt die Herstellung von p-leitendem, einkristallinen oder polykristallinen Material. Die kompakten Einkristalle (ingots) werden entweder nach dem CZOCHRALSKI-Verfahren oder nach dem Zonenziehverfahren hergestellt. Das polykristalline Material wird durch Gießen von Blöcken oder durch Ziehen von Folien aus der Schmelze (EFG-Verfahren) gewonnen. Danach werden aus dem kompakten Material durch mechanisches Sägen etwa 250 µm dünne Silizium-Scheiben hergestellt. Aus diesen Wafern entsteht die Solarzelle durch Diffusion von Phosphor-Atomen zur Bildung des p-n-Übergangs, dem Aufbringen der Kontakte auf der Vorder- und der Rückseite und einer abschließenden Oberflächenbehandlung (Antireflexschicht).

Bei den hier nur verkürzt dargestellten Schritten handelt es sich um technisch und energetisch aufwendige und verlustbehaftete Prozesse, die mit hohen Kosten verbunden sind. Für die Herstellung von Solarzellen wurde bisher fast ausschließlich Material genutzt, welches als (vergleichsweise billiger) Abfall bei der Herstellung elektronischer Bauelemente anfiel. Die anfallende Menge dieses Abfalls ist jedoch begrenzt, so dass für eine künftige massive Ausweitung der Produktion von kristallinen Silizium-Solarzellen eigene Produktionskapazitäten erforderlich werden.

Solarzellen stellen großflächige Dioden mit einer optisch offenen Oberfläche dar (Abbildung 3.9). Die Flächengrenzen einer Solarzelle liegen heute - technologisch bedingt - bei kristallinem Silizium üblicherweise bei etwa 10 x 10 cm, maximal werden bis zu 20 x 20 cm erreicht. Eine kristalline Solarzelle besitzt eine Dicke zwischen 200 und 300 µm. Die oberste (n-leitende) Zone ist nur 1,5 µm dick, danach

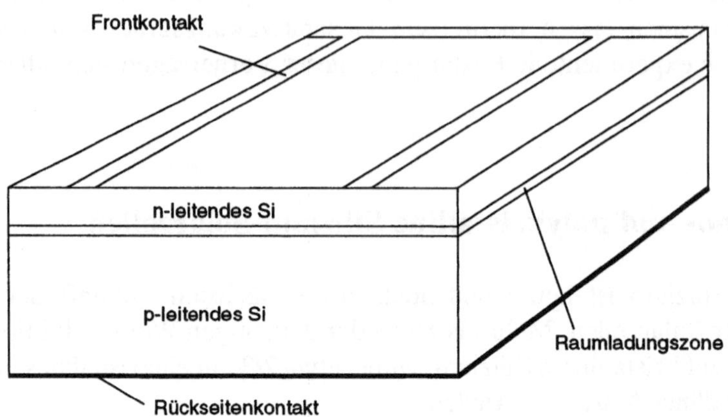

Abb. 3.9:   Schematischer Aufbau einer Silizium-Solarzelle

folgt die etwa 1 μm dicke Raumladungszone. Die meisten Elektron-Loch-Paare entstehen unterhalb der Raumladungszone in einer Entfernung bis zu 16 μm von der Oberkante der Solarzelle. Damit diese Elektronen zum Photostrom beitragen, müssen sie bis zur Raumladungszone driften. Eine möglichst hohe Nutzung dieser Ladungen ist nur bei entsprechend hohen Lebensdauern (Diffusionslängen) möglich. Die heute erreichten Diffusionslängen liegen bei etwa 50 - 100 μm (i.allg. kein direkter Weg vom Entstehungsort zur Raumladungszone!) und werden wesentlich von der chemischen Reinheit und der Gitterstruktur des Siliziums beeinflusst.
Aus diesen Angaben wird klar, dass der größte Teil des Solarzellen-Materials bei der Energieumwandlung ungenutzt bleibt. Dieser extrem kostensteigernde Umstand wird dadurch verursacht, dass wesentlich dünnere kristalline Si-Schichten mechanisch kaum handhabbar sind. Vielfältige Anstrengungen werden deshalb unternommen, um die Herstellung der Silizium-Solarzellen zu vereinfachen oder auch andere Solarzellen zu entwickeln.
Ohne Solarstrahlung (im Dunkeln) arbeitet die Solarzelle wie eine Diode. Bei auftreffender Solarstrahlung kommt es zu einem zusätzlichen Photostrom I_{ph}, der in Diodensperrrichtung fließt. Aus der Diodengleichung folgt durch Berücksichtigung des Photostromes die Solarzellengleichung in einfachster Näherung zu:

$$ I = I_0\left(e^{\frac{eU}{kT}} - 1 \right) - I_{ph} \, . \tag{3.5}$$

In Abbildung 3.5 ist die resultierende Solarzellenkennlinie mit dargestellt.

Bei Lichtabsorption direkt im Gebiet des p-n-Übergangs erfolgt eine sofortige Landungstrennung durch das hier bestehende elektrische Feld. Wegen der speziellen Absorptionseigenschaft von Silizium als indirekter Halbleiter (Impulserhaltung bei Absorption nötig) erfolgt die Lichtabsorption jedoch vorwiegend im p-Gebiet unterhalb der Raumladungszone.

Der infolge der Absorption der Solarstrahlung entstehende Photostrom I_{ph} ist proportional zur bestrahlten Fläche A und der Bestrahlungsstärke G:

$$I_{ph} = A{\cdot}j_{ph}(G) = a{\cdot}A{\cdot}G \quad . \tag{3.6}$$

Der Faktor a ist eine materialabhängige Konstante. Die erreichbare Stromdichte j_{ph} (bei gegebener Bestrahlungsstärke und Strahlungsspektrum) hängt vom eingesetzten Halbleitermaterial und der genutzten Fertigungstechnologie ab. Bei einkristallinem Silizium werden für die Stromdichte (bei Standardprüfbedingungen) Werte bis über 35 mA/cm^2 erreicht.

Üblicherweise werden Kennlinien von Solarzellen im 1. Quadranten dargestellt (Abbildung 3.10). Zur Vergleichbarkeit der Kennlinien verschiedener Solarzellen erfolgt die Darstellung grundsätzlich für Standardprüfbedingungen (Standard Test Conditions - STC) . Als Standardprüfbedingung wurde eine Bestrahlungsstärke von G_{STC} = 1000 W/m^2 bei einem Strahlungsspektrum entsprechend AM1,5 festgelegt. Zusätzlich wird ein senkrechter Strahlungseinfall sowie eine Zelltemperatur von 25 °C gefordert. Im Labor lassen sich diese Bedingungen relativ einfach einhalten.

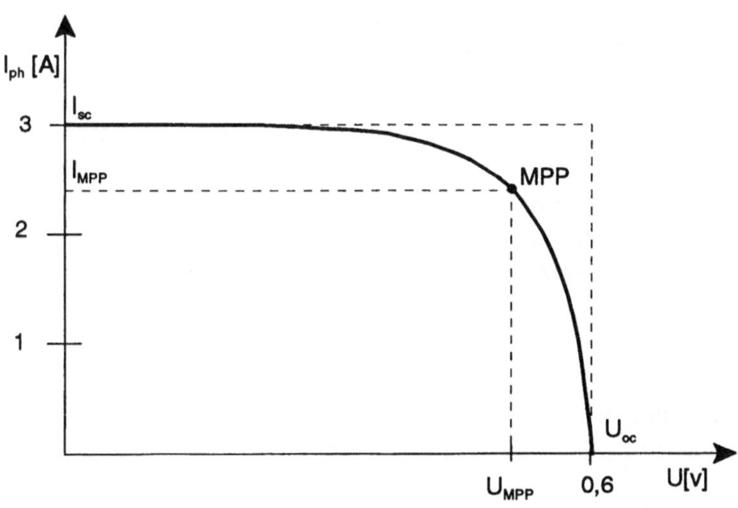

Abb. 3.10:   Kennlinie einer Silizium-Solarzelle bei Standardprüfbedingungen (Fläche etwa 10 x 10 cm)

Die Kennlinie ist durch 3 charakteristische Punkte ausgezeichnet: Den Kurzschluss-strom I_{sc}, die Leerlaufspannung U_{oc} und den Punkt der maximal möglichen Leistungs-abgabe MPP (maximum power point). Bei kleinen Spannungen entspricht die Kenn-linie der einer Konstantstromquelle, in der Nähe der Leerlaufspannung dagegen verhält sich die Solarzelle eher wie eine Konstantspannungsquelle.

Für den Kurzschlussstrom folgt aus der Solarzellengleichung mit U = 0

$$I_{sc} = -I_{ph} \ . \tag{3.7}$$

Für I = 0 ergibt sich die Leerlaufspannung U_{oc} zu

$$U_{oc} = \frac{kT}{e}\left(\ln(\frac{I_{sc}}{I_0}+1)\right) \approx \frac{kT}{e}\ln\frac{I_{sc}}{I_0} \tag{3.8}$$

wegen $I_{sc} \gg I_0$.
Berücksichtigt man die Temperaturabhängigkeit des Sättigungsstromes näherungs-weise mit

$$I_0 = I_S \cdot \left(e^{-\left(\frac{E_g}{kT}\right)} \right) \tag{3.9}$$

mit I_S als materialabhängiger Konstante, so folgt für die Leerlaufspannung nach Einsetzen

$$U_{oc} = \frac{E_g}{e} - \frac{kT}{e}\ln\frac{I_S}{I_{sc}} \ . \tag{3.10}$$

Danach sinkt die Leerlaufspannung mit wachsender Temperatur und - allerdings schwächer mit logarithmischer Abhängigkeit - mit abnehmender Bestrahlungsstärke über den Kurzschlussstrom.
Eine quantitative Abschätzung der Temperaturabhängigkeit der Leerlaufspannung ist einfach möglich. Differenzieren von Gleichung (3.10) nach T ergibt

$$\frac{dU_{oc}}{dT} = -\frac{k}{e}\ln\frac{I_S}{I_{sc}} \ . \tag{3.11}$$

Einige Umrechnungen

$$\frac{dU_{oc}}{dt} = \frac{1}{T}\left(-\frac{kT}{e}\cdot\ln\frac{I_S}{I_{sc}} + \frac{E_g}{e} - \frac{E_g}{e} \right) \tag{3.12}$$

führen schließlich unter Berücksichtigung von Gleichung (3.10) zu

$$\frac{dU_{oc}}{dT} = \frac{1}{T}\left(U_{oc} - \frac{E_g}{e}\right) \quad . \tag{3.13}$$

Mit den Werten für Silizium erhält man ($E_g/e = 1,1$ V, $U_{oc} = 0,6$ V) bei 20 °C

$$\frac{dU_{oc}}{dT} = -1,7mV / grd \quad . \tag{3.14}$$

Dies entspricht einer relativen Änderung der Leerlaufspannung von etwa 0,3 % pro Grad Temperaturänderung.

Der Wirkungsgrad der photovoltaischen Stromwandlung wird durch das Verhältnis der maximal abgegebenen Leistung $P_{MPP} = U_{MPP} \cdot I_{MPP}$ zur einfallenden Strahlungsleistung bestimmt:

$$\eta_{STC} = \frac{P_{MPP}}{A \cdot G_{STC}} \tag{3.15}$$

(A: Fläche der Solarzelle, G_{STC}: Bestrahlungsstärke auf Solarzelle).

Mit den Werten aus Abbildung 3.10 ergibt sich für die STC-Leistung einer typischen Solarzelle etwa 1,2 W. Eine theoretisch denkbare Vergrößerung der Solarzellenfläche auf 1 m^2 würde die Leistung zwar verhundertfachen, allerdings lediglich durch Vergrößerung der Stromstärke auf über 300 A. Die verlustfreie Ableitung derartiger Ströme ist technisch nicht beherrschbar, so dass der Übergang zu größeren photovoltaischen Leistungen grundsätzlich nur durch Reihenschaltung einzelner Solarzellen erreicht werden kann. Die auf einem Quadratmeter Fläche maximal unterzubringenden 100 Solarzellen ergeben dann bei Standardprüfbedingungen eine Spannung von 50 V bei einem Strom von 3 A.

Eine weitere wichtige Kenngröße der Solarzelle ist der Füllfaktor FF:

$$FF = \frac{P_{MPP}}{U_{oc} \cdot I_{sc}} \quad . \tag{3.16}$$

Er erreicht bei guten Solarzellen Werte bis zu 80 %, geringere Werte deuten auf Verluste in der Solarzelle hin.

Durch Substitution von P_{MPP} in den beiden letzten Gleichungen erhält man für den Wirkungsgrad

$$\eta_{STC} = \frac{FF \cdot U_{oc} \cdot I_{sc}}{A \cdot G_{STC}} \quad . \tag{3.17}$$

Die Abhängigkeit des Wirkungsgrades einer Solarzelle von der Bestrahlungsstärke und der Temperatur wird durch die entsprechenden Abhängigkeiten von U_{oc} und I_{sc}

bestimmt. Für die Abhängigkeit von der Bestrahlungsstärke folgt unter Nutzung der Gleichungen (3.6 und 3.8)

$$\eta = \frac{FF \cdot U_{oc} \cdot I_{sc}}{A \cdot G} = \frac{FF \cdot U_{oc} \cdot a \cdot A \cdot G}{A \cdot G} = FF \cdot a \cdot \frac{kT}{e} \cdot ln \frac{I_{sc}}{I_0} \ . \qquad (3.18)$$

Der Wirkungsgrad ist bei sehr kleinen Bestrahlungsstärken ($I_{sc} \approx I_0$) gleich 0 und steigt dann logarithmisch an (Abbildung 3.11).

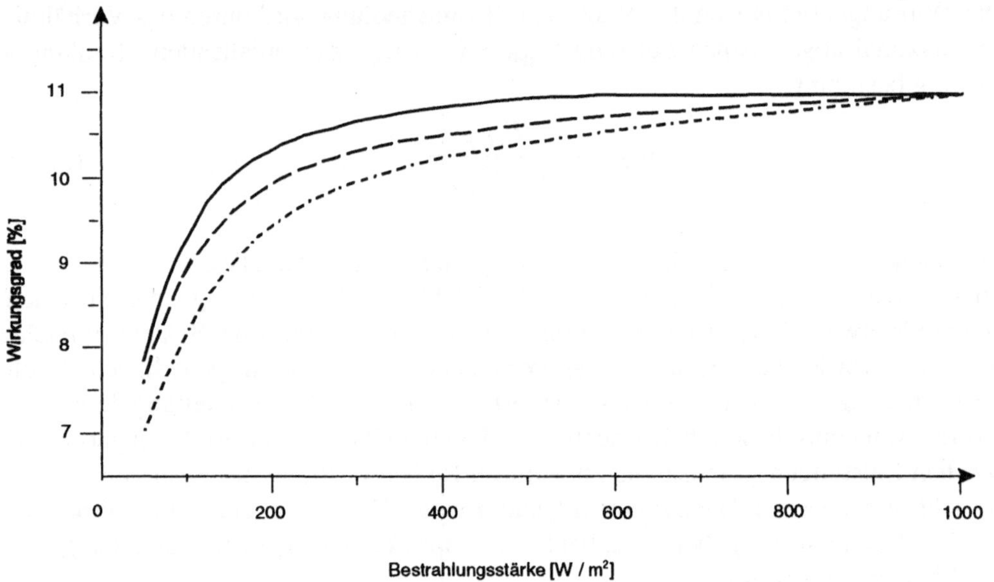

Abb. 3.11:   Wirkungsgrad verschiedener Solarzellen in Abhängigkeit von der Bestrahlungsstärke

Die Temperaturabhängigkeit des Wirkungsgrades lässt sich ebenfalls leicht abschätzen. Bei konstantem Füllfaktor wird die Temperaturabhängigkeit des Wirkungsgrades bei Vernachlässigung der schwachen Temperaturabhängigkeit des Kurzschlussstromes durch die Temperaturabhängigkeit der Leerlaufspannung bestimmt:

$$\frac{d\eta}{dT} = \frac{FF \cdot I_{sc}}{A \cdot G_{STC}} \cdot \left(\frac{dU_{oc}}{dT}\right) \ . \qquad (3.19)$$

Mit den Werten für FF, I_{sc} und A entsprechend Abbildung 3.10 sowie der in Gleichung (3.14) ermittelten Temperaturabhängigkeit der Leerlaufspannung ergibt sich eine relative Änderung des Wirkungsgrades von etwa 0,3 % pro Grad Temperaturänderung. Insbesondere bei hohen Bestrahlungsstärken werden im praktischen Betrieb an Solarzellen Temperaturen von 50 °C und höher erreicht. Dies führt gegenüber dem Wirkungsgrad bei Standardprüfbedingungen zu Leistungseinbußen von bis zu 10 %.

Der im praktischen Einsatz von Solarzellen erreichbare Nutzungsgrad liegt wegen der in den Gleichungen (3.18) und (3.19) beschriebenen Abhängigkeiten deutlich unter dem bei Standardprüfbedingungen gemessenen Wirkungsgrad (vgl. Tab. 3.3). Der erreichbare Nutzungsgrad wird durch die jeweiligen meteorologischen Bedingungen an einem gegebenen Standort bestimmt, er kann demnach auch von Jahr zu Jahr leicht schwanken.

Eine reale Solarzelle weicht von der bislang betrachteten idealen Solarzelle ab. Ein häufig verwendetes Ersatzschaltbild beruht dennoch auf den bisher abgeleiteten Gleichungen (Ein-Dioden-Modell) und ist in Abbildung 3.12 dargestellt. Aus der Solarzellen-Gleichung wird die Gleichung des Ein-Dioden-Modells:

$$I = I_0\left(e^{\left(\frac{e}{AkT}(U-IR_s)\right)} - 1\right) + \frac{U+IR_s}{R_{sh}} - I_{ph} \, . \qquad (3.20)$$

Der Diodenfaktor A berücksichtigt Abweichungen vom Verhalten einer idealen Diode. Durch den Shuntwiderstand R_{sh} werden die in der Solarzelle auftretenden

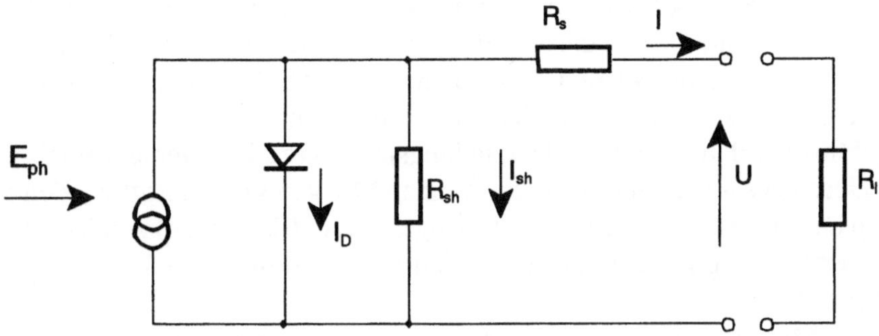

Abb. 3.12:   Ersatzschaltbild einer Solarzelle (Ein-Dioden-Modell)

Leckströme und durch den Serienwiderstand R_s die unterschiedliche Leitfähigkeit der einzelnen Bereiche der Solarzelle berücksichtigt. Die Auswirkungen der (parasitären) Widerstände sind in den in Abbildung 3.13 dargestellten Kennlinien zu erkennen. Mit wachsendem Serienwiderstand bzw. sinkendem Shuntwiderstand reduziert sich der Füllfaktor und damit der erreichbare Wirkungsgrad.

Eine verbesserte Beschreibung des Verhaltens von Solarzellen liefert das Zwei-Dioden-Modell, auf das hier jedoch nicht weiter eingegangen wird.

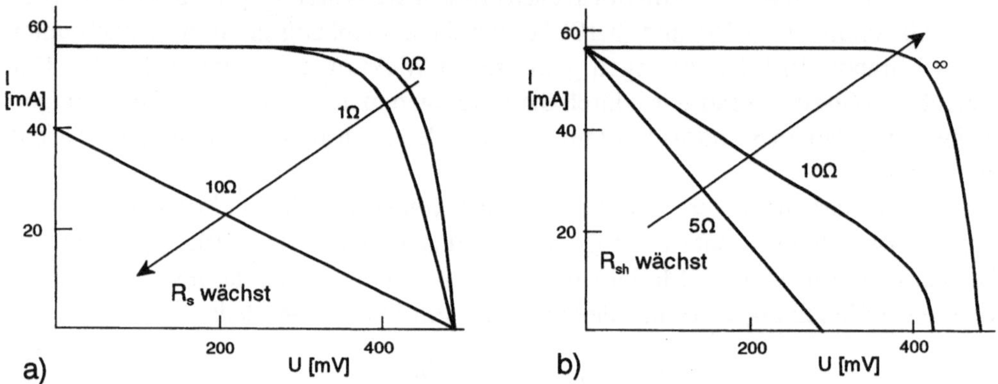

Abb. 3.13:   Einfluss von Serien- (a) und Shuntwiderstand (b) auf die Solarzellenkennlinie

3.2.3 Amorphe Silizium-Solarzellen

Amorphe Solarzellen bestehen aus sehr dünnen Silizium-Schichten. Unter Umgehung des teuren kristallinen Ausgangsmaterials werden durch Aufdampf- oder Sputter-prozesse mehrere dünne Silizium-Schichten (Gesamtdicke maximal 50 µm) erzeugt. Da diese Prozesse bei vergleichsweise niedrigen Temperaturen (ab 200° C) durchgeführt werden, wird beim Herstellungsprozess zudem weniger Energie aufge-wandt. Durch zusätzlichen Einbau von kleinen Mengen Wasserstoff werden die beim Aufdampfen entstehenden Fehlstellen (unabgesättigte Bindungen) zumindest teilweise neutralisiert. Amorphe Silizium-Solarzellen werden deshalb auch als a-Si:H-Solar-zellen bezeichnet.

Neben der Material- und Energieersparnis liegen weitere Vorteile im physikalisch begründeten verbesserten Absorptionsverhalten von amorphem Silizium (direkter Halbleiter, keine Impulserhaltung bei Absorption nötig), der vergleichsweise ein-fachen Herstellungstechnologie sowie der grundsätzlichen Möglichkeit, die Größe der Bandlücke durch Mischen von Si- und Ge-Atomen zu variieren.

Die gestörte Anordnung der Si-Atome im amorphen Netzwerk hat aber neben der positiven Auswirkung, nämlich der erhöhten Lichtabsorption, auch die negative Konsequenz, dass die Transporteigenschaften von Elektronen und Löchern aufgrund der im Vergleich zu kristallinen Substanzen höheren Defektdichten in amorphen Halbleitern drastisch eingeschränkt werden. Die Diffusionslänge der Elektronen in a-Si:H liegt bei nur 1 µm.

Aufgrund dieser geringen Diffusionslänge in den amorphen Halbleitern muss sowohl die Erzeugung der Elektron-Loch-Paare als auch deren Trennung und Sammlung innerhalb der Raumladungszone erfolgen. Da durch die zum Aufbau eines internen elektrischen Feldes erforderliche Dotierung die Lebensdauer der angeregten Elektron-Loch-Paare weiterhin stark (nahezu auf Null) reduziert wird, zeigen amorphe Solarzellen mit reinem p-n-Übergang keinen Wirkungsgrad. Amorphe Silizium-Solarzellen werden daher in Form von pin-Dioden (Abbildung 3.14) hergestellt, wobei eine relativ dicke undotierte (intrinsische) i-Schicht (ca. 0,5 µm) zwischen den sehr dünnen hochdotierten n- bzw. p-Schichten (ca. 10 - 20 nm) eingebettet wird. Die erzeugten Ladungsträger erfahren somit schon bei ihrer Generation den trennenden Einfluss des elektrischen Feldes, das sich von der p-Schicht über die i-Schicht zur n-Schicht erstreckt. Bei der Stromsammlung in amorphen Solarzellen dominiert also die elektrische Drift, während in kristallinen Si-Solarzellen die Stromsammlung überwiegend durch Diffusion der Ladungsträger aus dem feldfreien Raum hinter dem p-n-Übergang erfolgt.

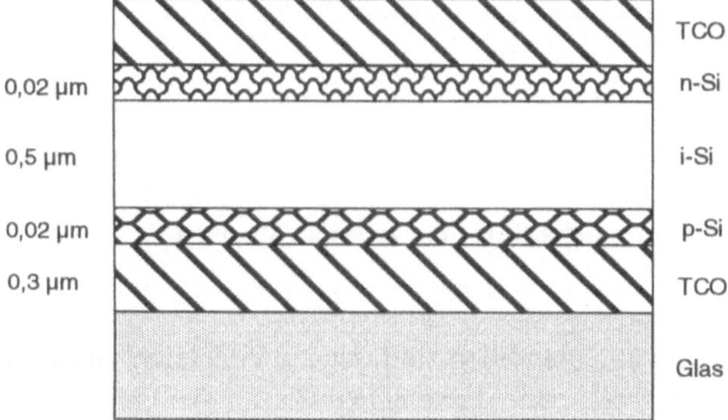

Abb. 3.14:   Aufbau einer a-Si:H-Solarzelle (schematisch)

Ein großer Vorteil der amorphen Technik besteht darin, dass durch die technologisch leicht realisierbare Reihenschaltung einzelner Zellen höhere Spannungen erreichbar sind. In Abbildung 3.15 ist der prinzipielle Aufbau derart zu Modulen verschalteter Zellen gezeigt. Auf die frontseitige Glasscheibe wird zunächst ein lichtdurchlässiger elektrischer Frontkontakt (meist Zinn- oder Zinkoxid) aufgebracht. Die optischen und elektrischen Eigenschaften dieses Frontkontaktes bestimmen wesentlich die erreichbaren Parameter der Solarzelle. Mittels Lasertechnik wird die zunächst durchgehende Schicht in einzelne, parallel verlaufende Schichten getrennt. Danach werden die 3 Si-Schichten aufgebracht und in die einzelnen Zellen getrennt. Die Trennung erfolgt so, dass die abschließend aufgebrachten metallischen Rückkontakte (meist Aluminium) der Zellen eine Verbindung zu den Frontkontakten jeder Zelle erhalten. Durch Trennen der Rückkontakte zwischen den einzelnen Zellen entsteht schließlich die Reihenschaltung der einzelnen Zellen. Die Komplettierung der so in Reihe geschalteten Solarzellen zu einem Modul als technisch einsetzbare Baugruppe (vgl. Abschnitt 3.3) erfolgt durch Aufbringen luft- und wasserundurchlässiger Schichten auf der Rückseite und den Seitenrändern.

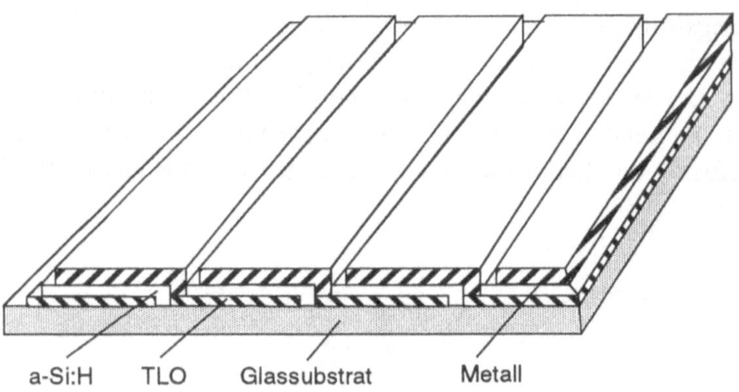

Abb. 3.15:   Verschaltung einzelner a-Si:H-Solarzellen zu Modulen

Als Nachteile der amorphen Solarzellen sind der im Vergleich zu kristallinen Solarzellen geringere Wirkungsgrad sowie dessen Degradation bei längerer Bestrahlung zu nennen. Dieser Alterungseffekt kann durch Ausheilung bei höheren Umgebungstemperaturen im Sommer teilweise wieder kompensiert werden (vgl. Abbildung 3.21). Wegen der im Vergleich zu kristallinem Si größeren Bandlücke zeigen amorphe Solarzellen zudem eine größere Empfindlichkeit bezüglich Spektrumsänderungen im hochenergetischen Bereich.
Wegen der genannten Nachteile haben amorphe Si-Zellen die ursprünglichen Erwartungen bisher nicht erfüllen können. Auch die erwarteten Kostenvorteile kamen bei den bisherigen kleinen Produktionsanlagen nicht zum Tragen. Ihr Anteil an der gesamten Weltjahresproduktion liegt derzeit bei etwa 10 bis 15 %. Amorphe Solarzellen werden derzeit insbesondere für Kleinstanwendungen (Taschenrechner, Uhren u. ä.) genutzt.

3.2.4 Weitere Solarzellen

Aus der Vielzahl von weiteren Solarzellen-Entwicklungen gelang erst in jüngster Zeit zwei Typen der Übergang zur Produktion im industriellen Maßstab (d.h. jährliche Fertigungskapazität 10 MW). Dabei handelt es sich um Dünnschichtsolarzellen auf der Basis $CuInSe_2$ und CdTe.

Das Materialsystem $Cu(In,Ga)(S,Se)_2$ liefert entsprechend seiner Energielücke von 1 eV mit die höchsten theoretischen Wirkungsgrade. Durch Variation des Anteils der einzelnen Elemente kann die den Wirkungsgrad beeinflussende Energielücke leicht geändert werden. Das in der Photovoltaik mit CIS (auch CIGS) bezeichnete System wurde bereits viele Jahre untersucht, die mit der Massenproduktion verbundenen technologischen Probleme konnten jedoch erst jüngst überwunden werden.

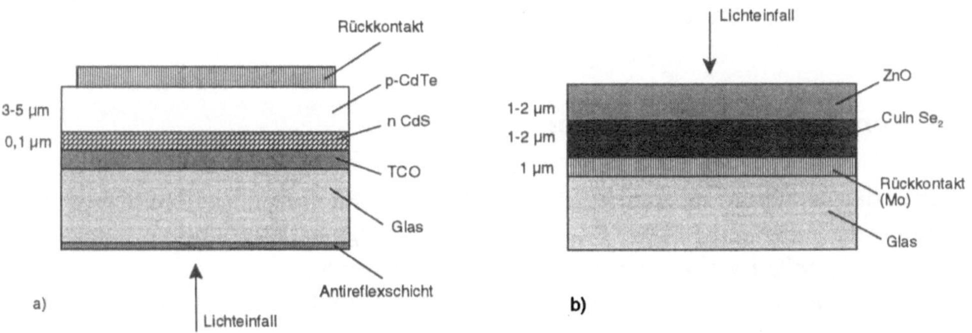

Abb. 3.16:   Aufbau von CdTe- (a) und CIS-Solarzellen (b), schematisch

CIS-Solarzellen (Abbildung 3.16b) werden durch ähnliche Aufdampf- bzw. Sputter-Techniken wie amorphe Si-Zellen hergestellt. Die dort geschilderten Vorteile hinsichtlich der einfachen Verschaltung der Einzelzellen gelten auch hier. Jedoch beginnt der Aufbau in umgekehrter Reihenfolge: Auf ein einfaches Glassubstrat wird zunächst der rückseitige Kontakt (Molybdän, Dicke 1 µm) gesputtert und strukturiert. Danach folgt die CIS-Absorberschicht (2 µm). Vor deren Strukturierung wird durch chemische Abscheidung eine CdS-Anpassungsschicht (0,05 µm) und durch Sputtern der TCO-Frontkontakt (1 µm) aufgebracht. Zum Schutz vor Umwelteinflüssen muss die Zelle schließlich mit einem geeignetem Deckglas und Klebefolie verkapselt werden. Die ersten angebotenen CIS-Module erreichen Wirkungsgrade zwischen 9 und 11 % bei Modulgrößen zwischen 40 und 80 Watt.

Aufgrund seiner Energielücke von 1,45 eV gilt auch CdTe als ideales Material für Solarzellen. Im Labor wurden mit verschiedenen Abscheidetechniken seit langem

Wirkungsgrade über 10 % erreicht. Im Betrieb bzw. im Bau sind derzeit mehrere Anlagen mit jährlichen Produktionskapazitäten zwischen 3 und 10 MW.

Der Aufbau der CdTe-Zellen (Abbildung 3.16a) ähnelt dem der beiden anderen Dünnschichtzellen, der Herstellungsprozess (einschließlich Reihenfolge) erfolgt analog dem der amorphen Si-Zelle. Die Raumladungszone entsteht durch einen so genannten Heteroübergang (Übergang zwischen Halbleitern mit unterschiedlicher Energielücke). Während CdTe die p-leitende Schicht (3 - 5 µm) bildet, wird als n-leitendes Material eine sehr dünne (0,1 µm) CdS-Schicht verwendet. Die bisher erreichten Wirkungsgrade und Modulgrößen sind mit denen für CIS-Module vergleichbar.

Beiden genannten Dünnschichtsolarzellen werden große Kostensenkungspotentiale zugeschrieben. So wird bereits bei Produktionsanlagen einer Kapazität von etwa 50 MW/a eine Kostensenkung auf 25 % der gegenwärtig für kristalline Silizium-Zellen geltenden Kosten erwartet.

3.2.5 Erreichte Parameter von Solarzellen

Die bisher dargestellten Zusammenhänge beschreiben nur ein stark vereinfachtes Bild der komplexen Vorgänge in der Solarzelle. Herstellungsbedingt und betriebsbedingt treten bei Solarzellen weitere verlustbehaftete Prozesse auf.

So erreicht im Betrieb nur ein Teil der einfallenden Strahlung die aktive Oberfläche der Solarzelle. Ein Teil der Oberfläche der Solarzellen wird durch die elektrischen Frontkontakte direkt abgedeckt, die übrigen Teile der Oberfläche reflektieren (insbesondere bei schrägem Lichteinfall) einen Teil des Sonnenlichtes. Durch entsprechende Oberflächenbehandlungen (u.a. mechanische Strukturierung, Aufbringen von Antireflexschichten) wird diesem Effekt entgegengewirkt. Die charakteristische hell- bis dunkelblaue, mitunter ins Schwarz gehende Farbe der Solarzellen entsteht durch diese Oberflächenbearbeitung.

Bei der Entwicklung und Fertigung von Solarzellen wird durch geeignete technologische Schritte versucht, eine Rekombination der in der Zelle entstandenen Elektron-Loch-Paare zu verhindern. Durch spezielle Dotierungen der Vorder- und Rückseite werden dazu lokale Felder aufgebaut.

Der heute erreichte Stand der Solarzellenentwicklung ist in Tabelle 3.1 zusammengestellt. Die angegebenen Solarzellenwirkungsgrade stellen dabei die heute in Labors erreichten Spitzenwerte dar, die Solarzellenfläche beträgt dabei häufig nur wenige Quadratzentimeter. Aufgenommen wurden auch einige hier nicht diskutierte Materialien mit erwartetem großen Entwicklungspotenzial.

Tabelle 3.1: Erreichte Wirkungsgrade von Solarzellen und Modulen bei Standardprüfbedingungen (STC)

Material	Laborwirkungsgrad Solarzellen [%]	Wirkungsgrad kommerziell erhältlicher Module [%]
Si, monokristallin	24,0	17
Si, polykristallin	18,6	14
Si, Dünnschicht	16,6	
a-Si:H	12,7	5
CdTe	16,0	8
CIS,CIGS	17	9
GaAs	25,1	
GaInP/GaAs Stapelzelle	30,3	
a-Si/a-Si/a-SiGe Stapelzelle	13,5	7
Nanokristalline Zelle (photoelektrochemische Zelle)	7	

3.3 Photovoltaik-Module

3.3.1 Aufbau von Silizium-Modulen

Die im Abschnitt 3.2.2 behandelten kristallinen Solarzellen sind für die direkte Nutzung nicht geeignet. Neben den ungünstigen elektrischen Parametern ($U = 0,6$ V, $I_{max} = 3,5$ A) sind sie sowohl mechanisch als auch elektrisch empfindlich gegenüber Umwelteinflüssen. Auf die technologisch bedingte einfache Verschaltung von Dünnschicht-Solarzellen zu Modulen war bereits oben hingewiesen worden.

Technisch einsetzbare photovoltaische Baugruppen werden Module genannt. Als Standardmodell behauptet sich heute noch die 50-Watt-Leistungsklasse. In diesen Modulen sind meist 36 Si-Solarzellen elektrisch in Reihe geschaltet. Der mechanische Aufbau der Module gewährleistet einerseits einen Schutz der Solarzellen und bietet andererseits die Möglichkeit zur mechanischen Montage des Moduls. Der prinzipielle Aufbau eines solchen Moduls ist in Abbildung 3.17 dargestellt.

Auf der Vorderseite besteht das Modul aus 2 - 3 mm starkem eisenarmem Glas. Die elektrisch in Reihe geschalteten Solarzellen werden üblicherweise in Gießharz oder

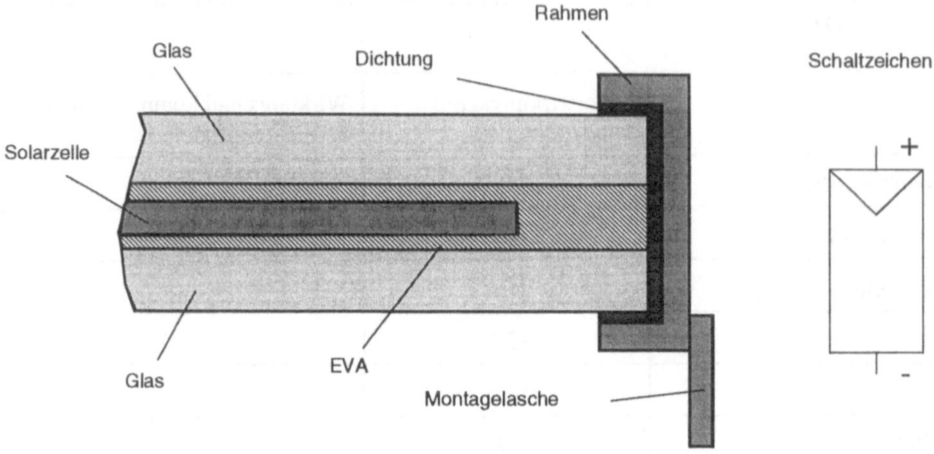

Abb. 3.17:   Mechanischer Aufbau (Schnitt) und elektrisches Schaltzeichen von Modulen

andere durchsichtige Substanzen (EVA: Ethylene Vinyl Acetat) eingebettet. Auf der Rückseite wird entweder eine zweite Glasplatte oder Teflonfolie zum Schutz der Solarzellen eingesetzt. Wichtig ist die sorgfältige Abdichtung der Ränder. Bei rahmengefassten Modulen wird eine gegen UV-Strahlung resistente Gummidichtung eingesetzt, bei rahmenlosen Modulen werden andere geeignete Abdichtungen verwendet. Die elektrischen Anschlüsse befinden sich in einer Klemmdose auf der Rückseite des Moduls. Bei den meisten Modulen werden derzeit noch Schraubklemmen eingesetzt. Bei einigen neueren Typen werden spezielle Steckverbinder für passende Anschlusskabel verwendet. Für die Module wird eine Lebensdauer von 20 bis 30 Jahren angegeben, als entscheidender lebensdauerbegrenzender Faktor gilt das Eindringen von Feuchtigkeit in die Module.

Die heute genutzten Standardmodule haben etwa eine Fläche von 0,5 m x 1 m und erreichen einen Modulwirkungsgrad bei Standardprüfbedingungen zwischen 10 und 15 %. Der Kurzschlussstrom liegt bei 3,2 A und die Leerlaufspannung bei etwa 21 V. Die MPP-Parameter liegen bei 3 A und 17 V. Daraus ergibt sich ein Füllfaktor von etwa 74 %.

Insbesondere für größere PV-Anlagen ist ein Trend zum Einsatz größerer Module (100 - 200 W) zu erkennen. Sie ermöglichen eine deutliche Reduktion des Montageaufwandes. Einige dieser Modultypen ermöglichen die wahlweise Verschaltung der Solarzellen in Reihe oder in 2 oder 3 parallelen Strings durch den Anwender. Der entnehmbare maximale Strom liegt demnach bei etwa 3, 6 oder 9 Ampere.

Im Kleinleistungsbereich werden vorwiegend 5- bzw. 10-W-Module eingesetzt, die erreichbare Leerlaufspannung liegt bei 20 V analog den Standardmodulen. Noch kleinere Module werden in Sonderanfertigung (teilweise in erheblichen Stückzahlen) hergestellt.

Neuere Module genügen heute den Forderungen der Schutzklasse 2 für elektrische Betriebsmittel (nach VDE D106, Teil 1). Das Schaltzeichen für Module ist in Abbildung 3.17 mit dargestellt.

Für spezielle architektonische Ansprüche (Moduleinsatz zur Fassadengestaltung) sind auch Module mit verschieden farbiger Oberfläche verfügbar. Durch unterschiedliche Dicke der Antireflexschicht können neben den typisch blauen auch gelbe bzw. rote Module hergestellt werden. Die Änderung der Oberflächenfarbe ist mit einem Wirkungsgradverlust bis zu 30 % verbunden (Tabelle 3.2).

Tabelle 3.2: Farbe und Wirkungsgrade von kristallinen Silizium-Modulen

Material	Farbe	Wirkungsgrad [%]
Si, polykristallin	Grau	10,5 ~ 11,3
Si, polykristallin	Goldbraun	12,8 ~ 13.2
Si, polykristallin	Blau	13,5 ~ 14,0
Si, polykristallin	Gold	11,0 ~ 11,8
Si, polykristallin	Grün	11,2 ~ 11,8
Si, monokristallin	Dunkelblau	16,5 ~ 17,0
Si, monokristallin	Dunkelbraun	15,5 ~ 16,2

3.3.2 Modulkennlinien und Wirkungsgrad

Modulkennlinien hängen in gleicher Weise wie die Kennlinien der Solarzellen von der Bestrahlungsstärke und der Modultemperatur ab. In den Datenblättern der Hersteller werden meist nur die Kennlinien für die Standardprüfbedingungen STC (Bestrahlungsstärke $G = 1000$ W/m^2, Strahlungsspektrum entsprechend AM 1,5, senkrechter Lichteinfall und Modultemperatur von 25 °C) angegeben. Im Abbildung 3.18 ist ein Beispiel für einen typischen Modulkennliniensatz dargestellt.

Bei gegebenen äußeren Bedingungen kann die maximale Leistung eines Moduls nur bei Betrieb im MPP-Punkt (Maximum Power Point) entnommen werden. Die zugehörigen Werte von I_{MPP} und U_{MPP} definieren einen optimalen äußeren Lastwiderstand R_l:

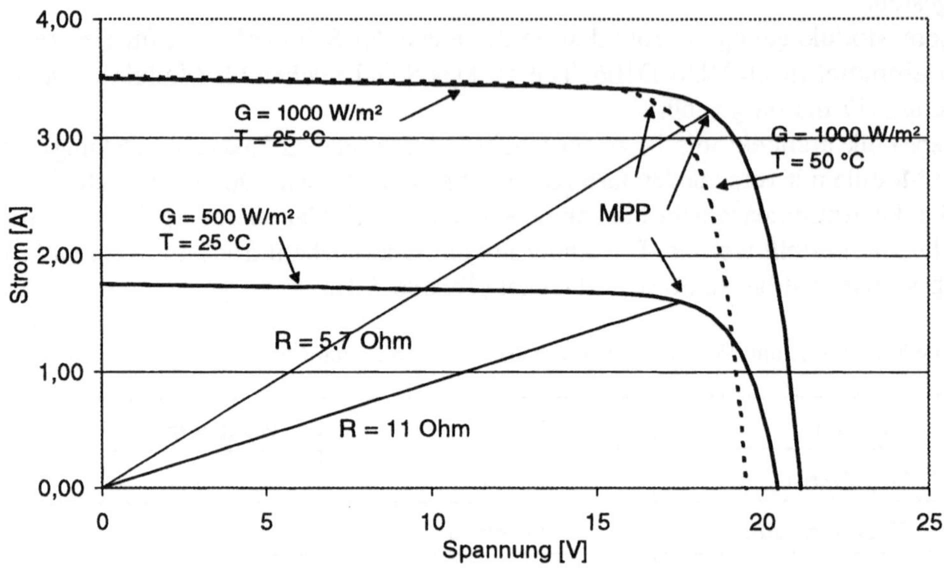

Abb. 3.18:   Kennliniensatz eines Moduls

$$R_l = \frac{U_{MPP}}{I_{MPP}} \tag{3.21}$$

Bei Modulen der 50-W-Klasse hat dieser Widerstand bei Standardprüfbedingungen einen Wert von etwa 6 Ω. Sinkt die Bestrahlungsstärke (bei konstanter Modultemperatur) auf 500 W/m², so ist mit diesem Widerstand lediglich eine Leistung von 17 W aus dem Modul zu entnehmen (Abbildung 3.18). Der optimale Widerstand für diese Bestrahlungsstärke liegt bei 11 Ω, sein Einsatz führt zu einer entnehmbaren Leistung von 28 W bei sonst gleichen Bedingungen. Eine eventuelle Änderung der Modultemperatur führt ebenfalls zu einer Änderung des optimalen Lastwiderstandes. Diese Zusammenhänge verdeutlichen, dass die ständige Entnahme der maximalen Leistung aus einem Modul bei sich ändernden äußeren Bedingungen (Bestrahlungsstärke, Modultemperatur) die ständige Anpassung des Lastwiderstandes verlangt. Die regelungstechnische Aufgabe wird als Leistungspunktnachführung (MPP-Tracking) bezeichnet. Für ihre technische Realisierung existieren eine Reihe unterschiedlicher Konzepte. Die Leistungspunktnachführung ist praktisch bei allen netzgekoppelten PV-Anlagen üblich. Ihre Effektivität entscheidet mit über den möglichen Energieertrag einer Anlage.
In einigen Anwendungen wird auf die Leistungspunktnachführung verzichtet. Dies

gilt vor allem für netzfreie, batteriegestützte PV-Systeme. In diesem Fall gibt die Batteriespannung (11 bis 13 V) den Arbeitspunkt des Moduls vor. Die durch die Fehlanpassung verursachten Leistungsverluste können im Winter immerhin bis zu 15 % betragen. Eine Verbesserung kann hier der Einsatz von Modulen mit etwa 30 Solarzellen bringen, deren MPP-Spannung bei etwa 13 V liegt und dadurch besser an die Batteriespannung angepasst ist.

Erheblichen Einfluss auf die Modulkennlinie und damit die abgebbare Leistung haben Teilabschattungen. Diese können sowohl durch Bäume bzw. Bauten (Schornsteine !) in der Umgebung des Moduls als auch durch Schneebedeckung des Moduls hervorgerufen werden. In Abbildung 3.19 ist die gemessene Kennlinie eines schneebedeckten Generators aufgetragen. Unter derartigen Bedingungen versagen die meisten Leistungspunktnachführungen. Wegen der mit Abschattungen verbundenen Ertragsverluste sollten Abschattungen von PV-Modulen grundsätzlich vermieden werden.

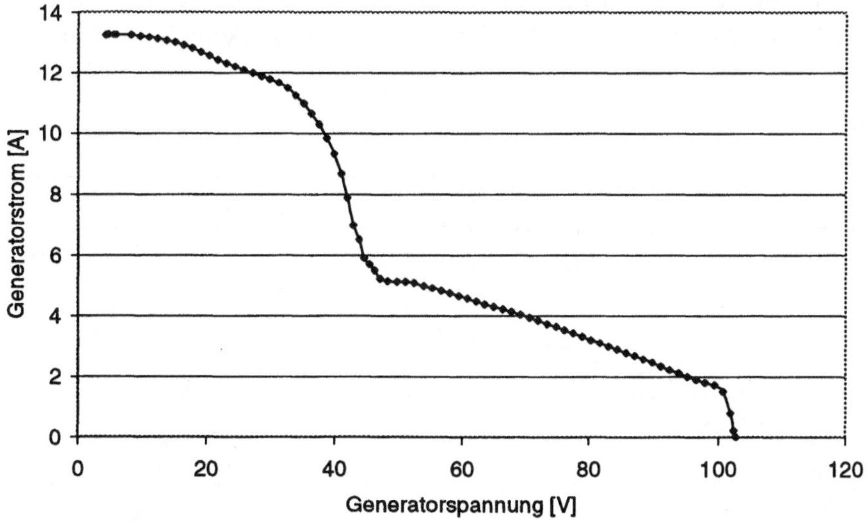

Abb. 3.19:		Kennlinie eines teilabgeschatteten PV-Generators

Definitionsgemäß ist der Wirkungsgrad η_M eines Moduls bei Standardprüfbedingungen durch

$$\eta_M = \frac{P_{STC}}{A_M \cdot G_{STC}} \qquad (3.22)$$

mit A_M als Modulfläche gegeben. Da die Modulfläche wegen der erforderlichen Abstände zwischen den einzelnen kristallinen Solarzellen sowie wegen des Modulrahmens etwa 10 bis 20 % größer ist als die Fläche der eingesetzten Solarzellen, liegt der erreichbare Modulwirkungsgrad stets unter dem Wirkungsgrad der eingesetzten Solarzellen. Bei den Standardprüfbedingungen handelt es sich um ideale Laborbedingungen, die insbesondere für Vergleichsmessungen sinnvoll sind. In der Praxis sind diese Bedingungen allerdings nicht erreichbar. So werden in Deutschland auch im Sommer nur selten Bestrahlungsstärken von 1000 W/m² erreicht, die Modultemperaturen erreichen dann Werte von 55 °C und darüber. Bei fest aufgeständerten Modulen (typischer Einsatzfall) ist ein senkrechter Lichteinfall sehr selten, und das solare Spektrum unterscheidet sich mehr oder weniger deutlich vom AM 1,5-Spektrum.

Aus diesen Gründen geben die Kennlinien und der Wirkungsgrad der Module nur bedingt Auskunft über die an einem konkreten Standort erreichbaren energetischen Erträge eines Moduls. Diese hängen stark von den jeweiligen meteorologischen Bedingungen am Standort sowie von der Orientierung der Module (Auslenkung von der Südrichtung, Neigung gegen die Horizontale) ab. In Abbildung 3.20 sind für

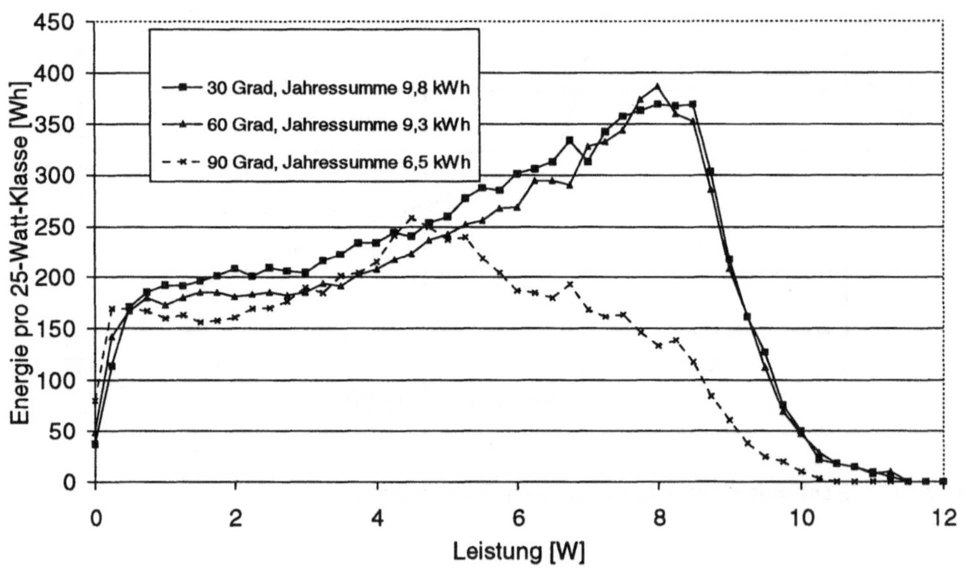

Abb. 3.20:   Histogramm der jährlichen Leistungsabgabe unterschiedlich gegen die Horizontale geneigter, nach Süden ausgerichteter 10-W-Module (Dresden 1999)

unterschiedlich orientierte Module (Leistung 10 W) die Histogramme der jährlichen Leistungsabgabe in Abhängigkeit von der Orientierung der Module dargestellt. Der jährliche Energieertrag E_y ergibt sich durch Integration über die Kurven. Der Energieertrag des mit einer Neigung von 30 ° montierten Moduls wird vor allem bei hohen Modulleistungen erbracht. Ein Vergleich mit der Häufigkeitsverteilung der Bestrahlungsstärke (Abbildung 2.16) zeigt, dass die Bestrahlungsstärken von über 800 W/m² meist mit hohen Temperaturen verbunden sind. Die den hohen Bestrahlungsstärken entsprechenden Modulleistungen werden durch den Temperatureffekt zu geringeren Werten verschoben. Im senkrecht orientierten Modul wird der Ertrag durch die ungünstigen Einfallswinkel im Sommer bereits ab Modulleistungen > 5 Watt drastisch reduziert.

Der mit einem Modul praktisch erreichbare Jahresnutzungsgrad ζ_y ergibt sich aus dem jährlichen Energieertrag und der jährlich auf die Modulfläche eingestrahlten Energie:

$$\zeta_y = \frac{E_y}{H_y \cdot A_M} . \tag{3.23}$$

Folgende Einzeleffekte tragen zur Minderung des Jahresnutzungsgrades von Solarmodulen im Vergleich zu deren Wirkungsgrad bei:

- Niedrigere Bestrahlungsstärken als 1000 W/m²
- Temperaturabweichung (im Sommer negativ, im Winter positiv !)
- Reflexionen und Absorption der einfallenden Strahlung an der Modulfrontscheibe
- Spektrale Effekte der Strahlung durch Abweichung vom AM1,5-Spektrum

In Abbildung 3.21 sind für einige Module gemessene monatliche Nutzungsgrade dargestellt. Infolge der saisonalen Variation der genannten Faktoren sowie deren Überlagerung ergibt sich ein charakteristischer saisonaler Verlauf. Bei den kristallinen Typen wird im März und Oktober ein Maximum gefunden. Im Sommer führen die mit den hohen Bestrahlungsstärken einhergehenden hohen Temperaturen zu einer messbaren Absenkung der monatlichen Nutzungsgrade. Die starken Abfälle in den Wintermonaten werden durch Schneeabdeckungen verursacht. Alle untersuchten Module waren mit einer Neigung von 30° gegen die Horizontale montiert, so dass der Schnee stets einige Tage liegen blieb. Bemerkenswert ist auch der im Sommer zu beobachtende Anstieg des Nutzungsgrades des untersuchten a-Si:H-Moduls infolge thermischer Ausheilung (vgl. Abschnitt 3.2.3).

Für einzelne Module verschiedener Hersteller wurde über mehrere Jahre der Jahresnutzungsgrad ζ bestimmt (Tabelle 3.3). Der Jahresnutzungsgrad liegt im Bereich zwischen 90 und 94 % des Wirkungsgrades η_M. Faktisch können diese Differenzen dazu führen, dass ein Modul mit höherem Wirkungsgrad im Vergleich mit einem Modul mit etwas geringerem Wirkungsgrad nicht zwangsläufig einen höheren

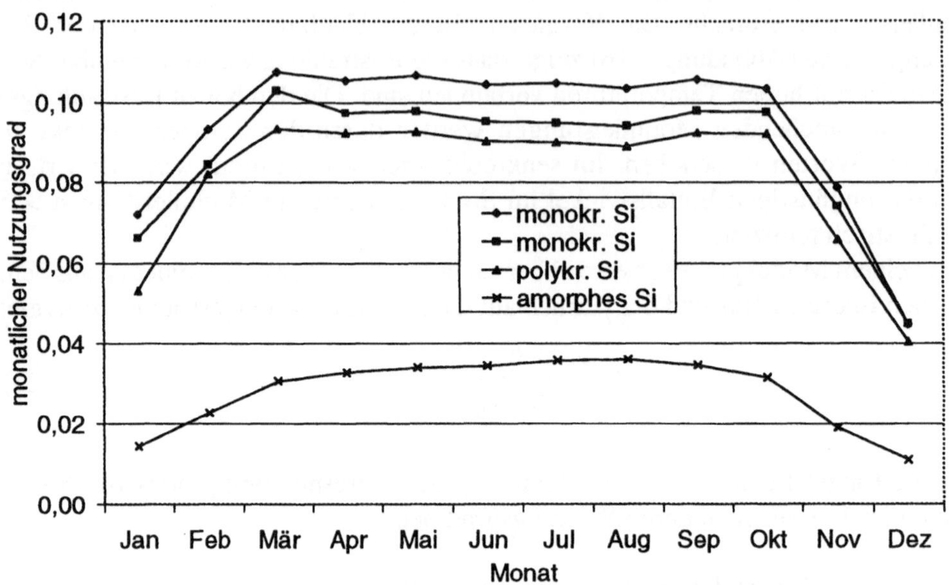

Abb. 3.21:   Saisonaler Verlauf von Nutzungsgraden verschiedener Module

Tabelle 3.3:   Wirkungsgrade bei Standardprüfbedingungen und Nutzungsgrade von Solarmodulen

Modul	Wirkungsgrad gemessen [%]	jährlicher Nutzungs-grad [%]	Nutzungs-grad/Wirkungsgrad [%]
polykristallines Si	7,86	7,16	91,1
polykristallines Si	9,33	8,76	93,8
polykristallines Si	7,27	6,82	93,8
monokristallines Si	8,75	8,07	92,2
monokristallines Si	8,27	7,49	90,5
monokristallines Si	9,45	8,58	90,7
a-Si:H		3,18	

Ertrag erbringt. Die in Abbildung 3.21 und Tabelle 3.3 dargestellten Ergebnisse sind typisch für nicht zu extreme Standorte in Deutschland und großen Teilen Mitteleuropas. Dagegen ist wegen der Temperaturverhältnisse in Nordeuropa mit etwas höheren Jahresnutzungsgraden und in Südeuropa entsprechend mit verringerten Jahresnutzungsgraden zu rechnen.

3.3.3 Verschaltung von Modulen und mismatch-Verluste

Für PV-Anlagen mit Leistungen größer als 200 W ist grundsätzlich die Verschaltung der Module zu einem PV-Generator nötig. Dabei kann sowohl eine Reihenschaltung (Stränge) als auch eine Parallelschaltung von Modulen vorgenommen werden.
Bei der Reihenschaltung addieren sich die Spannungen der einzelnen Module. Die maximal zulässigen Spannungen bei Reihenschaltung liegen zwischen 500 und 1000 V. Begrenzend wirken dabei die Isolationseigenschaften der Module. Falls die Module nicht exakt die gleichen Kennlinien besitzen, bestimmt das Modul mit dem geringsten Strom den Gesamtstrom des Strangs. Dadurch können alle übrigen Module des Strangs nicht in ihrem MPP betrieben werden, die gesamte vom Strang erreichbare MPP-Leistung liegt unter der Summe der MPP-Leistungen der einzelnen Module. Der dadurch verursachte Leistungsverlust des Generators wird als mismatch bezeichnet, seine Größe hängt von der Qualität der eingesetzten Module ab und ist prinzipiell nicht vorhersagbar. An einzelnen Anlagen wurden Leistungsminderungen um 3 bis 5 % infolge mismatch gefunden.
Wird ein Strang kurzgeschlossen, fließt in allen Modulen der Kurzschlussstrom. Eine Gefährdung der Module tritt dabei nicht ein. Ein Problem der Reihenschaltung tritt aber auf, falls ein Modul durch äußere Einflüsse (z. B. Schnee, Bäume) zum Teil oder völlig abgeschattet ist. Einerseits bestimmt nunmehr der geringe Strom dieses Moduls den Gesamtstrom des Strangs, Leistungseinbußen des Stranges von 50 % und mehr sind leicht möglich. Andererseits wird die überschüssige Leistung der nicht abgeschatteten Module im teilabgeschatteten Modul umgesetzt. Dieses wirkt als Verbraucher. In Strängen mit großer Modulzahl besteht dabei durchaus die Gefahr der thermischen Zerstörung des teilabgeschatteten Moduls. Zur Verhinderung dieser Zerstörung werden den Modulen Bypass-Dioden parallel geschalten (Abbildung 3.22). Diese Dioden sind häufig bereits in die Module integriert, sie nehmen im Normalbetrieb keine Leistung auf. Bei Teilabschaltung wird der Strom um das entsprechende Modul über die Diode abgeleitet. Der heute weitgehend übliche Einsatz derartiger Dioden führt allerdings auch dazu, dass technisch ausgefallene Module überbrückt und somit nicht ohne weiteres erkannt werden.
Auch im Fall der Parallelschaltung von Modulen bzw. Strängen (Abbildung 3.22) zum Erreichen größerer Gesamtströme kann am PV-Generator eine kritische Situation entstehen. Wie bei der Reihenschaltung wird ein abgeschattetes Modul von allen anderen Modulen bzw. Strängen als Last gespeist. Dies ist wegen der hohen Span-

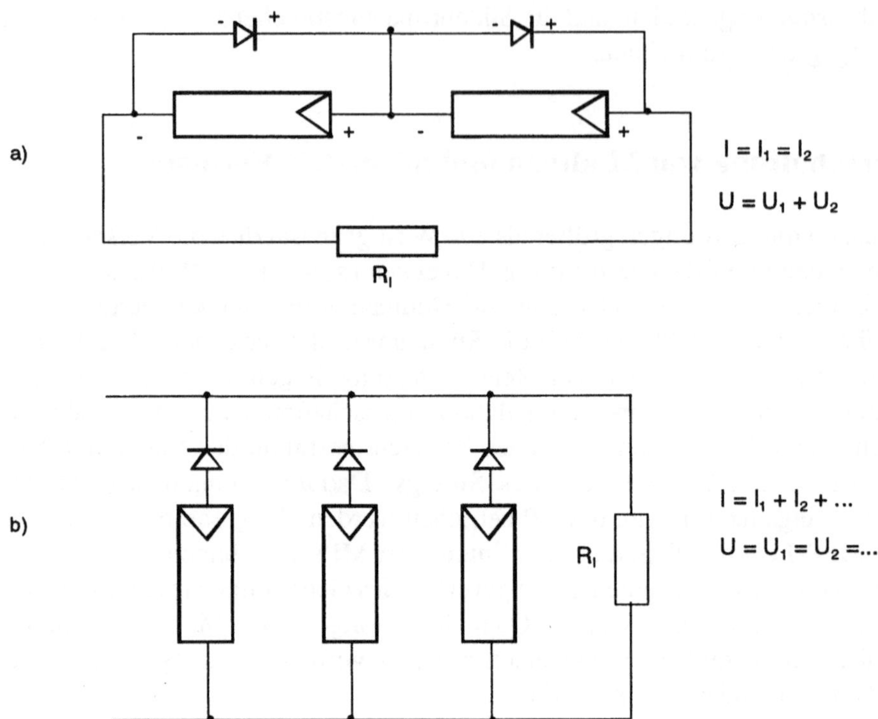

Abb. 3.22: Reihen- und Parallelschaltung von Modulen

nung besonders kritisch im Leerlauf des Generators. Als Ausweg bieten sich hier ebenfalls Strangdioden (Blockierdioden) zur Verhinderung des Rückstromes an. Diese Dioden sind allerdings ständige Verbraucher (in Durchlassrichtung geschaltet!) und vermindern daher die Generatorleistung. Als Ausweg besteht hier grundsätzlich nur die Möglichkeit, PV-Generatoren soweit wie möglich als Einstranganlagen aufzubauen. Nach neueren Untersuchungen können Strangdioden bei der Parallelschaltung von bis zu 6 Strängen entfallen.
Daneben führt auch die Parallelschaltung von Modulen bei nicht identischer Kennlinie zu mismatch-Verlusten. Da alle Stränge an der gleichen Spannung liegen, ist die maximale Leistung nur bei identischer MPP-Spannung aller Module erreichbar.

3.3.4 Modul-Produktion und Entsorgung

Die Entwicklung der weltweiten Produktion von Solarmodulen ist in Abbildung 1.12

dargestellt. Mit jährlichen Wachstumsraten von etwa 20 % gehört dieser Markt zu den dynamischsten Märkten der Energiewirtschaft. Im Jahr 1998 wurde eine Jahresproduktion von etwa 150 MW erreicht. Wenn sich diese Entwicklung auch in den kommenden Jahren fortsetzt, kann die Weltproduktion in 10 Jahren etwa 1000 MW erreichen.

Mit großem Abstand dominieren derzeit weiterhin Solarmodule auf der Basis kristallinem Siliziums. Die derzeit in die Produktion überführten Solarmodule (CdTe bzw. CIS) werden erst in einigen Jahren relevante Anteile erringen.

Heute wird von einer Lebensdauer der Module von 25 bis 30 Jahren ausgegangen. Als lebensdauerbegrenzende Faktoren werden vor allem Glasbruch und Undichtigkeiten an den Modulrändern angenommen. Ein akutes Entsorgungsproblem besteht demnach nicht. Dennoch wird dieser Frage bereits heute große Aufmerksamkeit gewidmet.

Module auf der Basis kristallinen Siliziums enthalten keine umweltgefährdenten Stoffe. Aufgrund des hohen Energiebedarfes bei der Herstellung der Solarzellen ist ein Recycling vor allem des Zellmaterials dennoch unbedingt anzustreben. Die bisher im Labormaßstab erprobten Techniken basieren darauf, mittels geeigneter Sägetechniken die die Solarzellen einhüllenden Glasscheiben im Ganzen abzutrennen. Mittels chemischer Verfahren wird das EVA entfernt, so dass die Solarzelle freigelegt wird und grundsätzlich wiederverwandt werden kann.

Die in den Dünnschichtmodulen zum Einsatz kommenden Schwermetalle erfordern wegen ihres Umweltgefährdungspotentials unbedingt die Entwicklung von sicheren Recyclingtechniken. Wegen des speziellen Aufbaus dieser Module sind dazu geeignete Verfahren zu entwickeln. Ein jüngst vorgestelltes Verfahren für CdTe-Module sieht z.B. vor, die Module - nach Abtrennen der elektrischen Leitungen - zunächst in kleine Teile (< 10 mm²) zu zermahlen. Dann werden durch geeignete flüssige Chemikalien die aufgedampften Schichten abgelöst und einer Wiederverwendung zugeführt. Ebenso können die Glassplitter wieder zu Glas geschmolzen werden.

4 Photovoltaische Inselsysteme

4.1 Einleitung

Allgemein werden unter elektrischen Inselsystemen elektrisch abgeschlossene Stromversorgungssysteme verstanden, in denen alle Verbraucher durch die im System vorhandenen Stromerzeuger (Kraftwerke) versorgt werden. Insbesondere besteht keine Verbindung zu einem übergeordneten Netz. Konventionelle Inselsysteme umfassen einen Leistungsbereich von wenigen Kilowatt bis zu einigen hundert Megawatt.

Als photovoltaische Inselsysteme werden Stromversorgungssysteme von Verbrauchern bezeichnet, die ausschließlich auf der Nutzung des photovoltaischen Effektes zur Stromerzeugung basieren. Werden zusätzlich zur PV-Anlage noch weitere Stromquellen genutzt, so spricht man von Hybridsystemen. Photovoltaische Inselsysteme können in netzfreie (oder netzunabhängige) und netzferne Systeme unterschieden werden.

Netzfreie Stromversorgungen dienen der Versorgung von (kleinen) Verbrauchern (Taschenrechner, Uhren, Radios u.ä.), welche üblicherweise durch Batterien versorgt werden. Die genannten Verbraucher werden ortsunabhängig genutzt, deshalb ist eine Versorgung über das öffentliche Netz unpraktikabel. Die Leistungsaufnahme dieser Verbraucher liegt meist weit unter 1 W bei Betriebsspannungen zwischen 1,2 V und 6 V. Statt der üblicherweise verwendeten Primärbatterien werden bei der photovoltaischen Stromversorgung aufladbare Sekundärbatterien (siehe Abschnitt 4.2.2) eingesetzt, die durch in das Gerät integrierte Solarzellen wieder aufgeladen werden. Der Einsatz der Photovoltaik in den genannten Geräten ist meist wirtschaftlich, da ihre Kosten durch Wegfall der Kosten der konventionellen Primärbatterien überkompensiert werden. Die Auslegung derartiger PV-Anlagen ist unkritisch, gegebenenfalls kann eine Aufladung der eingesetzten Sekundär-Batterien auch über das Netz erfolgen.

Von größerer Bedeutung ist die netzferne Stromversorgung von Verbrauchern. Derartige Verbraucher werden an Standorten betrieben, die nicht durch Netze erschlossen sind. Hierzu gehören neben dünn besiedelten Gebieten in Industrieländern (vgl. Abbildung 4.19) vor allem große Territorien in den Entwicklungsländern. Jedoch auch in netzversorgten Gebieten kann für Verbraucher mit kleinen Leistungen eine photovoltaische Stromversorgung kostengünstiger sein als das Verlegen einer Leitung zum Netzanschluss. Der realisierbare Leistungsbereich netzferner Stromversorgungen auf photovoltaischer Basis liegt heute zwischen 10 W und etwa 10 kW Generatorgröße, in Einzelfällen auch darüber. Als typische Anwendungen netzferner Stromversorgung gelten Funk- und Warnanlagen (Autobahntelefone, Fernsehsender, Leuchttürme, Relaisstationen), Versorgung von Haushalten (Hütten und Dörfer in Entwicklungsländern: Solare Haushalt-Systeme - SHS, auch Einzelgehöfte in Europa) sowie Wasserpumpen und Wasseraufbereitung in Entwicklungsländern.

Im Normalfall stimmen in photovoltaischen Inselanlagen das solare Energieangebot und der Strombedarf des Verbrauchers zeitlich nicht überein, deshalb ist in photovoltaischen Inselsystemen fast immer ein Energiespeicher erforderlich. Die Größe dieses Energiespeichers hängt von den örtlichen meteorologischen Bedingungen und von der Betriebsweise des Verbrauchers ab. Vor allem der tägliche und der saisonale Lastgang des Verbrauchers sind entscheidend für die Auslegung der PV-Anlage. Bei der Optimierung dieser Anlage ist der Verbraucher unbedingt mit einzubeziehen. Viele auf dem Markt befindliche elektrische oder elektronische Geräte sind keineswegs unter dem Kriterium eines minimalen Stromverbrauches entwickelt worden. Die energetische Optimierung der Verbraucher sollte deshalb stets am Beginn der Auslegung photovoltaischer Inselsysteme stehen.

Ein photovoltaisches Inselsystem (Abbildung 4.1) besteht in der Regel aus den Komponenten PV-Generator, Energiespeicher (meist eine elektrochemische Sekundärbatterie), einem Laderegler und den zu versorgenden Verbrauchern. Dem PV-Generator ist die Batterie parallelgeschaltet. Der Laderegler dient der optimalen Be- und Entladung der Batterie. Eine Rückstromdiode verhindert die Entladung der Batterie über den PV-Generator während der Nachtstunden.

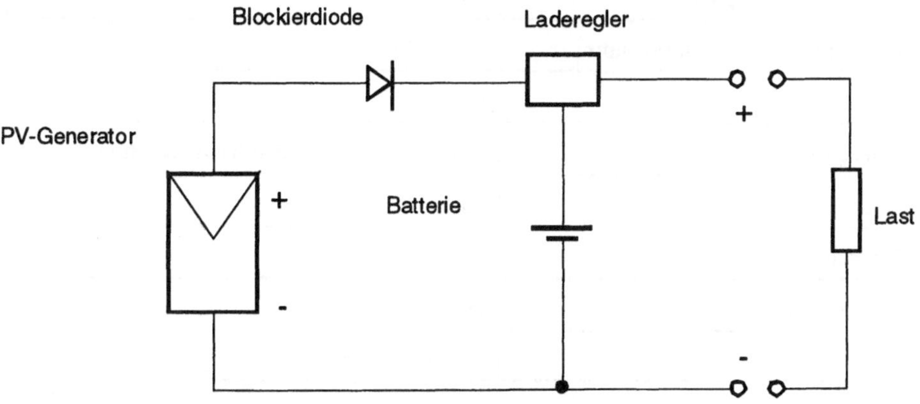

Abb. 4.1:   Aufbau eines photovoltaischen Inselsystems

Bei erforderlicher Versorgung von Wechselstromverbrauchern wird der Batterie ein Wechselrichter nachgeschaltet. Variiert der Wechselstrombedarf über große Leistungsbereiche, können zur Verbesserung des Nutzungsgrades auch mehrere Wechselrichter eingesetzt werden. An Wechselrichter in Inselsystemen werden wesentlich geringere Anforderungen als an Wechselrichter, die in das Netz einspeisen, gestellt. Sie sind deshalb auch deutlich preiswerter (vgl. Abschnitt 5.2.3).

In einigen Fällen werden Hybridsysteme zur Versorgung von Inselsystemen genutzt.

Dabei kommen neben der PV-Anlage als zusätzliche Stromquelle entweder konventionelle Dieselgeneratoren oder auch Windkraftanlagen zum Einsatz. In Abhängigkeit von den meteorologischen Bedingungen können mit Hybridsystemen Kostenvorteile verbunden sein.

4.2   Energiespeicher

4.2.1 Anforderungen an Speicher in PV-Anlagen

Die wesentlichen Bewertungskriterien für die Eignung von Energiespeichern in PV-Anlagen sind in Tabelle 4.1 zusammengestellt.

Tabelle 4.1:   Anforderungen an Speicher in PV-Anlagen

Parameter	geforderte Eigenschaft
speicherbare Energie (Kapazität)	1 bis 10^6 Wh
Zahl der Lade-/Entlade-Zyklen pro Jahr	1 bis 365
Leistungsabgabe	mW - kW
Typ. Aufladezeit/Entladezeit	Stunden-Tage/Stunden-Tage-Wochen
Nutzungsgrad	nahe 100 %
Startzeit bei Bedarf	Millisekunden
Bestimmung des Ladezustandes	einfach, genau
Lebensdauer	20 bis 30 Jahre

Abgesehen von den Kleinstanwendungen liegt der Kapazitätsbereich für Speicher in photovoltaischen Anlagen bei den heutigen Anwendungen (Leistungen) im Bereich von wenigen Wh bis einigen MWh. Neben der Kapazität ist auch die geforderte Zyklenzahl des Speichers von Bedeutung. Ein Speicherzyklus besteht aus der Aufladephase und einer (typischen) Entladephase.
Solare Haushalt-Systeme decken z.B. den täglichen Bedarf für Beleuchtung bzw. Kommunikation (Radio). In äquatornahen Gebieten mit ganzjährig konstanter Einstrahlung liegt hier typischerweise ein Tageszyklus des Speichers vor. Innerhalb von nur 3 Jahren durchläuft der Speicher etwa 1000 Zyklen. Anwendungen mit einer Entladung pro Woche durchlaufen in der gleichen Zeit nur etwa 150 Zyklen. Noch

extremer hinsichtlich der Zyklenzahl ist die ganzjährige Versorgung von Verbrauchern mit zeitlich konstantem Lastprofil etwa unter mitteleuropäischen Verhältnissen. Hier erfolgt faktisch nur eine tiefe Entladung des Speichers im Winter (Jahreszyklus). Während der meisten Zeit des Jahres befindet sich der Speicher im voll geladenen Zustand.

Als solartypisch sind die angegebenen Aufladezeiten zu beachten. Da die Speicherkapazität zur Überbrückung einstrahlungsschwacher Tage auch bei im Tageszyklus betriebenen Systemen ein Mehrfaches der täglich benötigten Energie betragen muss, erfordert die Aufladung des Speichers auch bei optimalen meteorologischen Bedingungen mehrere Tage. Deshalb ist auch die genaue und einfache Messung des jeweiligen Ladezustandes von besonderer Bedeutung.

Als Nutzungsgrad bei Energiespeichern wird - in Anlehnung an die Definition in Gleichung (1.2) - das Verhältnis der in einem bestimmten Zeitraum vom Speicher aufgenommenen Energie zur im gleichen Zeitraum abgegebenen Energie bezeichnet. Die Lebensdauer des in einer PV-Anlage eingesetzten Energiespeichers sollte möglichst der Lebensdauer des PV-Generators (der Module) entsprechen.

In Tabelle 4.2 sind die existierenden Energiespeicher mit ihren wesentlichen Parametern zusammengestellt. Aus der Tabelle ist ersichtlich, dass es keinen idealen Speicher für den Einsatz in PV-Anlagen gibt. Direkte Energiespeicher können in PV-Anlagen nicht eingesetzt werden (geringe Auflade-/Entladezeiten, abgebbare Leistung). Neuerdings wird der Einsatz von Doppelschichtkondensatoren in PV-Anlagen untersucht, belastbare Ergebnisse liegen jedoch noch nicht vor. Auch mechanische Speicher sind für einen Einsatz in PV-Anlagen nicht geeignet. Sie besitzen zwar gegenwärtig die größte Kapazität zur Speicherung von Energie, sie sind jedoch nur bei Nutzung im täglichen Zyklenbetrieb wirtschaftlich. Ihre abgebbare Leistung liegt im MW-Bereich und damit weit über den Erfordernissen von Solaranlagen.

Als brauchbare Speicher in PV-Anlagen erweisen sich somit trotz relativ niedrigem Nutzungsgrad nur die elektrochemischen Speicher. Sie erfüllen die Kriterien Kapazität, abgebbare Leistung sowie Aufladezeit/Entladezeit. Zudem besitzen sie eine vergleichsweise hohe Energiedichte. Nachteilig ist ihre begrenzte Lebensdauer (nur etwa 1/5 bis 1/10 der Lebensdauer der Solarmodule) sowie die schwierige bzw. ungenaue Erfassung des Ladezustandes.

Tabelle 4.2: Elektroenergiespeicher

	direkte Speicher		indirekte Speicher			
			mechanische Speicher			elektrochemische Speicher
Parameter	**Kondensator**	**Spule**	**Pumpspeicher**	**Druckluftspeicher**	**Schwungrad**	**Batterie**
Kapazität	> 20 kWh	> 500 kWh	10.000 MWh	100 MWh	1 kWh - 20 MWh	1 Wh - MWh
abgebbare Leistung	> μW-kW	kW-MW	MW	MW	kW	mW-kW
Startzeit	0	0	min	min	0	0
Nutzungsgrad	≈ 0,9	≈ 0,9	0,7 - 0,75	0,7	0,65 - 0,75	0,5 - 0,8
Auflade-/ Entladezeit	Sekunden/Sekunden bis Tage	Sekunden/ Sekunden	Stunden/ Stunden	Stunden/Stunden	Minuten/ Sekunden bis Stunden	Stunden/ Stunden bis Wochen
Energiedichte [kWh/m³]	2	10	0,8	5-8	160	500-900
Lebensdauer	10 a	10 a	100 a	100 a	?	3-6 a

4.2.2 Elektrochemische Energiespeicher

Elektrochemische Energiespeicher (Sekundärbatterien, Akkumulatoren) stellen die einzig brauchbaren und heute verwendeten Speicher in PV-Anlagen dar. Da auch sie nicht allen Anforderungen genügen, sind sie häufig die technisch kritischste Komponente in Inselsystemen.

Die klassische Blei-Batterie ist seit über 100 Jahren bekannt und dominiert dennoch den heutigen Markt in vielen Anwendungsgebieten. Dies gilt auch für PV-Anlagen. Von den in den letzten Jahrzehnten neu entwickelten Batteriesystemen hat auf dem PV-Markt lediglich die Ni-Cd-Batterie noch einen kleinen, jedoch festen Platz gefunden. Inwiefern einige in letzter Zeit in bestimmten Bereichen (Mobilfunk) etablierte Systeme wie Ni-Metallhydrid-Akkumulatoren oder Lithium-Ionen-Akkumulatoren künftig auch in PV-Anlagen eingesetzt werden, bleibt abzuwarten.

Die Funktionsweise und die relevanten Parameter von elektrochemischen Speichern werden am Beispiel der Pb-Batterie erläutert. Die klassische Bleizelle besteht aus einer positiven $PbO_2/PbSO_4$-Elektrode und der negativen $Pb/PbSO_4$-Elektrode, die in einen verdünnten Schwefelsäureelektrolyten eintauchen (Abbildung 4.2).

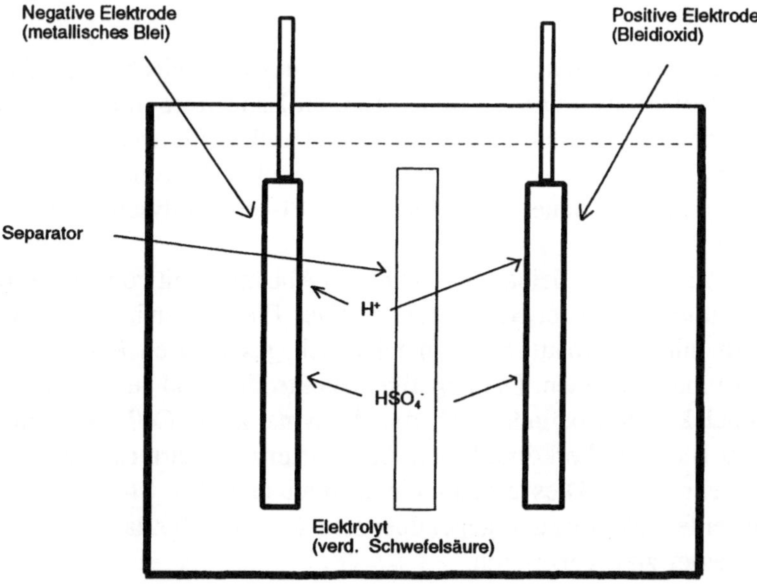

Abb. 4.2:	Schematischer Aufbau einer Blei-Batterie

Die Elektroden sind durch Separatoren getrennt. Beim Laden bzw. Entladen der Zelle läuft folgende elektrochemische Reaktion ab:

$$2PbSO_4 + 2H_2O \rightleftharpoons Pb + PbO_2 + 2H^+ + 2HSO_4^- + 6{,}4 \cdot 10^{-19}\,J \quad . \qquad (4.1)$$

Der obere Pfeil steht für das Entladen, der untere demzufolge für das Laden der Batterie. Die pro Reaktion umgesetzte Energie ist sehr gering, sie liegt in der Größenordnung der Energie eines Lichtquants (vgl. Abschnitt 3.1). Zur Speicherung einer Energie von 1 Wh ist ein Masseumsatz von etwa 6 g in einer Bleizelle erforderlich.

Die Gleichgewichtszellspannung der Bleizelle beträgt 1,928 V. Die üblicherweise verwendeten Betriebsspannungen von Batterien (12 V bzw. Vielfache davon) werden durch Reihenschaltung von Zellen erreicht. Thermodynamisch ist die Bleibatterie im Bereich praktisch verwendeter Säuredichten nicht stabil - sie entlädt sich bei Nichtnutzung selbst. Die Selbstentladerate der Bleibatterie beträgt etwa 3 - 4 % pro Monat. Die Kapazität einer Zelle kann bis zu mehreren hundert Ah betragen.

Beim Laden der Bleibatterie tritt an der positiven Elektrode eine unerwünschte Nebenreaktion auf:

$$H_2O \rightarrow \frac{1}{2}O_2 + 2H^+ + 2e^- \quad . \qquad (4.2)$$

Sie führt zur Elektrolytzersetzung und zur Gasentwicklung. Nach Vollladung der Bleibatterie nimmt die Nebenreaktion den gesamten Ladestrom auf, bei nicht verschlossenen Batterien muss deshalb mitunter Wasser nachgefüllt werden. Verschlossene (wartungsfreie) Batterien enthalten einen sogenannten Rekombinationsstopfen, in welchem Wasserstoff und Sauerstoff mittels eines Platin-Katalysators rekombinieren.

Der konstruktive Aufbau von Bleibatterien wird - in Abhängigkeit vom vorgesehenen Einsatz - im wesentlichen von der Bauart der positiven Elektroden bestimmt. Danach werden Batterien mit Gitterplatten und mechanisch geschützten Platten (Panzerplatte, Stabplatte) unterschieden. Die negativen Elektroden sind stets Gitterplatten. Bei Gitterplattenelektroden befindet sich die Aktivmasse (PbO_2/$PbSO_4$) in einem Gitter aus reinem Blei. Bei herkömmlichen Autobatterien (Starterbatterien) ist die Gitterelektrode sehr dünn. Dies erlaubt die Entnahme hoher Ströme (Anlasserstrom!). Die Zyklenfestigkeit ist demgegenüber sehr gering, tiefentladene Autobatterien sind kaum wieder zu regenerieren.

Dicke Gitterelektroden sind für geringere Entladeströme, jedoch ausgesprochenen Zyklenbetrieb ausgelegt. Sie werden üblicherweise in ortsfesten Batterien eingesetzt, sind jedoch auch für den Betrieb in PV-Anlagen grundsätzlich geeignet.

Bei speziell als Solarbatterien angebotenen Bleibatterien handelt es sich häufig (aber nicht zwingend !) um Gitterbatterien mit mittelstarken Elektroden. Zur Erhöhung der Zyklenfestigkeit wird das Pb-Gitter mitunter mit Antimon versetzt. Dies führt allerdings auch zu einer Erhöhung der Selbstentladerate. Weiterhin sind die Separatoren hier mitunter als Taschenseparatoren ausgebildet, welche die positive Elektrode umhüllen. Sie sollen die sogenannte Abschlammung der Aktivmasse verhindern. Die Abschlammung wird durch den Unterschied im Volumen von PbO_2 und $PbSO_4$ um den Faktor 1,5 hervorgerufen. Sie führt bei vielen Zyklen infolge mechanischer Spannungen zum Verlust der Aktivmasse an der Elektrode und damit zur Leistungsminderung der Batterie.

Die Verhinderung der Abschlammung war auch die wesentliche Motivation der Entwicklung von Plattenbatterien. In diesen Batterien befindet sich die Aktivmasse der negativen Elektroden zwischen zylindrischen, parallel montierten Pb-Stäben. Die Stäbe sind entweder einzeln (Röhrchen- oder Panzerplatte) oder insgesamt (Stabplatte) von einer Schutzhülle aus Kunststoff umgeben. Als sogenannte ortsfeste Batterien (OPzS) sind diese Batterien für den Zyklenbetrieb ausgelegt. Sie finden häufig in PV-Anlagen Anwendung.

Bei verschlossenen Batterien wird das bei Überladung entstehende Gas intern an der negativen Elektrode rekombiniert. Voraussetzung dazu ist ein schneller Gastransport von der positiven zur negativen Elektrode. Er wird erreicht, indem der normalerweise flüssige Elektrolyt an Stoffen mit sehr hoher Oberfläche (Silikagel, Glasfasern) gebunden wird. Dadurch entstehen im Elektrolytraum kleine Kanäle, die einen Gasaustausch zwischen positiver und negativer Elektrode ermöglichen. Die gleichzeitig entstehende Immobilisierung (Festlegung) des Elektrolyten minimiert darüber hinaus mögliche - grundsätzlich ebenfalls leistungsmindernd wirkende - Säureschichtungen.

Das System Ni-Cd ist prinzipiell ähnlich aufgebaut wie die Bleibatterie. Die Zellspannung beträgt allerdings nur 1,2 V, deshalb müssen für die meist genutzte Betriebsspannung von 12 V 10 Zellen in Reihe geschaltet werden. Im Vergleich zur Bleibatterie ist die Selbstentladung deutlich höher (6 - 20 % pro Monat).

Als grundsätzliche Vorteile des Ni-Cd-Systems gegenüber den Bleibatterien gelten die Betriebsfähigkeit bei niedrigen Temperaturen (bis -40 °C) sowie ihre Toleranz gegenüber Tiefentladungen. Als Hauptnachteile gelten die hohe Selbstentladerate sowie der sogenannte Memory-Effekt. Als Memory-Effekt im engeren Sinne wird die Erscheinung bezeichnet, dass bei regelmäßiger Nutzung nur eines Teils der Gesamtkapazität der Batterie der restliche (nicht genutzte) Teil bei Neuladung auf 100 % nicht mehr aktiviert wird. Als Ausweg bietet sich die definierte Überladung an. Wegen der allgemeinen Unkenntnis des Ladezustandes bereitet dies jedoch gewisse Schwierigkeiten. Einfacher ist es deshalb, die Batterien vor der Neuladung grundsätzlich vollständig zu entladen. Dieses, in modernen Ladegeräten bevorzugte Verfahren führt zu guten Ergebnissen. Für Batterien in PV-Anlagen ist es allerdings aus naheliegenden Gründen nicht nutzbar.

In Tabelle 4.3 sind wesentliche Parameter von verschiedenen Batterietypen gegenübergestellt.

Tabelle 4.3:   Parameter elektrochemischer Batteriesysteme

System	Spannung [V]	Temperatur- bereich [°C]	Selbstent- ladung [%/d]	Lebensdauer [Zyklen]	Kosten [rel. Einheiten]
Pb	2,0	-10 bis 55	0,1	500	1
Ni-Cd	1,2	-20 bis 60	0,7 bis 1	1000	3
Ni-MH	1,2	-20 bis 40	0,7 bis 1,5	1000	4
Li-Ionen	3,6	-40 bis 70 $\cdot$	0,2 bis 0,3	1000	7

4.2.3 Eigenschaften und Parameter von Batterien

Zur Charakterisierung von Batterien beim Einsatz in PV-Anlagen sind mehrere
Parameter erforderlich. Der wesentlichste Parameter ist zunächst die entnehmbare
Energiemenge E_{dch}, die bei Batterien üblicherweise als Amperestunden-Kapazität C
ausgewiesen wird. Es gilt

$$C = \frac{E_{dch}}{U_B} \qquad (4.3)$$

mit U_B als Batterie-Nennspannung. Als Maßeinheit der Kapazität C ergeben sich
Amperestunden (Ah). Bei in photovoltaischen Inselsystemen eingesetzten Batterien
wird die Kapazität häufig auf die von den zu versorgenden Verbrauchern täglich
benötigte Energie E_l bezogen:

$$C_l = \frac{E_{dch}}{E_l} = \frac{C \cdot U_B}{E_l} \, . \qquad (4.4)$$

Die Kapazität C_l gibt an, wieviel Tage die voll geladene Batterie die Verbraucher
allein versorgen kann.
Die Kapazität einer Batterie ist keine konstante Größe, sondern ist in starkem Maße
von der Betriebstemperatur, den Betriebsbedingungen (Entladestromstärke) und auch
von der Elektrolytdichte abhängig. Im Datenblatt der Hersteller wird die Kapazität
einer Batterie meist für eine Temperatur von 20° C und einen solchen Entladestrom
I_{10} angegeben, der die Batterie in einer Entladezeit t_{dch} von 10 Stunden entleert:

$$I_{10} = \frac{C}{t_{dch}} = \frac{C}{10h} \cdot \tag{4.5}$$

Diese Kapazität wird als C_{10} bezeichnet. In PV-Anlagen werden in der Regel größere Entladezeiten benötigt, interessanter ist deshalb die Kapazität C_{100} (4-Tages-Speicher). Es zeigt sich, dass mit geringer werdendem Entladestrom die Kapazität einer Batterie zunimmt. Bei einem Entladestrom I_{250} (entspricht einem 10-Tage-Speicher) kann die Kapazität bis zu 60 % über der Kapazität C_{10} liegen. Zur Umrechnung der Kapazitäten entsprechend der Entladestromstärke wird ein Stromfaktor k_I definiert:

$$k_I(t_{dch}) = \frac{C_{t_{dch}}}{C_{10}} \cdot \tag{4.6}$$

Er ist in Abbildung 4.3 für Batterien verschiedener Hersteller (nach deren Datenblattangaben) dargestellt, die auftretenden Unterschiede sind beachtlich.

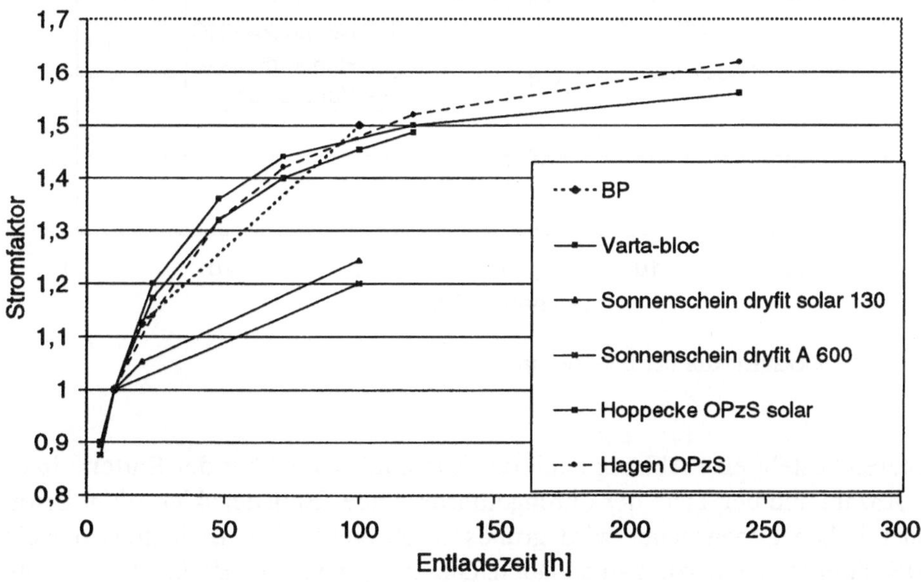

Abb. 4.3:   Stromfaktor der Kapazität verschiedener Batterien

Die Batteriekapazität ist ferner temperaturabhängig, sie nimmt mit fallender Temperatur stark ab. Dies ist insbesondere bei ganzjähriger Nutzung einer PV-Anlage in freier Umgebung zu beachten. Für Bleibatterien besteht bei Temperaturen unter 0° C

zudem die Gefahr des Einfrierens. Analog zu Gleichung (4.6) kann ein Temperaturfaktor k_T definiert werden:

$$k_T = \frac{C(T)}{C(20°C)} \; .$$

(4.7)

Die Variation des Temperaturfaktors der Batteriekapazität ist für verschiedene
Batterietypen (nach Datenblattangaben) in Abbildung 4.4 dargestellt.

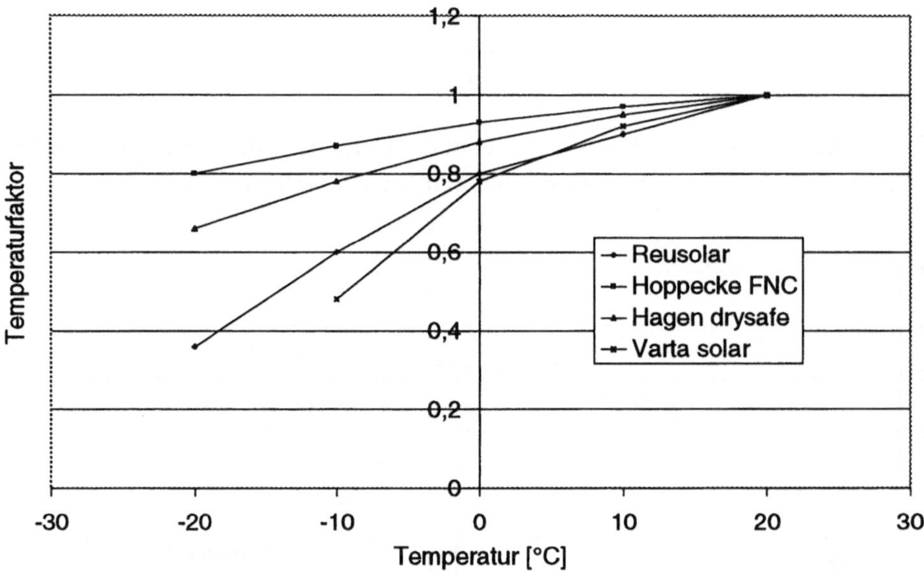

Abb. 4.4:   Temperaturfaktor der Batteriekapazität

Des weiteren besteht eine Abhängigkeit der Kapazität vom Alter der Batterie bzw.
von der Anzahl und der Tiefe der durchgeführten Lade-/Entladezyklen. Zum Erreichen einer hohen Lebensdauer wird grundsätzlich empfohlen, Bleibatterien nicht
unter 20 % ihrer Nennkapazität zu entladen. Dies entspricht einer Entladetiefe (depth
of discharge - DOD) von 80 %. Chemisch ist der Zustand einer Tiefentladung durch
eine starke Abnahme der Schwefelsäurekonzentration gekennzeichnet. Dies resultiert
aus der Beteiligung des Elektrolyten an der Entladereaktion (vgl. Gleichung (4.1)).
Mit sinkender Schwefelsäurekonzentration steigt die Löslichkeit von Bleisulfat aus
der negativen Elektrode mit der Folge einer schlechteren Ladbarkeit sowie ver-
stärkter Selbstentladung. Je tiefer die Entladungen erfolgen, umso weniger Zyklen
kann eine Batterie erreichen (Abbildung 4.5).

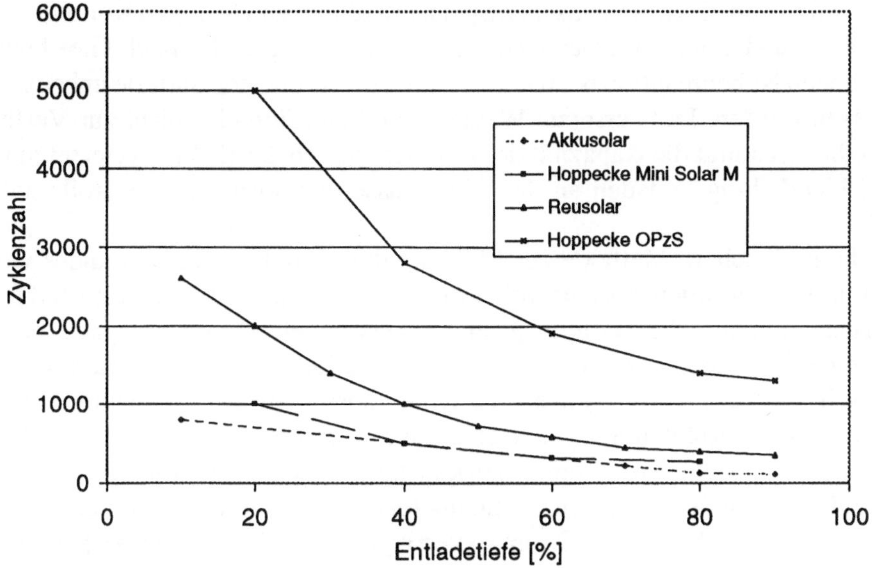

Abb. 4.5:   Zyklenzahl als Funktion der Entladetiefe für verschiedene Batterien

Der zweite wichtige Parameter einer Batterie ist der Nutzungsgrad des Lade-/Entladevorganges. Bei Batterien werden 2 unterschiedliche Nutzungsgrade definiert. Als energetischer Nutzungsgrad ζ einer Batterie wird der Quotient aus der von der Batterie abgegebenen Energie E_{dch} und der zuvor eingespeicherten Energie E_{ch} bezeichnet:

$$\zeta = \frac{E_{dch}}{E_{ch}} \; . \tag{4.8}$$

Er wird auch als „Wattstundenwirkungsgrad" bezeichnet. Häufiger findet man für Batterien die Angabe des sogenannten „Amperestundenwirkungsgrades":

$$\zeta_{Ah} = \frac{E_{dch}}{U_{dch}} / \frac{E_{ch}}{U_{ch}} \; . \tag{4.9}$$

Der „Amperestundenwirkungsgrad" berücksichtigt die unterschiedlichen Spannungen beim Laden (U_{ch}) bzw. Entladen (U_{dch}) eines elektrochemischen Speichers. Da die Ladespannung stets höher als die Entladespannung ist, ist der „Amperestundenwirkungsgrad" immer größer als der energetische Nutzungsgrad. Der Kehrwert des „Amperestundenwirkungsgrades" wird auch als Ladefaktor bezeichnet. Bei optimalen Lade- und Entladevorgängen können Bleibatterien Nutzungsgrade bis zu $\zeta = 80\ \%$

erreichen, die praktisch erreichbaren Werte liegen jedoch deutlich niedriger.

Die Eigenschaften von elektrochemischen Speichern führen zu wichtigen Konsequenzen beim Laden und Entladen einer Batterie. So muss wegen der nach Gleichung (4.2) ablaufenden Nebenreaktion beim Laden eine Überladung der Batterie unbedingt ausgeschlossen werden. Das zersetzte Wasser steht beim Entladen nicht zur Verfügung und reduziert somit die Kapazität der Batterie. Neben der Elektrolytzersetzung können bei Überladung Schäden an der Aktivmasse der positiven Elektrode auftreten.

Eine einfache und sichere Methode zur Messung des aktuellen Ladezustandes von elektrochemischen Batterien existiert bisher nicht. Näherungsweise wird als Maß für den Ladezustand meist die Batteriespannung verwendet. Durch Vorgabe bzw. Einhaltung einer Ladegrenzspannung U_{chl} wird die Überladung einer Batterie vermieden. Praktisch wird in PV-Anlagen das Laden entsprechend der sogenannten IU-Kennlinie angestrebt (Abbildung 4.6). Nach diesem Verfahren wird eine weitgehend entladene Batterie zunächst mit einem hohen konstantem Strom (Richtwert einige I_{10}) geladen. Bei Erreichen der Ladegrenzspannung (etwa nach 3 h) ist die Batterie etwa zu 75 % geladen. Danach wird der Strom so verringert, dass die Ladegrenzspannung

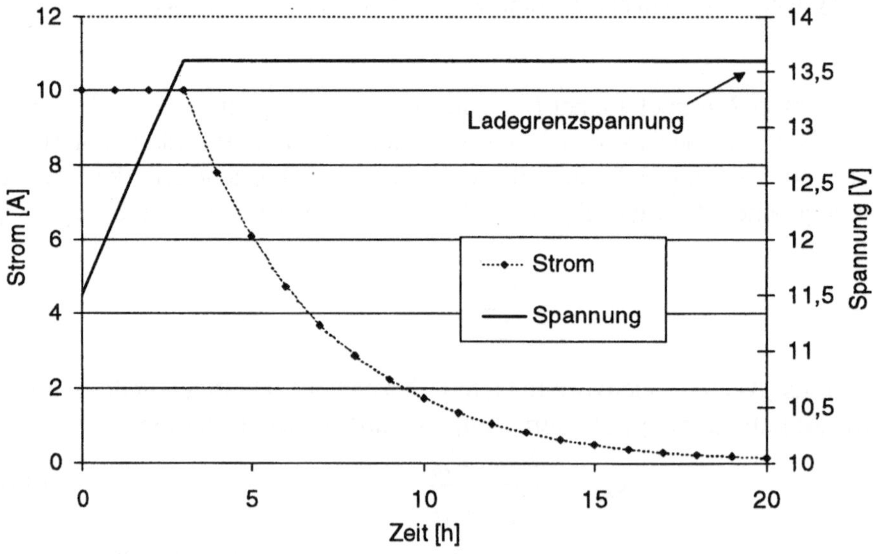

Abb. 4.6:   Laden einer Batterie nach der IU-Kennlinie

nicht überschritten wird. Die Batterie erreicht dann nach weiterem etwa 17 stündigen Laden ihre volle Kapazität.

Das geschilderte Verfahren lässt sich in PV-Anlagen nur angenähert umsetzen. Einerseits steht - meteorologisch bedingt - in der Regel der geforderte hohe konstante Anfangsstrom nicht zur Verfügung. Zu geringe Ladeströme (etwa $< 0{,}1 \cdot I_{10}$) tragen andererseits praktisch nicht zu einer Ladung der Batterie bei, sie dienen nur der Erhaltung des vorhandenen Ladezustandes. Dies sowie die erforderliche Gesamtzeit zum Laden führen dazu, dass weitgehend entladene Batterien im Verlauf eines sonnigen Tages grundsätzlich nicht wieder voll aufgeladen werden können. Durch entsprechende Auslegung der PV-Anlage sollten tiefentladene Zustände deshalb unbedingt vermieden werden.

Die Ladegrenzspannung einer Batterie ist stark temperaturabhängig, der Temperaturkoeffizient liegt pro Zelle bei etwa 6 mV/grd. Dies kann durch eine elektronische Regelung berücksichtigt werden. Zur Aufladung von Ni-Cd-Batterien unter extremen Temperaturbedingungen werden durch einige Hersteller weitere einschränkende Bedingungen vorgegeben.

Ähnlich wie beim Aufladen wird der Entladezustand praktisch nur über die Messung der Batteriespannung beim Entladen verfolgt. Allerdings hängt die erreichte Batteriespannung stark vom Entladestrom der Batterie ab. In Abbildung 4.7 ist an einem Beispiel der Zusammenhang zwischen Entladetiefe, Entladestrom und Entlade-

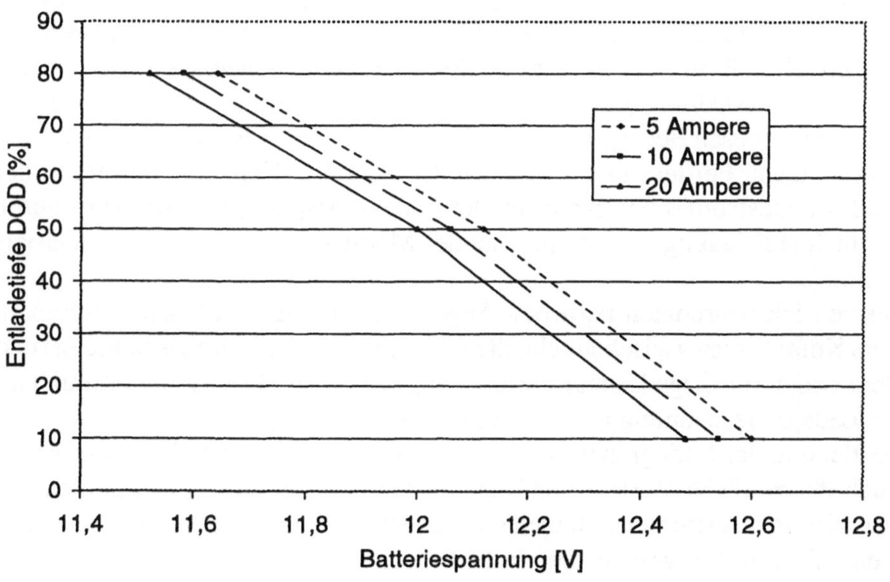

Abb. 4.7:   Entladetiefe einer Batterie in Abhängigkeit von Entladespannung und Entladestrom

spannung einer Batterie dargestellt. Bei Entnahme sehr kleiner Ströme sinkt auch bei großer Entladetiefe die Batteriespannung nur wenig unter 12 V.

Als einfachste Maßnahme zur Verhinderung der Tiefentladung bietet sich die Abschaltung des Verbrauchers bei Unterschreiten der - je nach System entsprechend Abbildung 4.7 ermittelten - Entladespannung an. Elektronisch lässt sich dies leicht verwirklichen. Andererseits sollten in gut dimensionierten PV-Anlagen derartige Zustände grundsätzlich nicht auftreten, da das eigentliche Versorgungsziel (photovoltaische Stromversorgung eines Verbrauchers) damit natürlich aufgegeben wird!

Abschließend sei bemerkt, dass in PV-Anlagen Bleibatterien heute noch bei weitem dominieren. Als ein wesentlicher Vorteil fällt auch der um den Faktor 3 günstigere Preis im Vergleich zu den Ni-Cd-Batterien ins Gewicht. Die Vorteile der Ni-Cd-Batterie liegen in höheren Zyklenzahlen (und damit verbunden höheren Entladestromstärken) sowie in den besseren Tiefentladeeigenschaften. Im praktischen Einsatz erreichten beide Batterien bisher nur selten Lebensdauern von mehr als 4 Jahren.

4.2.4 Laderegler

Der Laderegler hat die Aufgabe, die eingesetzte Batterie möglichst nach der I-U-Kennlinie aufzuladen sowie Überladungen und Tiefentladungen zu vermeiden. Mangels zuverlässigerer Informationen wird der Ladezustand der Batterie grundsätzlich aus der aktuellen Batteriespannung abgeleitet. Bei tief entladenen Batterien sind zunächst große Ladeströme zulässig. Zur vollen Ausnutzung des solaren Energieangebotes kann bei diesen Bedingungen der Einsatz einer MPP-Regelung von Vorteil sein. Die wesentliche Forderung beim Laden nach der I-U-Kennlinie besteht in der Reduktion des Ladestromes bei Erreichen der Ladegrenzspannung. Dies wird durch Übergang zur Impulsladung mit entsprechender Modulation der Pulsweite realisiert (Abbildung 4.8).

Wegen des zeitlich begrenzten täglichen Angebotes von photovoltaisch erzeugtem Strom ist ein Kompromiss zwischen schnellem Laden (hohe Ladegrenzspannung) und schonendem Laden (niedrige Ladegrenzspannung) zu finden. Die Temperaturabhängigkeit der Ladegrenzspannung ist weiterhin zu berücksichtigen.

Bei der Festlegung der Ladegrenzspannung ist neben den Angaben des Batterieherstellers auch der zeitliche Verlauf der Verbraucheranforderungen zu beachten. So wird bei ganzjährig ausgelegten Anlagen die Batterie im Sommer praktisch stets voll geladen sein. Wegen des gerade hier hohem solaren Angebotes erfolgt dann ein ständiges Laden bei der Ladegrenzspannung. Die hierbei nicht zu vermeidende Gasentwicklung über einen langen Zeitraum kann bereits nach einem Jahr Schäden in der Batterie hervorrufen. In derartigen Anlagen ist es deshalb sinnvoll, die Ladegrenzspannung (im Vergleich zu den Herstellerangaben) niedriger einzustellen. Im

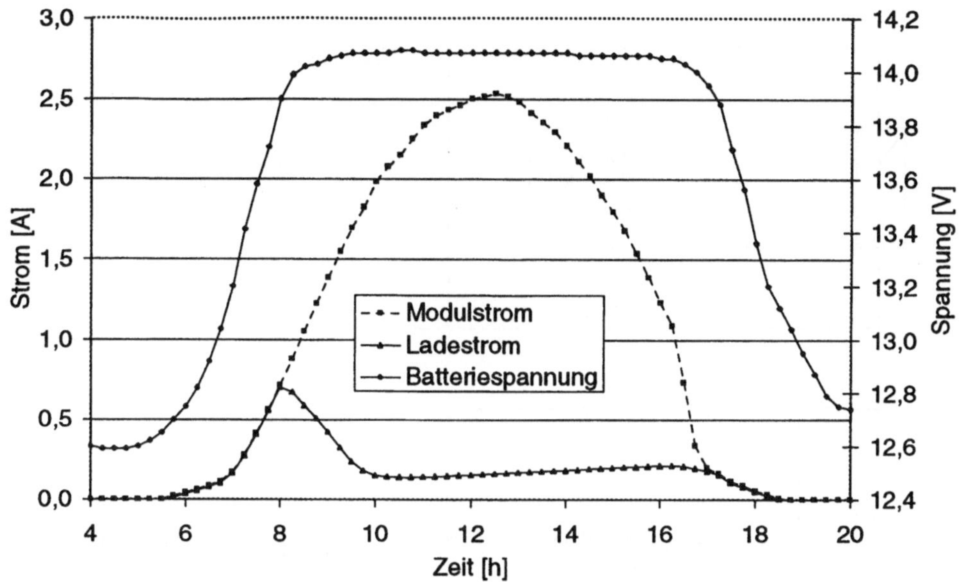

Abb. 4.8:   Laderegelung in einem photovoltaischen Inselsystem. Bei Erreichen der Ladegrenzspannung wird der vom Modul gelieferte Strom abgeregelt.

Gegensatz dazu ist es in Anlagen mit täglichen tiefen Entladungen sinnvoll, zum
sicheren Erreichen der Vollladung die Ladegrenzspannung etwas höher zu wählen.
Als Tiefentladeschutz einer Batterie wird meist die Trennung des Verbrauchers von
der PV-Anlage vorgesehen. Der Ladezustand wird dabei wieder aus der Batteriespannung abgeleitet. Wegen der im Abbildung 4.7 dargestellten Abhängigkeiten ist
dabei zumindest der Entladestrom der Batterie zu berücksichtigen. Grundsätzlich ist
auch diese Aufgabe elektronisch lösbar.
Einen universellen Laderegler gibt es nach diesen Ausführungen nicht. Je nach
Batterieparametern und Einsatzfall variieren die entscheidenden Regelgrößen. In
einigen neueren Typen wird durch Einsatz von Ein-Chip-Rechnern der Ladezustand
durch Bilanzierung der Lade- und Entladeströme unter Berücksichtigung der Batterietemperatur ermittelt. Auch Fuzzy-Techniken werden neuerdings zur Ladezu-
standsbestimmung verwendet. Vom Einsatz dieser Techniken wird eine höhere
Lebensdauer von Batterien in photovoltaischen Inselsystemen erwartet.
Zur Realisierung des Überladeschutzes sind zwei Grundschaltungen bekannt (Abbildung 4.9). Beim Serien-Schaltregler wird das Stellglied in Reihe mit dem Modul
und der Batterie geschaltet. Das geschlossene Stellglied (Transistor leitend) ermöglicht die Nutzung des Solarstromes durch den Verbraucher bzw. die Batterie. Bei

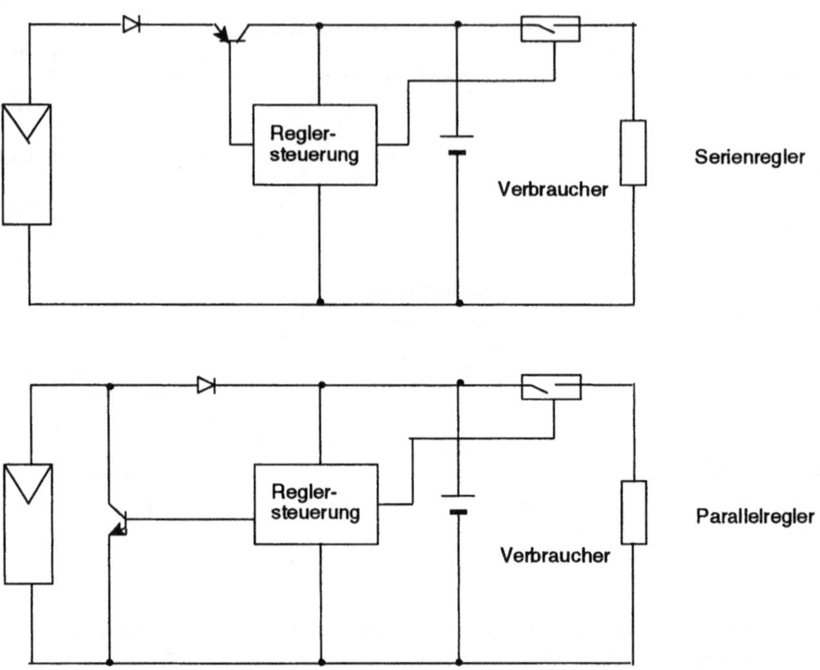

Abb. 4.9:　　　Grundschaltungen von Ladereglern in photovoltaischen Inselsystemen

Nutzung konventioneller Bauelemente bedeutet dies allerdings eine ständige Verlustleistung am Schalttransistor zusätzlich zu der ohnehin auftretenden Verlustleistung an
der Blockierdiode. Ein anderes mögliches Problem bei Serien-Schaltreglern besteht
darin, das die zur Stromleitung vom Modul zur Batterie erforderliche Öffnung des
üblicherweise verwendeten Schalttransistors eine Mindestspannung der Batterie
erfordert. Wird diese Spannung bei Tiefentladung der Batterie unterschritten, blo-
ckiert sich die gesamte PV-Anlage gewissermaßen selbst: Der erzeugte Solarstrom
kann bei offenem Schalter (Transistor sperrt) weder die Batterie aufladen noch den
Verbraucher versorgen.

Beim Parallel- bzw. Shunt-Schaltregler befindet sich das Stellglied parallel zum
Modul und der Batterie. Nutzbarer Solarstrom wird bei geöffnetem Schalttransistor
abgegeben, die Möglichkeit einer Selbstblockierung besteht damit nicht. Des weiteren
fällt auch Verlustleistung über dem Stellglied nur im Schaltbetrieb (d.h. beim Auftreten ohnehin überschüssiger Energie) an. Parallel-Schaltregler überwiegen deshalb
im heutigen Angebot. Als Stellglieder in beiden Reglertypen werden MOS-FET oder
bipolare Transistoren eingesetzt.

Der Tiefentladeschutz einer Batterie wird häufig über einen Transistorschalter in Reihe zum Verbraucher realisiert (siehe Abbildung 4.9). Auch hier fällt deshalb ständig eine Verlustleistung ab. Durch Einsatz bistabiler Relais, die nur beim Schalten Energie benötigen, kann dies vermieden werden. Entscheidend für die erfolgreiche Funktion des Tiefentladeschutzes sind die zur Abschaltung führenden Spannungsschwellen. Neuerdings sind Regler mit laststromabhängiger Entladeendspannung verfügbar. Für die korrekte Funktion des Tiefentladeschutzes einer Batterie ist auch die Wiederzuschaltspannung der Batterie bedeutsam: Die Wiederzuschaltung der Verbraucher nach einer Tiefentladeschutzabschaltung darf erst erfolgen, wenn zuvor das Nachladen der Batterie (etwa bis zum Erreichen der Ladegrenzspannung) gesichert ist.

Neben den Hauptfunktionen des Ladereglers besitzen einige angebotene Typen noch verschiedene Zusatzfunktionen. Der Nutzen einer Leistungspunktnachführung ist insbesondere bei häufigen Tiefentladungen und bei Aufladungen im Winter (Temperaturabhängigkeit des MPP) gegeben. Da die Nachführung nach Erreichen der Ladegrenzspannung und Einsetzen des Impulsbetriebes nicht mehr benötigt wird, liegt ihr summarischer Beitrag im Jahr in Abhängigkeit vom Verhältnis des Ladens mit dem vollen verfügbaren Strom und der Impulsladung häufig unter 5%. Dennoch kann ihr Nutzen bei Tiefentladungen wesentlich sein.

Eine mitunter vorhandene spezielle Gasungsregelung wird nur bei tiefen Entladungen wirksam: Die Ladegrenzspannung wird dabei einmalig auf einen höheren Wert gesetzt um eine schnellere Wiederaufladung zu sichern. Dabei wird auch eine begrenzte Gasentwicklung zugelassen, die ihrerseits zu einer gewissen Durchmischung des Elektrolyten führt. Eine unerwünschte Säureschichtung im Elektrolyten wird dadurch aufgehoben.

Weitere Optionen des Ladereglers sind Dioden zur Vermeidung von Verpolungen von Batterie bzw.PV-Generator.

4.3 Auslegung von PV-Anlagen in Inselsystemen

4.3.1 Definitionen und Methoden

Unter Auslegung oder Dimensionierung der PV-Anlage eines Inselsystems wird die Bemessung der erforderlichen Größe des Solargenerators sowie des Speichers zur Versorgung der Verbraucher mit einem vorgegebenem Lastprofil an einem bestimmten Standort verstanden. Durch den Standort werden sowohl die Einstrahlungsbedingungen als auch die sonstigen Umgebungsbedingungen (Temperatur) der PV-Anlage festgelegt. Bei der Auslegung sind auch alle internen Verlustquellen (z.B. Dioden, Kabel, Laderegler) zu berücksichtigen.

Photovoltaische Inselsysteme versorgen in der Regel definierte Energieverbraucher. Deren Leistungsbedarf ist meist bekannt, häufig unterliegt die zeitliche Nutzungsdauer allerdings großen Schwankungen und ist insofern nicht einfach zu ermitteln. Bei der Entwicklung der meisten elektrischen Verbraucher spielt das Kriterium Energieeffizienz (wegen des in der Regel vorhandenen elektrischen Netzes) keine Rolle. Vor Einsatz eines Verbrauchers in photovoltaischen Inselsystemen ist es deshalb sinnvoll, vorhandene Energiesparmöglichkeiten des Verbrauchers zu ermitteln und gegebenenfalls umzusetzen. Als einfachstes Beispiel gilt der Einsatz von Energiesparlampen an Stelle konventioneller Lampen zur Beleuchtung.
Von großer Bedeutung für die Auslegung von Inselsystemen ist der zeitliche Lastgang des Verbrauchers. In Tabelle 4.4 sind typische Lastprofile von realisierten PV-Anlagen zusammengestellt.

Tabelle 4.4:   Lastprofile von PV-Anlagen mit resultierenden Speicheranforderungen

Typische Lastprofile	Anwendungen	Speicheranforderungen
synchron mit solarem Angebot	Gegenlichtanlagen Klimatisierung Teichbelüftung	ohne Speicher
konstant unter extraterrestrischer Strahlung	Erdsatelliten	abhängig vom Bahnverlauf
zeitlich konstante Last	Fernsehsender Umweltmessstationen Verkehrsdichtezählstellen Wetterstationen	Jahreszyklus
täglich zeitlich begrenzte Last	Straßenbeleuchtung Leuchtfeuer	Tageszyklus
täglich unkorrelierte Lastspitzen	Wohngebäude Ausflugsgaststätten Autobahntelefone Parkscheinautomaten	Tageszyklus
Wochenperiodizität	Gartenlauben	Wochenzyklus
antizyklisch zur Einstrahlung	Beleuchtung	Tageszyklus

Bei nicht zu stochastischem Profil kann aus der Analyse der Lastgänge eine mittlere tägliche Energieaufnahme E_l der Verbraucher ermittelt werden. Andernfalls muss bei angestrebter hoher Versorgungssicherheit der maximale tägliche Energiebedarf für die Auslegung zugrundegelegt werden. Aus E_l können eine mittlere Leistung P_l und ein mittlerer Laststrom I_l berechnet werden:

$$P_l = \frac{E_l}{24\,h} \qquad\qquad I_l = \frac{P_l}{U_B} \; . \tag{4.10}$$

Als weitere für die Auslegung wichtige Größen sind das solare Strahlungsangebot am vorgesehenen Standort und die gewünschte Versorgungssicherheit zu ermitteln bzw. festzulegen. Die Versorgungssicherheit in photovoltaischen Inselsystemen wird durch den solaren Deckungsgrad f_s beschrieben. Der solare Deckungsgrad gibt das Verhältnis der von der PV-Anlage in einem bestimmten Zeitraum bereitgestellten Energie E_{PV} zur im gleichen Zeitraum von den Verbrauchern benötigten Energie E an:

$$f_s = \frac{E_{PV}}{E} \; . \tag{4.11}$$

Eine - in der Regel angestrebte - Versorgungssicherheit von 100 % entspricht demnach einem Deckungsgrad von 100 %.

Die Auslegung eines Inselsystems erfolgt grundsätzlich durch Analyse der Energiebilanzen im gewünschten Versorgungszeitraum. Die gesuchten Größen, d.h. die Leistung des Solargenerators P_G und die Kapazität des Speichers C_{10}, werden üblicherweise auf die Leistung der Verbraucher P_l bezogen, für die spezifische Generatorgröße M_S gilt

$$M_S = \frac{P_G}{P_l} \; . \tag{4.12}$$

Sie gibt an, welche Generatorleistung pro Watt Verbraucherleistung erforderlich ist. Die spezifische Speichergröße C_S ergibt sich analog aus der Kapazität C zu

$$C_S = \frac{C_{10}}{P_l} \; . \tag{4.13}$$

Die spezifische Speichergröße gibt an, welche Kapazität (in Amperestunden) pro Watt Verbraucherleistung erforderlich ist. Die Verwendung der spezifischen Speichergröße ist allerdings nur eindeutig, wenn zugleich die Batteriespannung U_B angegeben wird. Deshalb wird häufig auch die auf den täglichen Energiebedarf des Verbrauchers bezogene Kapazität C_l nach Gleichung (4.4) verwendet. Zwischen den Zahlenwerten beider Größen besteht für die meist eingesetzten 12-Volt-Batterien der Zusammenhang

$$C_l = \frac{C_S}{2} \; . \tag{4.14}$$

Anschaulich ist klar, dass für einen gegebenen solaren Deckungsgrad f_s mehrere

Kombinationen von M_S und C_S die Versorgungsaufgabe lösen. Eine kleine Batterie kann durch einen größeren Generator und umgekehrt kompensiert werden. Die auszuwählende Kombination von M_S und C_S wird meist durch die minimal erforderlichen Kosten der PV-Anlage bestimmt.

Zur Auslegung von PV-Anlagen in Inselsystemen werden verschiedene Verfahren benutzt. Die sogenannten Schätzverfahren basieren auf der Auswertung von Jahresenergiebilanzen oder Energiebilanzen über kritische Zeiträume. Die konkrete Vorgehensweise wird im folgenden Abschnitt näher erläutert. Die Belastbarkeit der mit Schätzverfahren gewonnenen Auslegungsparameter M_S und C_S hängt wesentlich von der Qualität der berücksichtigten Einstrahlungsdaten ab.

Den umfassendsten Ansatz zur Auslegung (und Analyse!) von PV-Anlagen stellen Simulationsmodelle dar. Dabei wird das Betriebsverhalten aller eingesetzten Anlagenkomponenten modelliert. Die Simulation des Systems erfolgt durch Berechnung stündlicher Energiebilanzen bei vorgegebenen Einstrahlungsbedingungen und Lastprofilen. Wesentlich für die Qualität der Ergebnisse sind die verwendeten Einstrahlungsdaten und die Modelle der Anlagenkomponenten. Einige der heute durchweg auf PC lauffähigen Simulationsprogramme verwenden als Strahlungsdaten die vom Wetterdienst entwickelten Testreferenzjahre, andere verwenden mehr oder weniger aufwendige synthetische Strahlungsgeneratoren.

Das Hauptanwendungsgebiet der Simulationsprogramme stellt gegenwärtig noch die Analyse von realisierten PV-Anlagen dar. Da hierbei auf gemessene Strahlungsdaten und Anlagenparameter (z.B. Batteriespannungen und Ströme) zurückgegriffen werden kann, lassen sich die für Module und Batterien benutzten Modelle verifizieren. Ebenso kann der Einfluss definierter Anlagenänderungen einfach modelliert werden.

4.3.2 Auslegung von Anlagen im ganzjährigen Dauerbetrieb

Betrachtet werde ein Verbraucher mit einer konstanten Leistungsaufnahme, der ganzjährig an Standorten auf unterschiedlichen Breitengraden (siehe Tabelle 4.5) betrieben werden soll. Sein Jahresenergiebedarf E_y beträgt demnach

$$E_y = P_l \cdot 8760h \, . \tag{4.15}$$

Zunächst soll eine PV-Anlage mit einem idealen (d.h. verlustfreien) Speicher betrachtet werden. Die für die einzelnen Standorte erforderliche minimale spezifische Modulgröße M_S und die zugehörige Speichergröße C_S sind nun so festzulegen, dass sie in einem Jahr genau den Bedarf des Verbrauchers decken.

Ein Generator der Leistung P_G liefert im Jahr bei der Einstrahlungssumme H_y (bei Standardprüfbedingungen) die Energie E_{PV}

$$E_{PV,STC} = \frac{P_G \cdot H_y}{G_{STC}} = P_G \cdot t_{eff} \qquad (4.16)$$

mit t_{eff} als scheinbarer (jährlicher) Einstrahlungszeit unter STC-Bedingungen. Bei einem angestrebten solaren Deckungsgrad f_s von 100% und idealem Speicher ist die vom Solargenerator im Jahr erzeugte Energie gleich der vom Verbraucher benötigten Energie. Die gesuchte spezifische Modulgröße ergibt sich aus Gleichung (4.12) zu

$$M_S = \frac{P_G}{P_l} = \frac{8760}{t_{eff}} . \qquad (4.17)$$

Für die einzelnen Standorte sind in Tabelle 4.5 die resultierenden Werte angegeben. Entsprechend der Einstrahlungsabhängigkeit vom Breitengrad unterscheiden sich die ermittelten minimalen Modulgrößen um den Faktor zwei.

Bei der Abschätzung der erforderlichen Batteriegrößen wird davon ausgegangen, dass die jeweiligen Einstrahlungsüberschüsse im Sommer für das Winterhalbjahr in der Batterie gespeichert werden müssen. In Spalte 3 von Tabelle 4.5 ist der im Sommerhalbjahr auftretende Einstrahlungsanteil angegeben. Der in Helsinki auf-tretende Überschuss im Sommer von 35 % entspricht der Energie von 127 Tagen, d.h. für die erforderliche Batteriekapazität C_l folgt der gleiche Wert. Mit abnehmen-dem Breitengrad verringert sich der saisonale Speicherbedarf. Für Siguiri (Guinea) ist die Batteriegröße danach gleich Null, der angegebene Wert von 5 Tagen berücksich-tigt näherungsweise die Einstrahlungsstatistik.

Tabelle 4.5:   Ideale Werte der Auslegungsparameter für verschiedene Standorte (Batteriekapazität nach Gl. 4.14)[*: Wert aus Einstrahlungsstatistik geschätzt]

Ort/Breitengrad	H_y [kWh/m²]	davon im Sommer [%]	t_{eff} [h]	M_S [W/W]	C_l [d]
Helsinki/60° n.B.	965	85	965	9,0	127
Dresden/51° n.B.	1020	80	1020	8,5	110
Almeria/37° n.B.	1715	65,7	1715	5,1	57
Siguiri/11° n.B.	2044	50	2044	4,2	5*

Am Beispiel des Standortes Dresden sollen die bisher nicht berücksichtigten Abwei-chungen vom idealen Verhalten quantitativ abgeschätzt werden (Tabelle 4.6).
Die erste Zeile von Tabelle 4.6 enthält den bisher diskutierten Fall als Näherung A. Im Fall B wird zunächst ein Gewinn berücksichtigt. Wird das Modul statt - wie bisher betrachtet - in horizontaler Lage mit einer Neigung von 60° gegen den Hori-

Tabelle 4.6:   Berücksichtigung von Verlustquellen in realen PV-Anlagen, Standort Dresden
(Batteriekapazität nach Gl. 4.13)

Fall		M_S [W/W]	C_S [Ah/W]
A:	ideal	8,5	220
B:	Modulneigung 60°	7,6	146
C:	realer Modulnutzungsgrad	8,5	146
D:	Batterie in 6 Monaten 20% Selbstentladung, ζ_B = 80%	12	72
E:	maximale Entladetiefe der Batterie: 80 %	12	92
F:	Erzeugung Generator im Winter gleich Verbrauch im Winter	24	26
G:	Realistische Auslegung	36	26

zont montiert, so verringert sich das Winterdefizit von 30 % auf 20 % des Jahresbedarfes. Die Speichergröße sinkt dadurch auf 146 Ah/W. Gleichzeitig kann das Modul wegen der um 10 % größeren Einstrahlung gegenüber der horizontalen Orientierung entsprechend verringert werden (vgl. Abb.2.15).

Im Fall C ist berücksichtigt, dass der mittlere Nutzungsgrad von Modulen etwa 10 % geringer als der Wirkungsgrad bei Standardprüfbedingungen ist (vgl. Tabelle 3.3). Als Folge ist die Generatorgröße entsprechend zu korrigieren.

Im Fall D werden realistische Batterieeigenschaften berücksichtigt. Die monatliche Selbstentladung sowie der energetische Wirkungsgrad der Speicherung führen zu summarischen Verlusten im Winterhalbjahr von etwa 40 %. Die Speicherverluste sind durch Vergrößerung der Generatorfläche aufzubringen, M_S wird um den gleichen Prozentsatz größer. Die Vergrößerung von M_S führt ihrerseits auch zu einer verstärkten Energieabgabe im kritischen Winterhalbjahr, das Defizit verringert sich dadurch auf 10 % des Jahresbedarfes. Dies entspricht nur noch einer Speichergröße von 72 Ah/W. Wird schließlich noch eine maximale Entladetiefe des Speichers DOD von 80 % zugelassen (Fall E) , ergibt sich eine Speichergröße von 92 Ah/W. Die Modulgröße bleibt unverändert.

Die Fälle A bis E wurden unter der Voraussetzung einer minimalen Generatorgröße abgeleitet. Sie führen zu entsprechend großem Speicherbedarf.

Im Fall F wird nunmehr auf die saisonale Energiespeicherung verzichtet. Durch Vergrößerung des Generators vom Fall C um den Faktor 3 wird im Winterhalbjahr die Energiemenge erzeugt, die im Winterhalbjahr auch benötigt wird. Die erforderliche Speichergröße wird nur durch die Einstrahlungsstatistik bestimmt. Setzt man 10 Tage Speicherbedarf als Erfahrungswert an, so ist bei 80 % Entladetiefe ein Speicher von etwa 26 Ah/W erforderlich.

Der realistische Fall F berücksichtigt die jährlichen und monatlichen Schwankungen der Einstrahlung sowie summarisch weitere, unvermeidbare Verlustquellen wie ohmsche Verluste, Verluste der Sperrdiode und Eigenverbrauch des Ladereglers. Die Generatorgröße wird deshalb gegenüber Fall E um 50 % erhöht. Die Speichergröße bleibt unverändert.

In ähnlicher Weise wie im beschriebenen Verfahren kann über die Betrachtung des kritischen (d.h. einstrahlungsärmsten) Monats eine einfache Auslegung abgeschätzt werden. Dabei wird ebenfalls von der Leistung des Verbrauchers P_l ausgegangen. Die Speicherverluste werden mit 30 % angesetzt und summarisch der Leistung des Verbrauchers zugeschlagen. Ein Verbraucher mit einer Leistung von 1 W verbraucht demnach täglich eine Energie von 31,2 Wh.

Aus dem Einstrahlungsmittelwert im schlechtesten Monat wird die tägliche Einstrahlungszeit t_{eff} ermittelt. Für Dresden ergibt sich für die horizontale Fläche etwa t_{eff} = 0,5 h (vgl. Abbildung 2.19) und für die um 60° geneigte Fläche etwa t_{eff} = 0,8 h. Der Generator muss mit diesen Einstrahlungswerten im Mittel den täglichen Verbrauch decken. Aus Gleichung (4.16) folgt für die gesuchte Generatorgröße P_G

$$P_G = \frac{31,2}{0,8} = 39 \ W \qquad\qquad (4.18)$$

und wegen P_l = 1 W für M_S der gleiche Wert.

Als breitengradabhängige Werte für die erforderliche Systemautonomie werden in der Literatur angegeben:

für 0 - 30°	nördlicher oder südlicher Breite	5 - 6 Tage
für 30° - 50°	nördlicher oder südlicher Breite	10 - 13 Tage
für 50° - 60°	nördlicher oder südlicher Breite	15 Tage

Diese Abschätzung liefert praktisch die gleichen Ergebnisse wie die obigen Überlegungen im realistischen Fall F.

4.3.3 Auslegung auf Basis meteorologischer Zeitreihen

Eine kritische Betrachtung der beschriebenen Auslegungsverfahren offenbart zwei wesentliche Mängel. Einmal basieren sie grundsätzlich auf mittleren (monatlichen) Einstrahlungsdaten, und zum anderen sind die angesetzten Werte für die erforderliche Speichergröße bestenfalls Erfahrungswerte. Diese Vorgehensweise ist letztlich bedingt durch mangelnde Kenntnis der langjährigen Einstrahlungsstatistik am jeweiligen Standort. Ein korrekt ausgelegtes photovoltaisches Inselsystem sollte jedoch auch in einstrahlungsarmen Jahren sicher arbeiten.

Im Abschnitt 2.4.4 wurden die Einstrahlungsverhältnisse in den kritischen Wintermonaten anhand einer langjährigen Messreihe der Station Dresden-Wahnsdorf analysiert. Nach Abbildung 2.22 tritt bei einer Auslegungseinstrahlung von $H_{des}=0{,}45$ kWh/m² ein maximales Einstrahlungsdefizit H_{def} von 8 Tagen auf. Beide Parameter schließen die extremsten beobachteten Winter ein.

Durch den DWD wird die Einstrahlung grundsätzlich in der horizontalen Ebene gemessen. Bei ganzjährig zu versorgenden Verbrauchern in Mitteleuropa wird jedoch - auch um länger anhaltende Schneebedeckungen zu vermeiden - eine geneigte Generatorfläche bevorzugt (vgl. Kap. 2). Nach dem PEREZ-Modell empfängt eine nach Süden ausgerichtete und um 60° gegen die Horizontale geneigte Fläche in den Wintermonaten eine um den Faktor 1,75 größere Einstrahlung als die horizontale Fläche (vgl. Abbildung 2.20). Die mittlere tägliche Auslegungseinstrahlung erhöht sich entsprechend auf $H_{des} = 0{,}8$ kWh/m².

Die vom PV-Generator erzeugte Energie E_{PV} muss den täglichen Bedarf des Verbrauchers $E_l = 24$ h· P_l decken, mit ζ_W als Nutzungsgrad im Winter gilt

$$E_{PV} = \zeta_W \cdot H_{des} \cdot A_G = 24h \cdot P_l \; . \tag{4.19}$$

Nach Tabelle 3.3 gilt für den jährlichen Nutzungsgrad $\zeta = 0{,}9 \cdot \eta_{STC}$, der Nutzungsgrad in den hier betrachteten Wintermonaten ζ_W liegt nach Abbildung 3.21 jedoch nur bei $\zeta_W = 0{,}7 \cdot \zeta = 0{,}63 \cdot \eta_{STC}$. Mit diesem Wert folgt aus der letzten Gleichung unter Ersetzen von η_{STC} nach Gleichung (3.22) für die Generatorleistung

$$P_G = \frac{24}{0{,}63} \cdot \frac{P_l}{H_{des} \cdot A_G} \cdot A_G \cdot G_{STC} = \frac{24}{0{,}63 \cdot 0{,}8} \cdot P_l = 48 \cdot P_l \tag{4.20}$$

und für die spezifische Generatorleistung M_S

$$M_S = \frac{P_G}{P_l} = 48 \; . \tag{4.21}$$

Die Ermittlung der notwendigen Batteriekapazität C_{10} wird durch das oben angegebene Einstrahlungsdefizit H_{def} und die zugelassenen Entladetiefe der Batterie bestimmt. Die Systemautonomie SA (vgl. Abschnitt 2.4.4) gibt an, wie viel Tage der Verbraucher infolge mangelnder Einstrahlung allein durch die Batterie versorgt werden muss. Die Systemautonomie ist demnach identisch mit der auf den täglichen Energiebedarf des Verbrauchers E_l bezogenen Batteriekapazität nach Gleichung (4.4)

$$SA = C_l = \frac{C \cdot U_B}{E_l} \; . \tag{4.22}$$

Für die gesuchte Ah-Kapazität C der Batterie gilt daher unter Berücksichtigung der Entladetiefe DOD (hier: 80 %) bei einer Verbraucherleistung von 1 Watt und einer Batteriespannung von 12 Volt

$$C = C_{200} = \frac{SA \cdot E_l}{U_B \cdot DOD} = \frac{2 \cdot SA}{DOD} \; . \tag{4.23}$$

Hier ist bereits die Größe des Entladestromes ($I_L = P_L / U_B$) berücksichtigt. Ein Einstrahlungsdefizit von 8 Tagen entspricht - bei kontinuierlich arbeitendem Verbraucher - etwa einer 200 stündigen Entladezeit der Batterie mit einem entsprechend geringen Strom I_{200}. Mit dem aus Abbildung 4.3 entnehmbaren Stromfaktor $k_I = 1,5$ (Hersteller: Varta) ergibt sich die zu wählende Batteriekapazität C_{10} nach Datenblatt zu

$$C_{10} = \frac{C_{200}}{k_I} = \frac{2 \cdot SA}{1,5 \cdot DOD} = 13,3 Ah \; . \tag{4.24}$$

Bisher wurde vorausgesetzt, dass die Batterie während des ganzen Jahres bei Umgebungstemperaturen von etwa 20° C betrieben wird. Dies ist in Mitteleuropa faktisch nur in bewohnten Häusern möglich. Ist die auszulegende PV-Anlage dagegen den jahreszeitlichen Temperaturschwankungen ausgesetzt, so ist die Temperaturabhängigkeit der Batteriekapazität nach Abbildung 4.4 zusätzlich zu berücksichtigen. Wegen des starken Abfalls der Kapazität mit sinkender Temperatur muss eine größere Batterie gewählt werden. Rechnet man für nicht zu extreme Lagen mit winterlichen Temperaturen von -5°C, so ergibt sich aus Abbildung 4.4 für Batterien des gleichen Herstellers eine Reduktion der Kapazität auf etwa 66 % (Temperaturfaktor $k_T = 0,63$).

$$C_{10}(-5°C) = \frac{C_{10}(20°C)}{k_T} = \frac{2 \cdot SA}{0,63 \cdot 1,5 \cdot DOD} = \frac{2 \cdot SA}{DOD} = 20 Ah \tag{4.25}$$

Faktisch wird für dieses Lastprofil und die betrachtete Batterie der Stromfaktor k_I in Gleichung (4.25) durch den Temperaturfaktor kompensiert.
Bei diskontinuierlich arbeitenden Verbrauchern können dagegen Ströme bis zur Größenordnung I_{10} auftreten. Wegen $k_I = 1$ ist die erforderliche Batteriekapazität für dieses Lastprofil um 50 % größer als bei kontinuierlichen Verbrauchern zu wählen. In Tabelle 4.7 sind die Auslegungsparameter aller diskutierten Fälle zusammengefasst. Da die meteorologischen Daten für Dresden als repräsentativ für große Teile Deutschlands gelten können, können die Parameter entsprechend weitgehend genutzt werden. Beim Einsatz von Batterien mit anderen Strom- und/oder Temperaturfaktoren sind die Ergebnisse entsprechend zu modifizieren.

Tabelle 4.7:   Beispielhafte Auslegungsparameter von PV-Anlagen nach meteorologischen Daten von Dresden und Batteriedaten von Varta (Zugelassene Entladetiefe DOD=80 %)

tägliche Betriebszeit des Verbrauchers [h]	Spezifische Generatorgröße M_S [W/W]		Spezifische Batteriegröße C_s [Ah/W] (C_{10})	
	nach Gleichung (4.21)	realistisch	T = 20° C	T = -5° C
24	48	50	13,3	20
1			20	30

4.3.4 Ergebnisse von Simulationsrechnungen

Heute sind eine Reihe von Simulationsprogrammen zur Analyse von PV-Anlagen verfügbar. Sie richten sich an unterschiedliche Anwendergruppen. Einfache Programme setzen vergleichsweise wenig Erfahrungen der Anwender voraus. Sie basieren auf einfachen Modellen der Hauptkomponenten (Generator, Batterie) und verwenden integrierte synthetische Einstrahlungsdaten. Letztere sind für eine Vielzahl von Orten abrufbar. Zu diesen Programmen zählen etwa PVS (Econcept Energieplanung, Freiburg) und ALPENSOLAR (OKA, Linz). Die Zahl der Ein- und Ausgabedaten ist relativ gering, ebenso die Rechenzeit.

Eine andere Gruppe von Simulationsprogrammen basiert auf wesentlich detaillierteren Modellen der Komponenten der PV-Anlage. Zur Modellierung sind deshalb als Eingabedaten sehr umfangreiche Angaben über die eingesetzten Komponenten erforderlich. Diese sind u.U. nicht einfach zu beschaffen. Die eingebauten Strahlungsgeneratoren ermitteln aus Basisdaten (meist Einstrahlung auf horizontale Fläche) die Einstrahlung auf beliebig orientierte Flächen. Die Basisdaten im Stundenintervall werden entweder synthetisch erzeugt oder können (für Nachrechnungen wichtig) vom Nutzer eingegeben werden. Zu dieser Gruppe von Programmen gehören etwa das Programm INSEL (SCHUMACHER, Universität Oldenburg) und PHOVOLT (G. ROUVEL, München).

Die Arbeit mit einem Simulationsprogramm beginnt stets mit der Eingabe des Aufbaus der PV-Anlage. Der Generator wird durch Größe, Zahl und gegebenenfalls Verschaltung der Module beschrieben. Zur Batterie sind mindestens Betriebsspannung und C_{10} -Kapazität anzugeben. Wichtig und in den einzelnen Programmen unterschiedlich möglich ist die Eingabe von Lastprofilen. Praktisch können sowohl typische Tagesprofile als auch Wochenprofile auftreten. Danach sind der Standort der Anlage zur Festlegung der Einstrahlung und die Orientierung des PV-Generators

(Neigung und Ausrichtung) vorzugeben.

Als Ergebnis der Simulation, die gewöhnlich über den Zeitraum eines Jahres erfolgt, werden die erreichbaren Deckungsgrade und Energiebilanzen ausgegeben. Je nach Komfort des genutzten Programms lassen sich Variationsrechnungen mit geänderten Eingangsdaten mehr oder weniger einfach durchführen. Dadurch kann der Einfluss der Änderung einzelner Komponenten auf das Gesamtverhalten der Anlage ermittelt werden.

In den Abbildungen 4.10 bis 4.12 sind ausgewählte Ergebnisse von Simulationen mit den Programmen PVS und PHOVOLT dargestellt. Den Simulationen wurde eine (im Tagesverlauf konstante) Last von 8,6 W zugrundegelegt, die Betriebsspannung betrug 12 V.

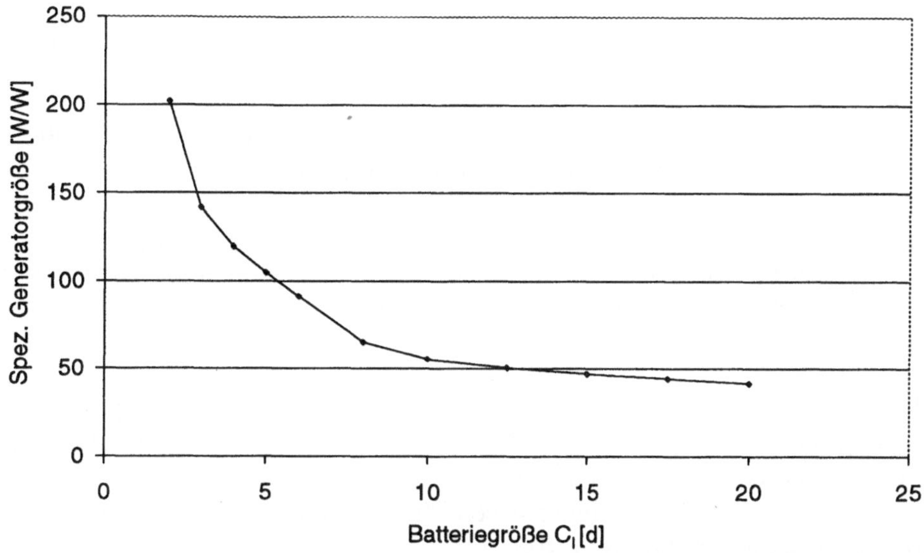

Abb. 4.10:   Abhängigkeit der spezifischen Generatorgröße von der spezifischen Batteriegröße nach Rechnungen mit dem Programm PVS. Die berechnete Batteriegröße hängt stark von der zugelassenen Entladetiefe ab.

Die Einstrahlungsdaten wurden im Programm PVS für den Standort Dresden synthetisiert, für das Programm PHOVOLT wurde das DWD-Testreferenzjahr Trier verwendet. Abbildung 4.10 zeigt die PVS-Ergebnisse für zusammengehörende Wertepaare von M_S und C_l für einen solaren Deckungsgrad von 100 %. Es ist zu sehen, dass für $C_l < 10$ d die erforderliche Modulgröße rasch ansteigt. Für $C_l = 10$ d erhält man $M_S = 60$ in recht guter Übereinstimmung mit den oben gemachten Angaben.

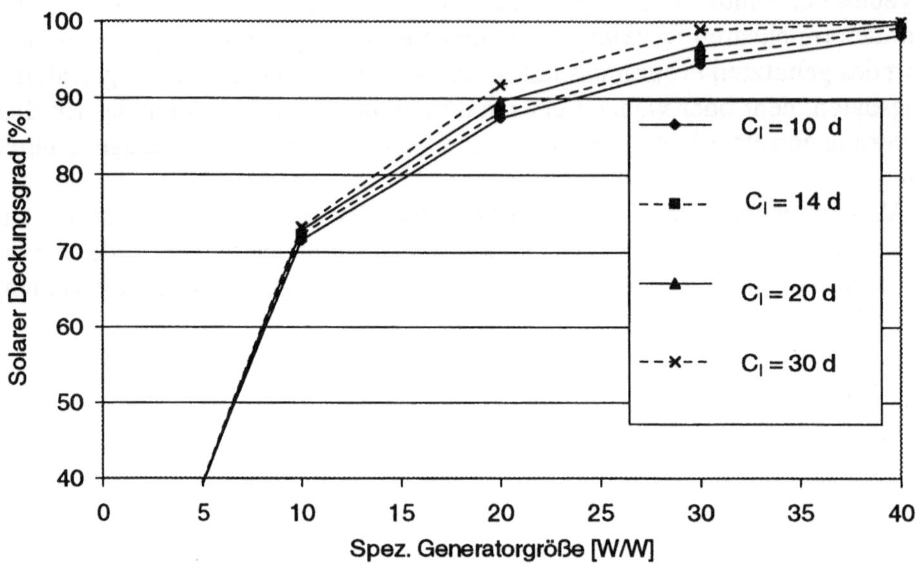

Abb. 4.11:   Solarer Deckungsgrad eines photovoltaischen Inselsystems in Abhängigkeit von der spezifischen Generator- und der Batteriegröße (Batteriegröße als Parameter). Die Simulation wurde mit dem Programm PVS durchgeführt.

In Abbildung 4.11 ist der erreichbare solare Deckungsgrad in Abhängigkeit von M_S und C_l dargestellt. Bis zu Werten von M_S = 10 steigt der erreichbare Deckungsgrad nahezu linear an bei nur geringem Einfluss der Speichergröße. Dieser Wert korrespondiert mit dem in Tab. 4.5 angegebenen Minimalwert für Dresden. Für C_l = 20 d beträgt die Generatorgröße M_S = 40.

Die mit dem Programm PHOVOLT ermittelten Beziehungen sind in der Abbildung 4.12 dargestellt. Es ist zu sehen, dass mit PHOVOLT bei gleichen Parametern M_S und C_l höhere Deckungsgrade berechnet werden. Die Ursache dafür liegt in den verwendeten Strahlungsdaten (vgl. Abbildung 2.22). Grundsätzlich werden jedoch durch die Ergebnisse beider Programme die Aussagen des letzten Abschnittes bestätigt.

Insgesamt wird durch die Resultate deutlich, dass die Leistungsfähigkeit eines Simulationsprogramms nur durch Vergleich (bzw. Nachrechnung) mit Ergebnissen realisierter Anlagen ermittelt werden kann. In der Phase der Auslegung von PV-Anlagen sind die Programme eher zur Untersuchung des Einflusses einzelner zu variierender Komponenten geeignet.

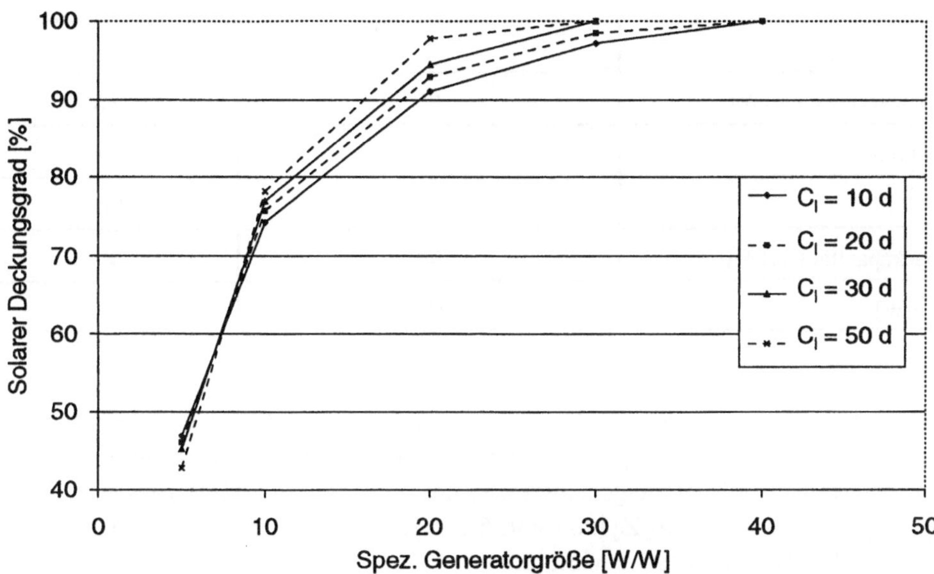

Abb. 4.12: Solarer Deckungsgrad eines photovoltaischen Inselsystems in Abhängigkeit von der spezifischen Generator- und der Batteriegröße (Batteriegröße als Parameter). Die Simulation wurde mit dem Programm PHOVOLT durchgeführt.

4.4 Betriebsergebnisse

4.4.1 Inselsysteme mit zeitlich konstantem Energiebedarf

Zur Energieversorgung von netzfernen Verbrauchern für kontinuierliche Messaufgaben werden seit einigen Jahren zunehmend PV-Anlagen eingesetzt. Ein Beispiel dafür ist die Überwachung der Luft- oder Gewässerqualität hinsichtlich verschiedener Parameter.

Die Betriebsergebnisse der PV-Anlagen von zwei derartigen Systemen unterschiedlicher elektrischer Leistung werden im Folgenden näher vorgestellt. In Tabelle 4.8 sind die elektrischen Parameter der Anlagen zusammengestellt. Bei der Auswahl der Komponenten einer PV-Anlage für Verbraucher mit relativ kleiner Leistung ist zu beachten, dass sowohl Module als auch Batterien kommerziell nur in bestimmten Größen verfügbar sind und somit die in Tabelle 4.7 abgeleiteten Werte nicht immer genau eingehalten werden können.

Im Rahmen eines mehrjährigen Messprogramms wurde die Arbeitsweise der beiden PV-Anlagen gemessen und ausgewertet. Gemessen wurden jeweils drei Ströme

Tabelle 4.8: Elektrische Parameter der untersuchten Anlagen

System	1	2
Verbraucherleistung [W]	1,3	0,36
Modulgröße [W]	53	12
M_S	41	33
Batteriekapazität C_{10} [Ah]	140	24
C_S [Ah/W]	107	66

(Modulstrom I_M, Batteriestrom I_B, Verbraucherstrom I_l) und 2 Spannungen (Modulspannung U_M, Batteriespannung U_B) sowie die Einstrahlung H in Modulebene. Die Module waren nach Süden ausgerichtet und um 60° gegen die Horizontale geneigt. Alle Messgrößen wurden im Zyklus von 5 s erfasst, gespeichert und ausgewertet wurden die Mittelwerte über 15 Minuten.

In den Abbildungen 4.13 und 4.14 sind charakteristische Verläufe der Modulspannung U_M sowie des Modulstromes I_M und des Batteriestromes I_B für jeweils einen einstrahlungsreichen Sommer- und Wintertag dargestellt. Der Batteriestrom in Abbildung 4.13 hat in der Nacht einen Wert von 30 mA, die Batteriespannung liegt bei knapp 13 V. In der Nacht versorgt die Batterie die Last allein, der Batteriestrom entspricht daher dem Laststrom. Mit Beginn der Dämmerung steigt die Modulspannung steil an, nach Überschreiten des Wertes der Batteriespannung beginnt der Modulstrom zu fließen (gegen 4.30 Uhr). Bereits kurz vor 6 Uhr übersteigt der Modulstrom den erforderlichen Laststrom, der Verbraucher wird vollständig vom Generator versorgt. Der überschüssige Strom wird zur Ladung der Batterie verwandt (Vorzeichenwechsel!), bei einem maximalen Ladestrom von 650 mA gegen 8 Uhr wird jedoch bereits die Ladegrenzspannung von 14 V erreicht. Trotz weiter ansteigendem Modulstrom wird der Ladestrom zunächst auf etwa 150 mA begrenzt. Zwischen 10 und 16 Uhr steigt der Ladestrom als Folge zunehmender Batterietemperatur wieder leicht auf 200 mA an. Der Einfluss des Parallel-Ladereglers wird in der Reduktion der Modulspannung zwischen 8 und 17 Uhr deutlich. Etwa ab 18.30 Uhr wird der Batteriestrom wieder positiv, d.h. der Generator kann den Verbraucher nicht mehr allein versorgen. Gegen 20.00 Uhr übernimmt die Batterie wieder allein die Versorgung der Last.

Im Abbildung 4.14 sind die Verhältnisse an einem klaren Wintertag dargestellt. Die Batterie ist so tief entladen, dass die Ladegrenzspannung während des ganzen Tages nicht erreicht wird. Der gesamte vom Generator gelieferte Strom (zwischen 10 und 14 Uhr etwa 1 bis 2 A) wird zur Ladung der Batterie verwendet, zwischen etwa

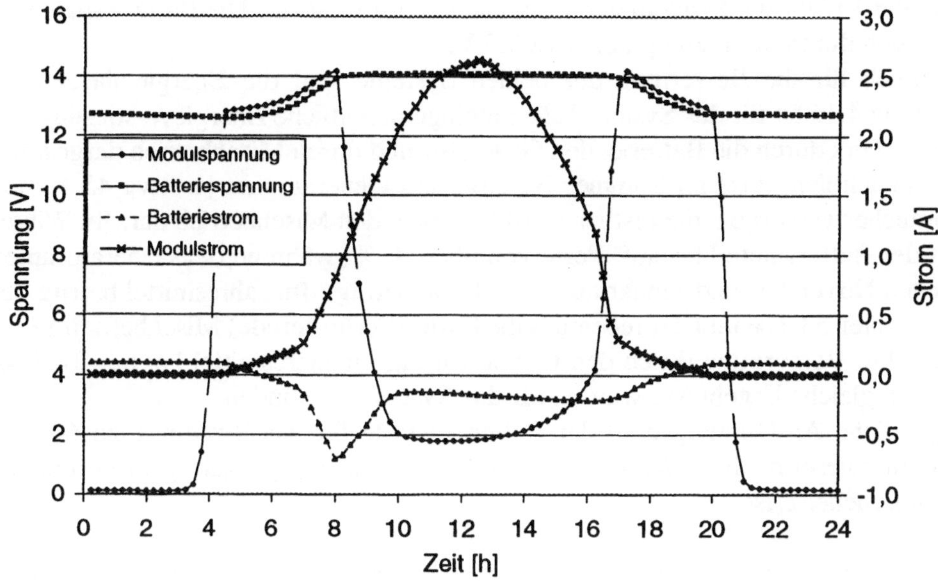

Abb. 4.13: Betriebsverhalten eines photovoltaischen Inselsystems an einem klaren Sommertag

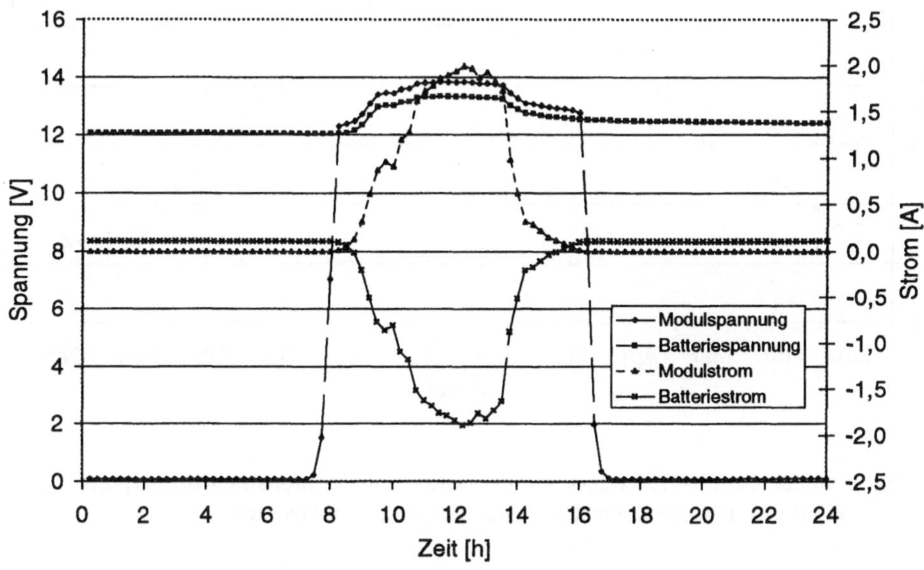

Abb. 4.14: Betriebsverhalten eines photovoltaischen Inselsystems an einem klaren Wintertag

9 Uhr und 15 Uhr wird zudem der Verbraucher voll versorgt. Die Batteriespannung erhöht sich durch die Ladung um etwa 0,5 V.

Wesentlich für die Bewertung der beiden Systeme sind die Energiebilanzen. In Abbildung 4.15 ist für das System 1 die anteilige monatliche Energieversorgung des Verbrauchers durch die Batterie, den Generator und durch Mischbetrieb dargestellt. Es ist ersichtlich, dass im Sommer Batterie und Generator zu je etwa 45 % den Verbraucher versorgen, die restlichen 10 % stellen den Mischbetrieb dar. Im Winter steigt der Batterieanteil bis auf Werte von über 70 %, während der Generatoranteil zwischen November und Januar nur etwa 15 % beträgt. Im Jahresmittel betrug der Batterieanteil 53,5 % und der (ebenfalls die Batterie erfordernde) Mischbetrieb 12 %. Die direkte Versorgung durch den Generator lag im Jahresmittel bei nur 34,5 %. Praktisch gleiche Ergebnisse wurden für das System 2 gefunden.

Der jährliche Ah-Nutzungsgrad der Batterie wurde für das System 1 zu 60,6 % bestimmt. Dieser niedrige Wert ist typisch für Systeme mit ganzjährigem Betrieb bei kontinuierlicher Last.

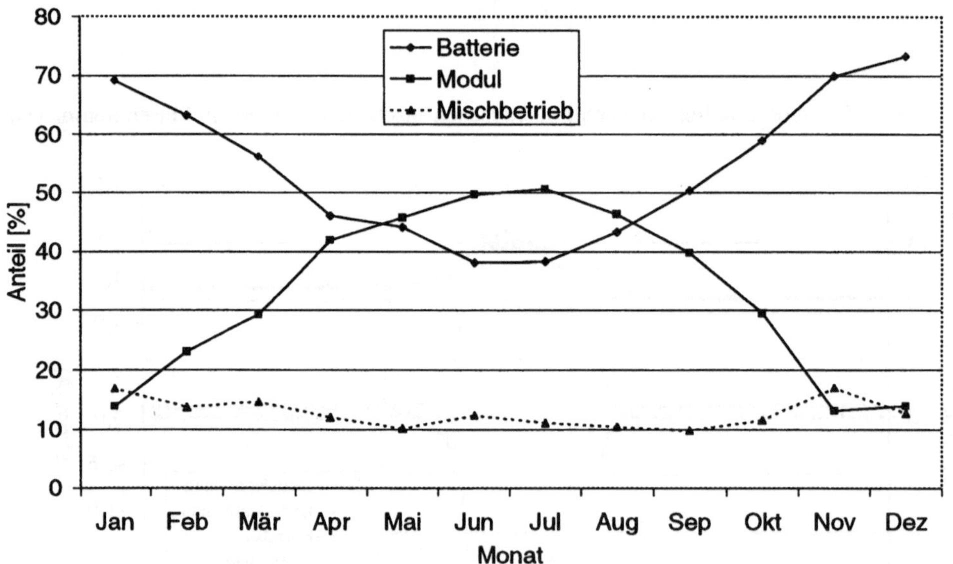

Abb. 4.15:   Anteile des PV-Generators und der Batterie an der monatlichen Energieversorgung eines ganzjährig arbeitenden photovoltaischen Inselsystems

Im Abbildung 4.16 sind die ermittelten Modulnutzungsgrade dargestellt. Die vom Modul abgegebene Energie wurde als Produkt von Modulstrom und Modulspannung berechnet. Der Zeitverlauf der Modulspannung beschreibt das Abregeln durch den

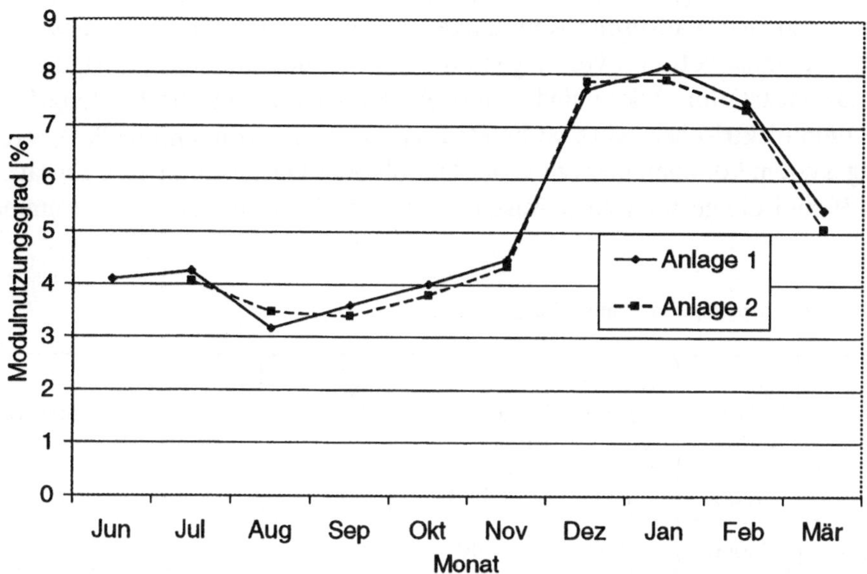

Abb. 4.16:   Saisonaler Verlauf der Modulnutzungsgrade in zwei photovoltaischen Inselsystemen

Laderegler (vgl. Abbildung 4.13). Es ist zu sehen, dass lediglich in den einstrahlungsschwachen Monaten Dezember bis Februar Modulnutzungsgrade von 7 % erreicht
werden. Der drastische Abfall des Modulnutzungsgrades im Monat März (bei gleicher Einstrahlung wie im Februar!) zeigt, dass die Batterien beider Systeme Ende
Februar bereits wieder weitgehend geladen waren. Die im Zeitraum März bis Oktober vom PV-Generator erzeugten Überschüsse werden durch den Laderegler kurzgeschlossen und führen hier zu niedrigen Nutzungsgraden.
Grundsätzlich bestätigen die Messergebnisse die Auslegung beider untersuchten
Systeme. Sie liefen insgesamt 4 Jahre ohne Ausfall der photovoltaischen Energieversorgung. Danach waren die Batterien verschlissen.

4.4.2 Hybridanlagen

Die im Abschnitt 4.3.3 abgeleiteten Auslegungsergebnisse sind grundsätzlich auf
beliebige Verbraucherleistungen übertragbar. Die Komponenten der PV-Anlage
wachsen allerdings rasch: Ein Verbraucher mit einer Leistung von 100 W erfordert
bereits Generatorgrößen von etwa 5 kW. Diese erfordern ihrerseits eine entsprechende Fläche.

Ab Verbraucherleistungen von einigen hundert Watt ist deshalb der Einsatz von Hybridsystemen eine realistische Alternative. In Deutschland realisierte Einsatzfälle dieser Größenklasse betrafen vorwiegend die Versorgung abgelegener Bauernhöfe und Ausflugsgaststätten. Diese sind in Einzelfällen auch heute aus Kostengründen nicht mit dem elektrischen Netz verbunden. Als zweites (konventionelles) Stromerzeugungssystem kommen hier entweder Diesel- oder Gasmotoren zum Einsatz. In Tabelle 4.9 sind einige realisierte Anlagen mit ihren Hauptparametern zusammengestellt.

Tabelle 4.9:   Hybridsysteme in Deutschland

Anlage	Jahres-bedarf [kWh]	Mittlere Leistung [W]	PV-Generator [kW]	M_S [W/W]	C_1 [d]	solarer Deckungsgrad [%]
Brunnenbach	7300	833	10,4	12,4	5	80
Flanitzhütte	35000	4000	40	10	3	70
Unterkrummenhof	3500	380	4,45	11.8	3-4	74

Die Parameter M_S und C_1 liegen bei etwa nur einem Viertel bzw. der Hälfte der für reine PV-Anlagen üblichen Werte. Dennoch wurden im Jahresmittel solare Deckungsgrade von etwa 70 % erreicht. Die in den Hybridsystemen eingesetzten konventionellen Generatoren besitzen etwa die gleiche Nennleistung wie der PV-Generator. Vollständig entladene Speicher können dann in etwa 8 - 10 Stunden wieder geladen werden.
Insgesamt bestätigen die Ergebnisse aller Anlagen (insbesondere der erreichte solare Deckungsgrad) die in der Tabelle angegebenen Auslegungswerte. Sie können deshalb zur Auslegung von anderen Hybridanlagen verwendet werden.

4.4.3 Solare Haushalt-Systeme

Etwa 2 bis 3 Milliarden Menschen müssen heute weltweit ohne Strom auskommen. Sie leben in den Entwicklungsländern Afrikas, Asiens und Lateinamerikas. Von ihrem - vergleichsweise geringen - Energiebedarf werden etwa 90 % als Wärmeenergie zur Nahrungszubereitung benötigt, die restlichen 10 % entfallen auf Beleuchtung und Kommunikation (Radio).
Der Einsatz von solaren Haushalt-Systemen (SHS) ist darauf gerichtet, den letztgenannten Anteil durch photovoltaische Inselsysteme zu decken. Der nichtenergeti-

sche Nutzen von SHS ist im Vergleich zum energetischen Nutzen weitaus höher zu bewerten, da durch den Zugang zu modernen Kommunikationstechniken sowohl bessere Bildungseffekte für den Einzelnen als auch eine generell beschleunigte Entwicklung von Regionen grundsätzlich möglich wird.

In Tabelle 4.10 sind charakteristische Leistungsgrößen von SHS für äquatornahe Gebiete (d.h. ± 20 Breitengrade um den Äquator) angegeben. Wird als Näherung für den Bedarf eine Generatorgröße von 10 Watt pro Kopf der Bevölkerung zugrundegelegt, so ergibt sich allein für SHS ein photovoltaischer Markt in der Größe von 20 bis 30 GW.

Tabelle 4.10: Parameter von Solaren Haushalt-Systemen

Zweck	Tägliche Nutzungsdauer [h]	Generatorgröße [W]
Beleuchtung	4	20
Beleuchtung, Radio	6	50
Beleuchtung, Radio, TV	8	100

Der elektrische Aufbau von SHS ist sehr einfach. Sie bestehen aus einem Modul, einer Batterie und einem Laderegler mit Tiefentladeschutz (vgl. Abbildung 4.1). Zur Vermeidung von Kurzschlüssen sind unbedingt Sicherungen vorzusehen. Die Batterie sollte so dimensioniert werden, dass sie etwa 3 bis 5 Tage den Tagesbedarf decken kann (d.h. $C_1 = 3d - 5d$).

Auch beim Aufbau von SHS ist darauf zu achten, dass stromsparende Verbraucher (etwa Leuchtstofflampen) zum Einsatz kommen. Diese sollten jedoch auch bei größeren Spannungsschwankungen und Schwankungen der Umgebungstemperatur arbeitsfähig bleiben. Wichtig ist ferner, die gesamte Anlage mechanisch und elektrisch robust zu errichten.

In mehreren Ländern (u.a. Mexiko, Indien) werden seit einigen Jahren Projekte zur lokalen Einführung von SHS umgesetzt. Die Erfahrungen dieser Projekte zeigen, dass zur Gewährleistung eines dauerhaften sicheren Betriebes der SHS eine entsprechende lokale Infrastruktur (für Bau, Wartung und Reparatur) unabdingbar ist.

4.4.4 Photovoltaische Pumpsysteme

In vielen ariden Gebieten der Entwicklungsländer ist die stabile Bereitstellung von Trinkwasser ein lebensnotwendiges Problem. Dies gilt auch für einige feuchte Regionen, in denen das vorhandene Oberflächenwasser häufig verunreinigt und für den menschlichen Bedarf ungeeignet ist.

In Tabelle 4.11 ist der erforderliche Wasserbedarf für Menschen, Tiere und Pflanzen angegeben. Ein Dorf mit 500 Einwohnern benötigt danach täglich etwa 20 m³ Trinkwasser, auch anspruchslose Tiere könnten bei geringem Zuwachs mit versorgt werden. Die Bewässerung von Feldern übersteigt jedoch die Leistungsfähigkeit von photovoltaischen Pumpsystemen.

Tabelle 4.11: Täglicher Wasserbedarf für Menschen, Tiere und Pflanzen

Mensch	[l]	Tiere	[l]	Bewässerung	[m³/ha]
Überleben	5	Pferde, Rinder	40	Getreide, Zucker	50
Minimum	10	Schafe, Ziegen	5	Reis	100
normal	40	Esel, Kamel	20	Baumwolle	50

Der Aufbau eines photovoltaischen Pumpsystems ist in Abbildung 4.17 dargestellt.

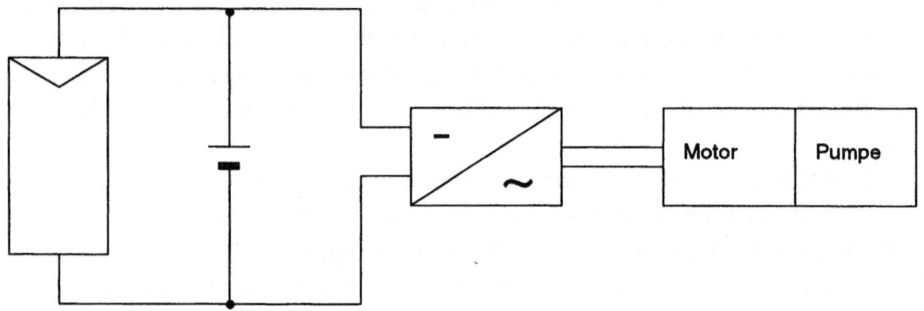

Abb. 4.17:   Aufbau eines photovoltaischen Pumpsystems

Die eigentliche Pumpe besteht meist aus einem Asynchronmotor und einer Kreiselpumpe, die als einheitliche Baugruppe (Tauchpumpen) in das Bohrloch gebracht werden. Mitunter wird auf eine Batterie verzichtet, der Wechselrichter wird dann direkt vom PV-Generator versorgt. Grundsätzlich ist ein elektrischer Speicher in Pumpsystemen nicht erforderlich, da ebensogut das geförderte Wasser in geeigneten Behältern für einstrahlungsschwache Zeiten gespeichert werden kann. Der naheliegende Einsatz von Gleichstrommotoren scheiterte bisher an deren mangelnder

Wartungsfreiheit, erst in jüngster Zeit wurde über positive Erfahrungen mit bürstenlosen DC-Motoren berichtet.

Der Auslegung eines photovoltaischen Pumpsystems wird die täglich benötigte Wassermenge Q zugrunde gelegt. Diese Wassermenge wird durch den Förderstrom q der Pumpe und die mittlere tägliche Laufzeit t der Pumpe, die ihrerseits von der solaren Einstrahlung abhängt, bestimmt.

Die von der Pumpe zu erbringende hydraulische Leistung P_h hängt neben dem Förderstrom q auch von der erforderlichen Förderhöhe z ab:

$$P_h = \rho \cdot g \cdot z \cdot q \tag{4.26}$$

(ρ: Wasserdichte, g: Fallbeschleunigung). Im Nennbetrieb erreichen die Tauchpumpen Wirkungsgrade von 55 %. Da die Tauchpumpen jedoch nicht immer bei Nennbedingungen arbeiten, erreichen sie praktisch nur einen Nutzungsgrad von etwa 25 %. Die von der PV-Anlage aufzubringende elektrische Leistung P_G muss deshalb etwa das 4fache der erforderlichen hydraulischen Leistung betragen:

$$P_G = 4 \cdot P_h = 4 \cdot \rho \cdot g \cdot z \cdot q \tag{4.27}$$

Für die täglich im Mittel geförderte Wassermenge Q gilt

$$Q = q \cdot t_{eff} = \frac{q \cdot H_d}{G_{STC}} \tag{4.28}$$

mit t_{eff} als der effektiven täglichen Förderzeit (vgl. Gleichung (4.16)). Durch Eliminieren des Förderstromes q aus den beiden letzten Gleichungen folgt für den Zusammenhang zwischen den hydraulischen Größen und der Generatorgröße

$$P_G = 4 \cdot \rho \cdot g \cdot G_{STC} \frac{Q \cdot z}{H_d} \tag{4.29}$$

In Abbildung 4.18 ist diese - praktisch vielfach bestätigte - Beziehung grafisch dargestellt. Für äquatornahe Gebiete ist die tägliche Einstrahlung im Jahresverlauf etwa konstant und liegt zwischen 5 und 6 kWh/m². Mit einem 4 kW-PV-Generator lässt sich demnach aus etwa 50 m Tiefe täglich eine Wassermenge von etwa 40 m³ fördern. Diese Werte kennzeichnen zugleich die derzeitige Grenze der Nutzung von photovoltaischen Pumpsystemen, bei größeren Anforderungen an das Produkt aus Förderhöhe und Wassermenge sind konkurrierende konventionelle Pumpsysteme (Dieselgeneratoren) derzeit noch günstiger.

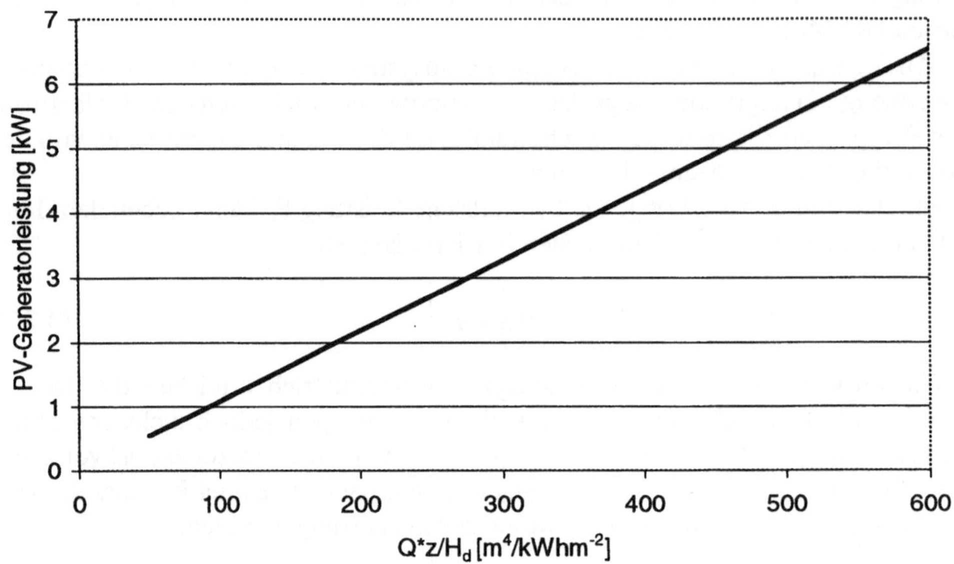

Abb. 4.18:   Erforderliche Generatorgröße eines photovoltaischen Pumpsystems in Abhängigkeit
von der Fördermenge, der Förderhöhe und der täglichen Einstrahlung.

4.4.5 Solarautos und Solarflugzeuge

Die Nutzung der Photovoltaik für den Antrieb von Fahrzeugen gilt eher als exotische
Nischenanwendung, obwohl die Vorzüge eines elektrischen Antriebes für Kraftfahr-
zeuge (Geräuscharmut und CO_2-freier Betrieb) zumindest in städtischen Ballungs-
räumen einleuchten.
Dennoch haben sich Elektroautos bisher nicht durchsetzen können. Als Hauptgründe
gelten der hohe Preis und die relativ geringe Reichweite. Nach den Ergebnissen eines
unlängst durchgeführten Flottentests mit Elektroautos auf der Insel Rügen fällt auch
eine integrale Umweltbilanz (d.h. unter Einbeziehung der bei der Erzeugung der
Elektroenergie auftretenden Schadstoffe) nicht sonderlich überzeugend aus.
Nicht jedes Auto mit elektrischem Antrieb kann als Solarauto bezeichnet werden.
Grundsätzlich lassen sich 3 Typen von Elektrofahrzeugen unterscheiden. Von verschiedenen namhaften PKW-Herstellern wurden und werden Serienfahrzeuge verschiedenen Typs auf Elektroantrieb umgerüstet. Diese Fahrzeuge dienen der Erprobung bzw. Demonstration verschiedener Techniken. Wegen der mitzuführenden
Batterien sind die Fahrzeuge meist deutlich schwerer (etwa 1500 kg) als die benzin-
getriebenen Serienfahrzeuge. Sie erreichen Geschwindigkeiten bis 100 km/h, ihre
Reichweite bis zum Wiederaufladen der Batterien liegt bei etwa 100 km. Der Ener-

gieverbrauch liegt bei etwa 30 kWh/100 km. Die Batterien werden üblicherweise aus dem Netz aufgeladen.

Spezielle Leichtbaufahrzeuge mit Elektroantrieb werden mitunter bereits als Solarauto angeboten. Diese Fahrzeuge haben eine geringe Masse (etwa 500 kg), die allerdings mit einem entsprechend geringen Platzangebot erkauft wird. Ihre Reichweite kann bis zu 200 km betragen. Die Nachladung der Batterien erfolgt ebenfalls aus dem öffentlichen Netz. Der Begriff Solarauto wird häufig dann verwendet, wenn der Strom zur Nachladung an sogenannten Solartankstellen entnommen wird. Dabei handelt es sich um netzgekoppelte PV-Anlagen mit Batterielademöglichkeit aus dem Netz. Eine Solartankstelle wird ihrem Namen allerdings nur dann gerecht, wenn sie tatsächlich nur die Menge Energie an Elektroautos abgibt, die der von der PV-Anlage erzeugten Energie entspricht. Eine „Solartankstelle" mit einer Leistung von 5 kW kann in Deutschland einen jährlichen Ertrag von etwa 4000 kWh erzeugen (vgl. Kapitel 5). Bei einem angenommenen Durchschnittsverbrauch von etwa 10 kWh/100 km können an dieser Tankstelle demnach 400 solare Nachladungen im Jahr vorgenommen werden. Damit könnte ein Fahrzeug eine Strecke von etwa 40000 km zurücklegen.

Solarautos im engeren Sinne benutzen ausschließlich Solarenergie zu ihrer Fortbewegung. Bei Solarautos handelt es sich durchweg um Prototypen, die von Hochschulen oder Forschungszentren konstruiert und gebaut werden. Sie sind konsequent nach dem Leichtbauprinzip konstruiert. Eine möglichst große nach oben gerichtete Fläche wird mit Solarzellen belegt. Die außergewöhnlich flache Bauweise sichert einen geringen Luftwiderstand dieser Fahrzeuge. Neben dem Elektromotor sind Batterien die schwersten Einzelkomponenten. Solarautos befördern meist nur den Fahrer, nur in seltenen Fällen ist ein zweiter Sitzplatz vorgesehen. Es handelt sich also um reine Versuchsfahrzeuge.

Dennoch sind die erreichten Fahrleistungen imponierend. Für Solarautos werden seit etwa 10 Jahren spezielle Rennen veranstaltet, das bekannteste unter ihnen ist die World Solar Challenge in Australien. Sie findet seit 1987 alle 3 Jahre statt und führt über eine Entfernung von 3014 km von Darwin im Norden nach Adelaide im Süden (Abbildung 4.19) im wesentlichen durch aride Gebiete. Die technischen Anforderungen an die Fahrzeuge begrenzen nur die äußeren Maße auf 2 m x 4 m x 1,5 m. Damit beträgt die maximale Fläche des Solargenerators etwa 8 m². Für zweisitzige Fahrzeuge ist eine Generatorfläche von 12 m² erlaubt. Die Batterien waren ursprünglich auf eine Kapazität von 5 kWh beschränkt, seit 1996 gilt eine Gewichtsgrenze von 40 kg. Damit erreichen die meist eingesetzten Ag-Zn Batterien gerade die angegebene Kapazität. In Tabelle 4.12 sind weitere technische Angaben zu einigen in diesem Wettbewerb eingesetzten Fahrzeugen zusammengestellt.

Das Rennen wird im Oktober täglich zwischen 8 und 17 Uhr durchgeführt. Danach bleiben die Solarautos am erreichten Ort stehen. Das Aufladen der Batterien ist zwischen Sonnenaufgang und Sonnenuntergang gestattet. Der Sieger des Jahres

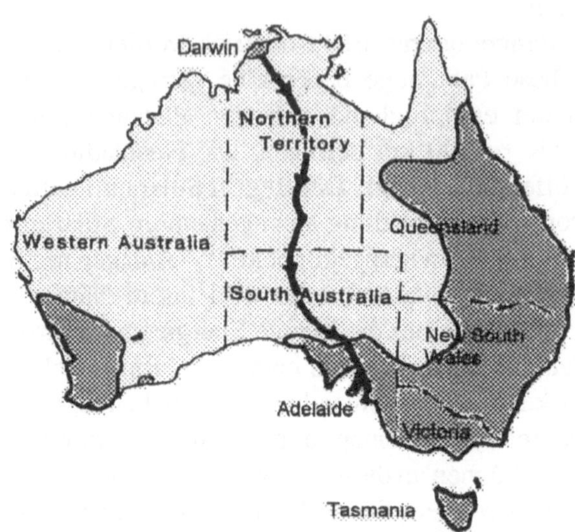

Abb. 4.19:   Fahrtweg der World Solar Challenge von Darwin nach Adelaide in Australien.
Lediglich die dunkel schraffierten Gebiete Australiens sind durch elektrische Netze
erschlossen (nach GREEN 1994).

1996 erreichte erstmals das Ziel am 4. Renntag, dies entspricht der übliche Fahrzeit
von Lastkraftwagen auf dieser Strecke.
Die eingesetzten Solarautos stellen zweifellos technische Spitzenleistungen dar. Als
Breitenanwendung sind sie jedoch auch in fernerer Zukunft kaum vorstellbar.
Die gleiche Einschätzung gilt für Solarflugzeuge. Als Solarflugzeuge im engeren Sinn
können nur solche Flugzeuge gelten, die allein durch Nutzung der Solarenergie ihre
Fortbewegung sichern. Solarflugzeuge gibt es nur in sehr geringer Zahl, insgesamt
dürften weniger als 10 Exemplare betriebsbereit sein.
Die ersten erfolgreichen Versuche gehen auf 1980 zurück. Der Motorsegler „Solar
Challenger" mit solarem Antrieb legte am 7.6.1981 in 5,5 h die Strecke Paris -Lon-
don mit einer Durchschnittsgeschwindigkeit von 75 km/h zurück. Die Zuladung
betrug allerdings nur 42 kg. Im Jahr 1990 überquerte das Solarflugzeug "Sun See-
ker" die USA von Kalifornien zum Atlantik. Es konnte bei einer Eigenmasse von nur
90 kg (Spannweite von 16,6 m) immerhin eine Nutzlast von 75 kg tragen. Auf den
Tragflächen waren 8,2 m² Dünnschichtsolarzellen mit einer Leistung von 300 W
angebracht. Der 2,2-kW-Elektromotor wurde nur beim Start eingesetzt. Die 4090 km
lange Flugstrecke wurde in 22 Etappen zurückgelegt. Beide genannten Segelflugzeu-
ge konnten allerdings auch bei optimaler Bestrahlungsstärke den Horizontalflug nicht

allein durch die vom PV-Generator bereitgestellte Energie gewährleisten.

Als bisher ausgereiftestes Solarflugzeug gilt die "icare 2". Sie wurde an der Universität Stuttgart entwickelt und ist seit 1996 in Betrieb. Bei einem Gewicht von 350 kg (Nutzmasse 90 kg) beträgt die Spannweite 25 m. Mit einer Solarzellenfläche von 20 m² erreicht der Generator eine Leistung von immerhin 3,6 kW. Die Batterie hat eine Kapazität von 0,91 kWh und die Motorleistung beträgt 12 kW. Bei Bestrahlungsstärken > 580 W/m² ist der Horizontalflug allein durch die photovoltaisch erzeugte Energie möglich.

Tabelle 4.12: Solarautos

Technische Daten	Honda	Biel	Honda
Jahr	1993	1993	1996
c_w -Wert	0,1	0,1	
Frontfläche [m²]	1,1	1,1	
Leergewicht [kg]	190	160	
Nutzlast [kg]	80	80	160 (2-Sitzer)
PV-Generator [kW]	1550	1485	1900
Wirkungsgrad [%]	21	19,2	23,5
Batterie [kWh]	4,98	4.85	
Motorleistung [kW]	1,5 -5,4	2,5 - 11,0	
maximale Geschwindigkeit [km/h]	130	140	135
durchschnittliche Geschwindigkeit [km/h]	84,6	78,3	89,9

5 Netzgekoppelte Photovoltaik-Anlagen

5.1 Einleitung

Als eigentliche Zukunftsaufgabe und Herausforderung der Photovoltaik gilt die Stromerzeugung im Parallelbetrieb mit dem Netz der allgemeinen Versorgung. In den Industrieländern erfolgt die Strombereitstellung für die Verbraucher faktisch ausschließlich über das Netz, ins Gewicht fallende Beiträge der Photovoltaik für die Stromversorgung können daher nur auf diese Weise erbracht werden. In Deutschland arbeiten derzeit PV-Anlagen mit einer Leistung von etwa 55 MW im Netzparallelbetrieb, ihr Anteil an der Stromerzeugung liegt bei etwa 0,01 %.

Neben der - zum solaren Angebot antikorrelierten - saisonalen Abhängigkeit zeigt der Strombedarf auch einen ausgeprägten Tagesgang (vgl. Abbildung 1.6). Photovoltaisch erzeugter Strom kann grundsätzlich zur Deckung der Tagesspitze beitragen. Da etwa 80 % der solaren Einstrahlung im Sommerhalbjahr auftreten, trifft dies praktisch nur auf die niedrigere Sommerlastspitze zu. Ihre Höhe liegt in Deutschland bei etwa 10000 MW. Um diese Leistung durch PV-Anlagen bereitzustellen, ist eine installierte PV-Leistung von etwa 30000 MW erforderlich. Damit könnte die Mittagsspitze zwischen 6 und 18 Uhr im Mittel gedeckt werden. Die verbleibende Abendspitze zwischen 16 und 22 Uhr sowie der Bedarf an auch im Sommer auftretenden einstrahlungsschwachen Tagen (vgl. Abbildung 2.10) muss weiterhin durch die bisher dafür genutzten Spitzenkraftwerke - mit dann allerdings wesentlich geringerer Ausnutzungsdauer - gedeckt werden. Mit einer Jahreserzeugung von etwa 24 TWh würde die angegebene PV-Kapazität einen Anteil von ca. 5 % am Strombedarf Deutschlands decken (Verbrauch 1999: 486 TWh).

Die größten deutschen Anlagen haben gegenwärtig eine Leistung von 1 MW, weltweit existieren bisher nur wenige Anlagen mit Leistungen von mehr als 1 MW. Wegen des hohen Flächenbedarfs von PV-Anlagen dieser Leistung (etwa 4 ha für 1 MW) sind zumindest in Mitteleuropa künftige energetisch relevante Erträge der Photovoltaik eher vom massenhaften Einsatz kleinerer netzgekoppelter Anlagen zu erwarten. Diese Anlagen werden auf bereits genutzten Flächen (vorrangig auf Dächern bzw. an Fassaden von Gebäuden) errichtet werden. In Ballungszentren mit hohem Strombedarf kann die zur Verfügung stehende Fläche eine Begrenzung für den Einsatz der Photovoltaik darstellen.

Schließlich sei bemerkt, dass eine massenhafte Nutzung der Photovoltaik einen entsprechend angepassten Netzbetrieb erfordert. Großkraftwerke werden dabei keinesfalls entbehrlich, sie werden vielmehr für einen stabilen Netzbetrieb benötigt. Die Erzeugung von Elektroenergie aus Spitzenlast- (und teilweise Mittellast-) - Kraftwerken muss dem solaren Angebot angepasst werden.

5.2 Aufbau und Auslegung von netzgekoppelten PV-Anlagen

5.2.1 Aufbau einer netzgekoppelten PV-Anlage

In Abbildung 5.1 ist der Aufbau einer netzgekoppelten PV-Anlage dargestellt. Der aus Modulen bestehende PV-Generator bildet die Empfängerfläche für die solare Strahlung. Die Orientierung des PV-Generators wird durch seine Neigung gegen die Horizontale und die Auslenkung aus der Südrichtung festgelegt. Die Leistung des PV-Generators wird durch Anzahl und Leistung der verwendeten Module bestimmt. Der PV-Wechselrichter stellt die zweite Hauptkomponente einer netzgekoppelten PV-Anlage dar. Seine Aufgabe besteht in der Wandlung des vom PV-Generator gelieferten Gleichstromes in einen netzkonformen Wechselstrom. Insbesondere bei kleinen Anlagen (Leistungsbereich < 10 kW) sind im PV-Wechselrichter darüber hinaus weitere Baugruppen integriert. Dazu gehören Baugruppen zur MPP-Nachführung, Schutz- und Schalteinrichtungen zur Gewährleistung eines stabilen und sicheren Netzparallelbetriebes sowie Baugruppen zur Überwachung der Gesamtanlage.

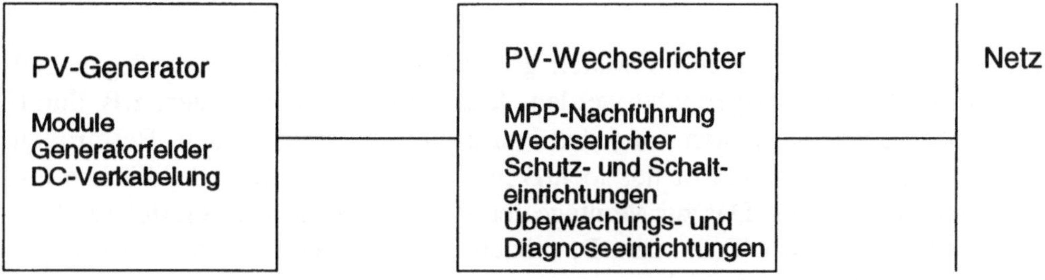

Abb. 5.1:   Hauptkomponenten einer kleinen netzgekoppelten PV-Anlage. Bei größeren Anlagen werden einzelne der in den Wechselrichter integrierten Aufgaben durch selbständige Einheiten übernommen.

Einen einfachen Aufbau haben PV-Anlagen, in denen Modulwechselrichter zum Einsatz kommen. Modulwechselrichter sind PV-Wechselrichter, die den Strom nur eines Moduls in Wechselstrom wandeln und mechanisch und elektrisch fest mit diesem Modul verbunden sind. Das Modul wird dadurch faktisch zu einer Wechselstromquelle, der erzeugte Wechselstrom kann von jeder ausreichend dimensionierten Wechselstromleitung aufgenommen werden.

Beim Aufbau einer PV-Anlage und bei der Auslegung der Komponenten sind zwei Besonderheiten der Photovoltaik zu beachten, die in konventionellen elektrischen

Anlagen nicht auftreten. Einerseits arbeitet der photovoltaische Gleichstromkreis nicht bei konstanten elektrischen Parametern, sondern bei den durch die jeweiligen meteorologischen Bedingungen (Bestrahlungsstärke, Temperatur) bestimmten Werten. Für die Auslegung müssen allerdings die kritischen (d. h. maximalen) Parameter zugrundegelegt werden. Wegen des negativen Temperaturkoeffizienten der Leerlaufspannung wird deren Maximalwert bei niedrigen Temperaturen (d.h. im Winter) erreicht. Abgesehen von extremen Lagen (Hochgebirge) werden zur Ermittlung der Spannungsfestigkeit meist die bei einer Umgebungstemperatur von - 20 °C auftretenden Spannungen verwendet.

Zum anderen handelt es sich bei den PV-Generatoren um "kurzschlussfeste" Stromgeneratoren, die bei entsprechender Einstrahlung stets Energie abgeben und auch durch einen Kurzschluss in der Anlage nicht außer Betrieb gesetzt werden können. Die dadurch prinzipiell vorhandene Gefahr der Lichtbogenbildung muss durch geeignete Maßnahmen (erd- und kurzschlusssichere Verkabelung) ausgeschlossen werden.

5.2.2 PV-Generator

Die Module des PV-Generators sollten grundsätzlich in einer Ebene liegen und möglichst nach Süden ausgerichtet werden. Andauernde Abschattungen, z.B. durch Bäume oder Gebäude, sollten auf jeden Fall ausgeschlossen werden. Bei großen Anlagen besteht der Generator aus mehreren, räumlich getrennten Teilflächen mit identischer Orientierung. Das zur Montage der Module erforderliche Gestell wird am vorgesehenen Einsatzort (Erdboden, Dachfläche) so befestigt, dass die zu erwartenden Wind- bzw. Schneelasten sicher getragen werden können.

Die Leistung der PV-Generatoren von netzgekoppelten Anlagen liegt meist im Bereich zwischen 1 und 100 kW. Bei Anlagen mit geringeren Leistungen bleibt der energetische Ertrag naturgemäß sehr bescheiden, während Anlagen mit größeren Leistungen entsprechend große Flächen erfordern. Da die Leistungen von derzeit handelsüblichen Modulen zwischen 50 und maximal 300 Watt liegen (vgl. Kap. 3), besteht ein PV-Generator grundsätzlich aus einer Verschaltung von vielen Modulen. Durch Reihenschaltung der Module zu Strängen wird deren relativ geringe Nennspannung vergrößert. Die maximal zulässige Spannung eines Stranges (d.h. Leerlaufspannung bei einer Temperatur von -20 °C) liegt bei den heute verfügbaren Modulen zwischen 500 und 1000 V. Dieser Wert wird durch die elektrischen Isolationseigenschaften der jeweiligen Module bestimmt, als maximal zulässige DC-Spannung gilt für den Niederspannungsbereich ein Wert von 1500 V. Die Leerlaufspannung bei einer Temperatur von -20 °C liegt etwa 18 % über der Leerlaufspannung bei 25 °C. Da andererseits die MPP-Spannung etwa bei 85 % der Leerlaufspannung liegt, liegt die erreichbare MPP-Spannung eines Stranges derzeit zwischen 400 und 700 V. Dies entspricht einer Reihenschaltung von 800 bis 1500 einzelnen Solarzellen. Als maximal erreichbare Leistung eines Stranges ergibt sich daraus ein Wert von etwa 3 kW. Anlagen im Leistungsbereich bis 3 kW sollten grundsätzlich als Einstranganlage ausgeführt werden. Die Vorteile einer Einstranganlage liegen in der einfachen Montage, den wegen der einfachen Architektur geringeren Kosten, den geringen DC-Verlusten und der höheren Anlagenzuverlässigkeit.

In modernen Großmodulen werden die einzelnen Solarzellen nicht grundsätzlich in Reihe geschaltet, sondern zwei oder drei Zellenreihen können intern parallel geschaltet werden. Eine Reihenschaltung derart aufgebauter Großmodule führt zu einer entsprechenden Reduzierung der Strangspannung bei gleichzeitiger Erhöhung des Kurzschlussstromes des Stranges. Da Ströme bis 12 A einen vergleichsweise geringen Kabelquerschnitt erfordern, lassen sich mit derartigen Modulen PV-Generatoren bis zu einer Leistung von etwa 10 kW als "Pseudo"-Einstranganlagen errichten.

PV-Generatoren mit Leistungen größer als 10 kW können nach zwei unterschiedlichen Konzepten errichtet werden. Einerseits kann der Generator aus mehreren Strängen aufgebaut werden, welche elektrisch parallel geschaltet sind (Abbildung 5.2a). Jeder Strang besteht aus der gleichen Anzahl in Reihe geschalteter Module. Zur Minimierung von Ohmschen Verlusten wird auch hier eine hohe Strangspannung (etwa 500 - 1000 V) angestrebt. Die Anschlussleitungen des ersten und des letzten Moduls jedes Stranges werden in geeigneten Klemmkästen zusammengeführt. Hier können auch Überspannungsableiter zur Verhinderung der Übertragung unzulässiger Spannungen auf den PV-Wechselrichter vorgesehen werden. Weiterhin können Schalter zur Freischaltung der abgehenden Gleichstromleitung angeordnet werden. Sicherungen in den Strangleitungen verhindern bei Mehrstranganlagen Überlastungen im Fehlerfall, nach neueren Untersuchungen sind diese jedoch erst bei mehr als 6 parallel geschalteten Strängen erforderlich. Bei sehr großen Anlagen können mehrere Ebenen von Gleichstromsammelleitungen erforderlich sein. Alle Stränge speisen den Strom in einen gemeinsamen Wechselrichter, wobei infolge der begrenzten Generatorspannung sehr große Gleichströme auftreten können. Dies erfordert einen entsprechend großen Verkabelungsaufwand. Beispielsweise treten bei der nach diesem Konzept aufgebauten PV-Anlage auf der Neuen Messe München (Leistung 1 MW) bei einer DC-Spannung von 400 V Ströme bis zu einigen tausend Ampere auf. Die Netzeinspeisung der Energie erfolgt zentral an einem Punkt, wobei ab Generatorleistungen von 100 kW die Einspeisung in das Mittelspannungsnetz sinnvoll ist.

Nach dem zweiten möglichen Konzept werden mehrere kleinere - elektrisch voneinander isolierte - PV-Generatoren parallel betrieben (Abbildung 5.2b). Dabei besitzt jeder PV-Generator seinen eigenen Wechselrichter und stellt mit diesem zusammen faktisch eine selbständige PV-Anlage dar. Die Netzeinspeisung kann bei derartigen Anlagen dezentral in das Niederspannungsnetz erfolgen. Bei Einsatz einphasig einspeisender Wechselrichter ist auf die möglichst gleichmäßige Einspeisung in alle Phasen zu achten.

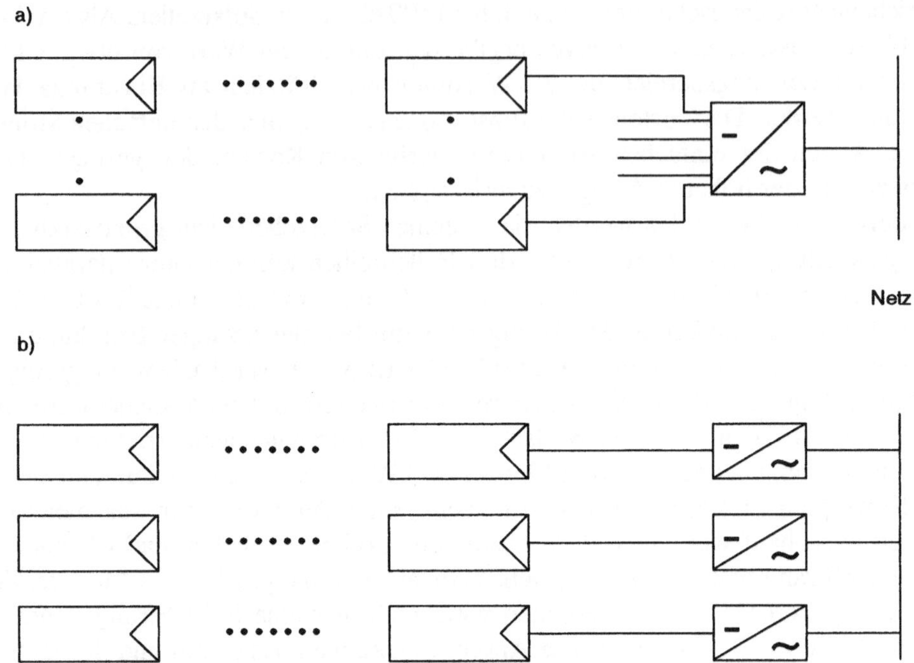

Abb. 5.2:   Schaltungskonzepte für größere netzgekoppelte PV-Anlagen.
              a) Mehrstranganlage mit zentralem Wechselrichter
              b) Parallelschaltung kleiner PV-Anlagen mit dezentraler Einspeisung

Die im Generator verwendeten Kabel müssen den Einsatzbedingungen (Verwendung im Außenbereich, UV-strahlungsfest, kurz- und erdschlusssicher) entsprechen. Die Dimensionierung der Kabel ist so vorzunehmen, dass die ohmschen Verluste im gesamten DC-Kreis < 1 % gehalten werden. Der gesamte Generator ist erd- und kurzschlusssicher zu installieren.

Als Leistung eines PV-Generators wird meist die aus der Modulleistung P_M entsprechend Datenblatt und der Anzahl der den Generator bildenden Module n bestimmte nominale Leistung $P_{G,nom}$ angegeben:

$$P_{G,nom} = n \cdot P_M \, . \tag{5.1}$$

Durch Fertigungstoleranzen unvermeidliche Abweichungen der Modulleistungen von den Datenblattangaben sowie die bei der Verschaltung der Module zum Generator auftretenden mismatch-Verluste (vgl. Abschnitt 3.3.3) und ohmschen Verluste sind in $P_{G,nom}$ nicht berücksichtigt. Die von einem PV-Generator bei einer Bestrahlungsstärke von 1000 W/m^2 und einer Modultemperatur von 25 °C (in Anlehnung an die

Standardprüfbedingungen) erreichbare Nennleistung $P_{G,nenn}$ ist deshalb meist geringer als die nominale Leistung $P_{G,nom}$, die Differenz kann formal durch einen Generatorfaktor K_G beschrieben werden:

$$P_{G,nenn} = K_G \cdot P_{G,nom} \qquad mit \quad K_G < 1 \; . \tag{5.2}$$

Auf die praktische Bestimmung der Generatornennleistung bzw. des Generatorfaktors wird im Abschnitt 5.3.2 eingegangen.

5.2.3 PV-Wechselrichter (Netzkoppeleinheit)

Der PV-Wechselrichter ermöglicht den Netzparallelbetrieb einer PV-Anlage. Ein moderner PV-Wechselrichter ist durch einen hohen jährlichen Nutzungsgrad und eine netzkonforme Wechselstromerzeugung gekennzeichnet. Weitere Bestandteile von PV-Wechselrichtern sind Baugruppen zur MPP-Nachführung sowie zur Steuerung und Datenerfassung. Letztere kann auch zur Diagnose der gesamtem PV-Anlage genutzt werden.

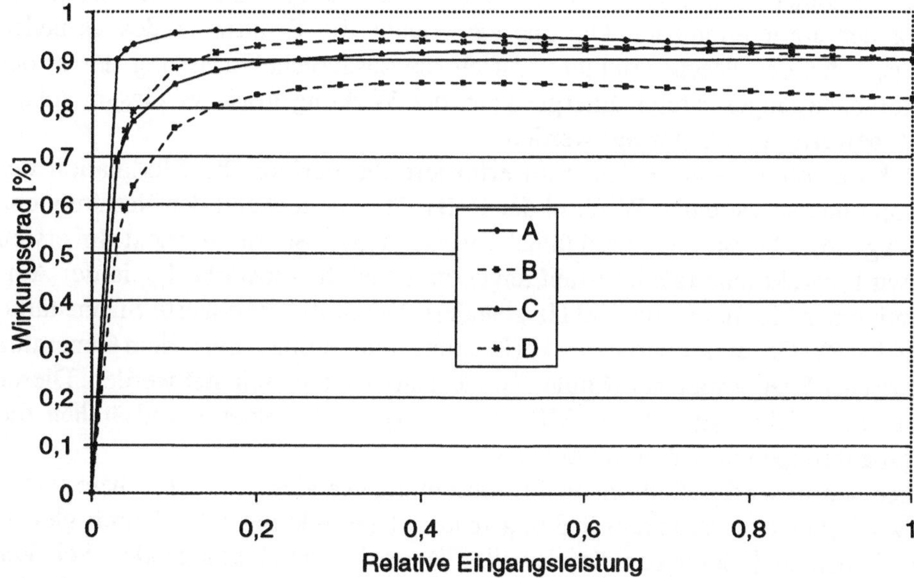

Abb. 5.3:   Kennlinien verschiedener Wechselrichter

Der entscheidende energetische Parameter eines PV-Wechselrichters ist der jährliche Nutzungsgrad. In Abbildung 5.3 sind die Kennlinien von einigen Wechselrichtern, d.h. der Wirkungsgrad in Abhängigkeit von der DC-Leistung, dargestellt. Für einen hohen jährlichen Nutzungsgrad ist - im Gegensatz zu herkömmlichen Wechselrichtern in Systemen zur unabhängigen Stromversorgung - auch im Teillastbetrieb ein hoher Wirkungsgrad (> 90 %) des Wechselrichters notwendig. Der jährliche Nutzungsgrad wird weiterhin vom gewählten Betriebsregime (automatisches Zu- und Abschalten der Anlage in Abhängigkeit von der Bestrahlungsstärke, Verhalten bei Netzstörungen) beeinflusst. Standby-Verluste sind grundsätzlich vermeidbar, indem der Eigenbedarf des Wechselrichters vom PV-Generator gedeckt wird.

Der vom PV-Wechselrichter erzeugte Wechselstrom muss den Qualitätsanforderungen des Netzes entsprechen. Diese Anforderungen werden unter dem Begriff der Netzkonformität zusammengefasst, dazu gehören u.a. Forderungen an den Oberwellengehalt sowie die auftretende Blindleistung. Gegebenenfalls sind Kompensationsmaßnahmen notwendig. Zu einer netzkonformen Wechselstromerzeugung gehört auch die Verhinderung jeglicher Ausstrahlung von Störfrequenzen durch den Wechselrichter.

Zur Realisierung der Grundfunktionen werden in allen PV-Wechselrichtern Mikrorechner eingesetzt. Es liegt deshalb nahe, diese Rechner auch für Monitoring- und Diagnoseaufgaben einzusetzen. Moderne PV-Wechselrichter erfassen die erzeugte Energie kontinuierlich und speichern die Werte über die gesamte Betriebszeit. Die Messung der aufgenommenen DC-Energie erlaubt die Ermittlung des aktuellen Wirkungsgrades des Wechselrichters. Durch die zusätzliche Erfassung der in der Generatorebene eingestrahlten Energie kann der Wirkungsgrad der Gesamtanlage ermittelt, bewertet und angezeigt werden.

Die Wechselrichtung von Gleichstrom erfordert die periodische Modulation der Stromamplitude sowie einen Wechsel der Polarität entsprechend der Netzfrequenz (Abbildung 5.4). Die Aufgabe wird üblicherweise in zwei Schritten gelöst. Im ersten Schritt wird die aktuelle (als konstant angenommene) Stromstärke I_{DC} in der Amplitude mit einer Frequenz von 100 Hz geändert. Damit die modulierte Stromstärke nicht auf den PV-Generator zurückwirkt (Leistungsminderung!) muss dem Generator ein elektrischer Energiespeicher (Spule, Kondensator) nachgeschaltet werden. Dieser Speicher ermöglicht zugleich die MPP-Nachführung, er bildet grundsätzlich die Eingangsbaugruppe eines Wechselrichters.

Im zweiten Schritt wird periodisch die Stromrichtung geändert. Der einfachere zweite Schritt wird über eine Brückenschaltung realisiert (Abbildung 5.5). Durch gleichzeitiges Öffnen und Schließen der jeweils diagonal gegenüberliegenden Schalter (Transistoren) wird die Stromrichtung im Trafo umgekehrt und damit werden 'Halbwellen" unterschiedlicher Polarität erzeugt. Ein nachgeschalteter Transformator wird benötigt, wenn die Generatorspannung kleiner als die Netzspannungsamplitude ist. Er trennt zugleich die PV-Anlage galvanisch vom Netz. Da Transformatoren

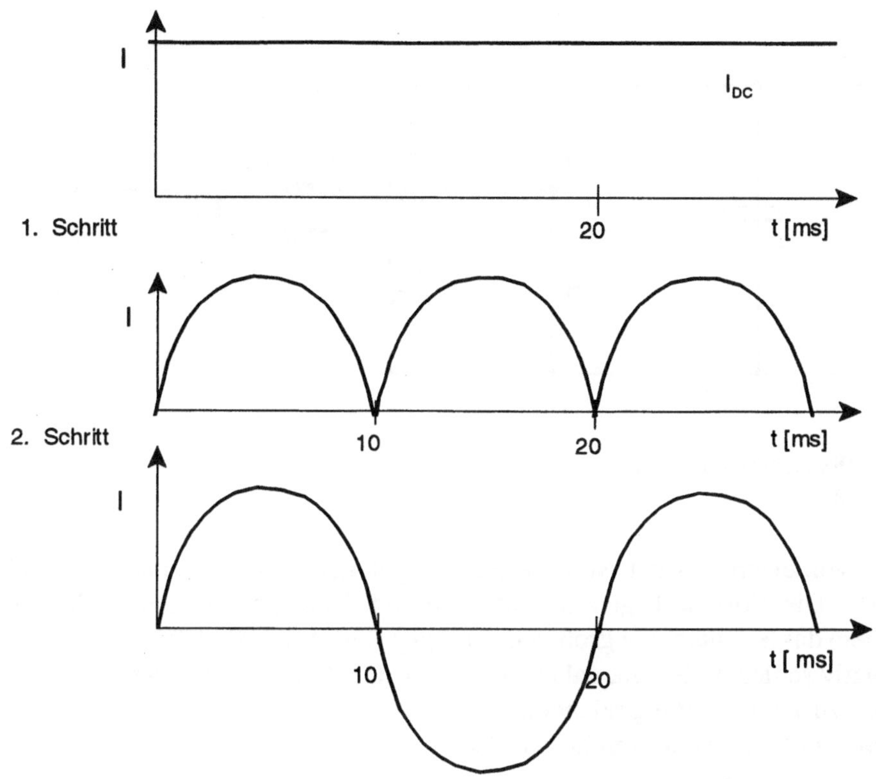

Abb. 5.4:   Prinzip der Wechselrichtung

grundsätzlich verlustbehaftet sind, wird auf ihren Einsatz in neueren Wechselrichtern verzichtet.

Eine Brückenschaltung reicht bereits als einfachste Wechselrichterschaltung für Inselsysteme mit geeigneten (d.h. elektrisch anspruchslosen) Verbrauchern aus. Der entstehende Strom besitzt Rechteckwellenform.

Bei PV-Wechselrichtern haben sich 2 Grundschaltungen durchgesetzt. Die so genannten netzgeführten Wechselrichter benötigen zum Betrieb das Netz, sie sind demzufolge grundsätzlich nicht inselbetriebsfähig. Selbstgeführte Wechselrichter können demgegenüber auch im Inselbetrieb arbeiten.

Die netzgeführten Wechselrichter (Abbildung 5.6) bestehen aus einer Brückenschaltung, in der Thyristoren als Schaltelement eingesetzt sind. Thyristoren sind Dioden, die erst nach Anlegen einer Zündspannung öffnen und die beim Nulldurchgang des Stromes von selbst wieder schließen. Im Wechselrichterbetrieb werden die

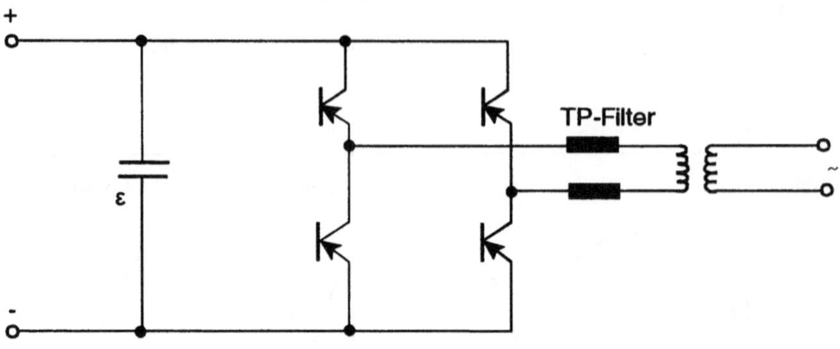

Abb. 5.5:   Brückenschaltung mit Transistoren

Thyristoren von einem aus der Netzspannung abgeleiteten Wert gezündet (deshalb netzgeführt). Die Vorteile liegen im einfachen und damit preiswerten Aufbau. Er erlaubt zudem das Schalten von großen Leistungen (bis über 100 kW). Als Nachteile sind die relativ schlechte Stromqualität sowie der damit zusammenhängende Blindstrombedarf zu nennen. Bei geeigneter Wahl der Generatorspannung kann dieser Wandlertyp auch trafolos ausgeführt werden.

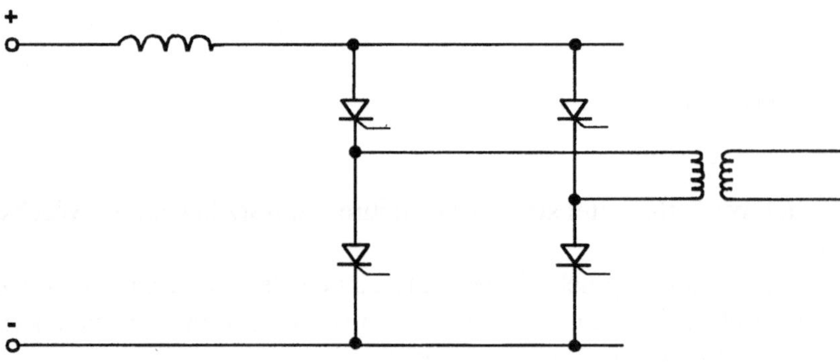

Abb. 5.6:   Brückenschaltung mit Thyristoren (netzgeführte Wechselrichter)

Bei selbstgeführten Wechselrichtern wird eine Pulsweitenmodulation des Stromes vorgenommen. Sie bestehen aus einer Brückenschaltung mit Transistoren (Abbildung 5.5). Zusätzlich zur 50-Hz-Umschaltung der Transistorpaare zur Erzeugung der

Stromumkehr werden die jeweils durchgeschalteten Transistoren hochfrequent getastet (ca. 20 - 70 kHz). Diese Tastung (Zerhackung) erfolgt durch Variation der Pulsbreite in der Weise, dass aus dem konstanten Gleichstrom ein sich sinusförmig ändernder Wechselstrom entsteht. Mit diesem Wandlertyp ist eine gute Stromqualität erreichbar, bei Verzicht auf einen Transformator werden hohe Wirkungsgrade erreicht. Bei nicht qualitätsgerechter Ausführung werden durch die hochfrequente Tastung mitunter Störungen im Rundfunkempfang verursacht. Modifizierte Bauarten von pulsweitenmodulierten Wechselrichtern führen die Pulsweitenmodulation vor der Brückenschaltung - gegebenenfalls auch durch Einsatz eines HF-Trafos zur Anhebung zu niedriger Generatorspannung - aus. Zwar entfallen dabei die Verluste des NF-Trafos, dafür treten zusätzliche Verluste in der zweiten eingefügten Wechselrichterstufe auf.

Gute Wechselrichter erreichen heute jährliche Nutzungsgrade von mehr als 90 %, als Spitzenwert gelten Werte von 94 % (Tabelle 5.1). Wegen der jährlich schwankenden Einstrahlung sind auch die Nutzungsgrade der Wechselrichter geringen jährlichen Schwankungen unterworfen.

Tabelle 5.1:   Nutzungsgrade von Wechselrichtern (nach IMAP 1993 - 1996)

Typ	Hersteller	Nutzungsgrad [%]
BWR 2500	Bahrmann	94
NEG 1600	Wuseltronik	88 -92
PV-V-5000	Siemens Solar	86 - 90
PV-WR-1800	SMA Regelsysteme	85 - 87
PV-WR-5000	SMA Regelsysteme	87 - 88
SKN	Solarkonzept	92 -94
Solwex 1065	Karschny Elektronik	84 -87
Solwex 2065	Karschny Elektronik	89 -91
TOPCLASS	ASP AG	87 -91

Zum Vergleich der Leistungsfähigkeit von Wechselrichtern wird häufig der so genannte europäische Wirkungsgrad η_{eu} angegeben. Dieser ist als gewichteter Wert aus 6 Punkten der Wirkungsgrad-Kennlinie (entsprechend 5, 10, 20, 30, 50 und 100 % der Gleichstrom-Nennleistung) definiert:

$$\eta_{eu} = 0{,}03{\cdot}\eta_{0,05} + 0{,}06{\cdot}\eta_{0,1} + 0{,}13{\cdot}\eta_{0,2} + 0{,}1{\cdot}\eta_{0,3} + 0{,}48{\cdot}\eta_{0,5} + 0{,}2{\cdot}\eta_{1,0} \ . \qquad (5.3)$$

Die Wichtungsfaktoren der Punkte sollen ein für mitteleuropäische Einstrahlungs-verhältnisse charakteristisches jährliches DC-Leistungsspektrum eines PV-Generators beschreiben. Dies gilt jedoch nur näherungsweise, aus den der Abbildung 3.20 zugrunde liegenden Meßwerten läßt sich für das nach Süden ausgerichtete und gegen die Horizontale um 30° geneigte Modul beispielsweise ein anderer Satz dieser Wichtungsfaktoren ableiten (0,03; 0,06; 0,08; 0,13; 0,41; 0,29).
Für Vergleichszwecke zwischen verschiedenen Wechselrichtern wird jedoch stets auf Gleichung (5.3) zurück gegriffen.

5.2.4 Auslegung einer netzgekoppelten PV-Anlage

Die Größe einer PV-Anlage hängt von der angestrebten Energieerzeugung und von der zur Verfügung stehenden Fläche (Dach, Fassade o. ä.) ab. Ausgehend von der Fläche eines Standardmoduls (ca. 0,5 m²) ist ein Flächenbedarf in Generatorebene von etwa 10 m² für eine Generatorleistung von 1 kW notwendig. Bei großen PV-Anlagen, die auf ebenen Flächen errichtet werden, steigt die benötigte Bodenfläche durch die zur Vermeidung einer gegenseitigen Abschattung erforderlichen Abstände zwischen den einzelnen Teilgeneratoren und die notwendige Zugänglichkeit des Generators deutlich an. Sie kann bei sehr großen Anlagen das Drei- bis Fünffache der Generatorfläche betragen.
Die Auslegung einer netzgekoppelten PV-Anlage umfasst die Festlegung des elektri-schen Aufbaus des PV-Generators und die Dimensionierung des Wechselrichters. Durch die Auswahl der Module wird die zulässige Strangspannung sowie die maxi-male Leistung eines Stranges festgelegt. Wenn die angestrebte Leistung durch einen Strang erbracht werden kann, ist ein entsprechender Wechselrichter auszuwählen. Sind für das Erreichen der gewünschten Leistung mehrere Stränge erforderlich, so ist zwischen dem Aufbau eines Generators durch Parallelschaltung der Stränge und Einsatz eines zentralen Wechselrichters oder dem Parallelbetrieb mehrerer elektrisch getrennter Einstrang-PV-Anlagen zu entscheiden. Beim Einsatz eines zentralen Wechselrichters in sehr großen PV-Anlagen kann die Beherrschung der Verlust-wärme des Wechselrichters zum Problem werden, da die u.U. zum Betrieb von aktiven Kühlsystemen erforderliche Energie den Ertrag der PV-Anlage reduziert.
Die Auswahl des Wechselrichters ist von großer Bedeutung für den erreichbaren Energieertrag einer PV-Anlage. Dabei geht es im wesentlichen um das Verhältnis der Wechselrichter-Eingangsleistung zur PV-Generatorleistung. Dieses Verhältnis muss so gewählt werden, dass das vom PV-Generator im langjährigen Mittel abgegebene DC-Leistungsspektrum vom Wechselrichter mit höchstem Nutzungsgrad umgewan-delt wird. Eine Fehlanpassung des Wechselrichters an den Generator ist mit Verlusten

verbunden. Ist das Verhältnis zu klein, treten Verluste bei hohen Leistungen des PV-Generators auf, im entgegengesetzten Fall dominieren die Verluste bei geringen Generatorleistungen.

Zur Bestimmung des optimalen Verhältnisses von Wechselrichter-Eingangsleistung zur PV-Generatorleistung ist die Kenntnis des von einem PV-Generator im Regeljahr abgegebenen DC-Leistungsspektrums erforderlich. In Abbildung 3.20 sind für verschiedene Orientierungen des Generators die Histogramme der im Mittel jährlich abgegebenen DC-Leistung dargestellt. Für optimal orientierte Generatoren bleibt die erzeugte Energie zwischen 10 und 40 % der Generatorleistung näherungsweise konstant. Danach kommt es zu einem deutlichen Anstieg der erzeugten Energie (pro Leistungsintervall), und zwischen 80 und 100 % der Generatorleistung fällt die vom Generator gelieferte Energie rasch ab. Etwa 77 % der jährlich erzeugten Gesamtenergie eines PV-Generators werden bei DC-Leistungen unterhalb von 80 % seiner Nennleistung abgegeben, weitere 14 % bei Leistungen zwischen 80 und 90 %.

Durch Multiplikation des Histogramms mit der Wechselrichterkennlinie und anschließender Summation kann der jährliche Nutzungsgrad der Energiewandlung des Wechselrichters leicht berechnet werden. Durch Variation der Wechselrichtereingangsleistung ergibt sich das optimale Verhältnis von Wechselrichtereingangsleistung zu Generatorleistung (Abbildung 5.7). Entgegen früheren Auffassungen ist danach die Wechselrichter-Leistung eher größer als die Generatorleistung zu wählen. Dies gilt insbesondere für Wechselrichter, die bei Überschreiten ihrer Nenneingangsleistung automatisch abschalten. Bei Wechselrichtern, die bei Überschreiten ihrer Nenneingangsleistung die Generatorleistung auf die Nenneingangsleistung durch Abregeln begrenzen, sind die auftretenden Verluste bei Unterdimensionierung geringer. Da das vom Generator abgegebene Leistungsspektrum von dessen Orientierung abhängt, ist dieser Einfluss gegebenenfalls zu berücksichtigen. Bei geringen Abweichungen von der optimalen Orientierung des Generators (d.h. Neigungswinkel zwischen 30 und 50 Grad, Auslenkung aus der Süd-Richtung bis 45°) bleiben die in Abbildung 5.7 gezeigten Verhältnisse praktisch unverändert. Bei senkrecht orientierten PV-Generatoren ändert sich das Leistungsspektrum jedoch erheblich, deshalb ist hier der Wechselrichter anders zu dimensionieren (gestrichelte Kurven in Abbildung 5.7).

Eine andere Art der optimalen Anpassung des Wechselrichters an den Generator stellt die Kopplung von parallel geschalteten, nach dem Master-Slave-Prinzip arbeitenden Wechselrichtern dar. Der Master steuert die Funktion aller Einheiten. Bei niedrigen Leistungen arbeitet zunächst allein der Master, bei Überschreiten seines optimalen Arbeitspunktes wird der nächste Wechselrichter zugeschaltet usw. Bei Verringerung der vom Generator abgegebenen Leistung am Abend erfolgt in umgekehrter Reihenfolge die Abschaltung. Im Abbildung 5.8 ist die Wirkungsweise an einer 20-kW-PV-Anlage mit 4 Wechselrichtern zu je 5 kW dargestellt. Zwischen 6 und 10 Uhr am Morgen werden nacheinander die Slaves zugeschaltet, die Abschaltung am Abend

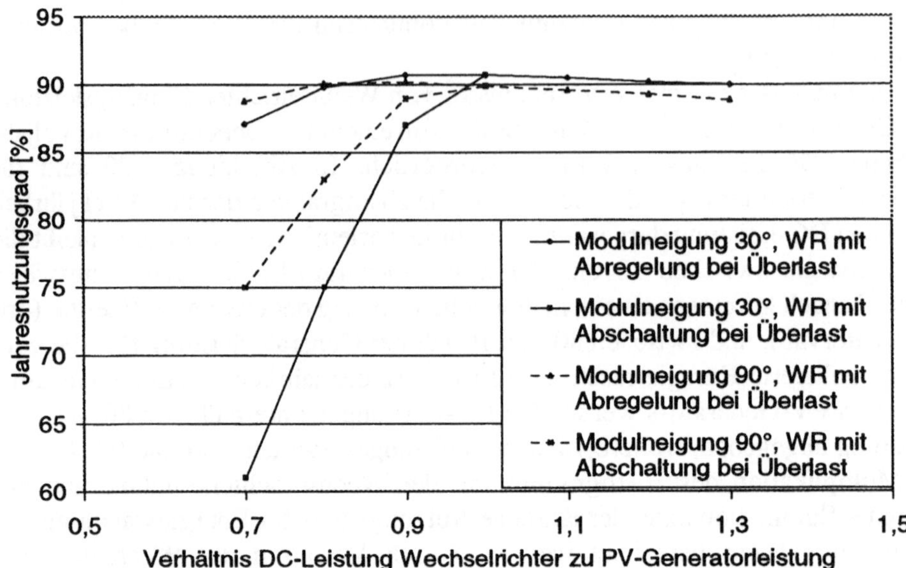

Abb. 5.7:   Jährlicher Nutzungsgrad von Wechselrichtern als Funktion des Verhältnisses der Wechselrichter-Eingangsleistung zur Leistung des PV-Generators und des Eingangs-Leistungsspektrums

erfolgt in wesentlich kürzerer Zeit. Ursache für diese Asymmetrie ist eine Teilabschattung des Generators am Morgen. Durch entsprechende Regelalgorithmen kann für jede abgegebene Generatorleistung die Wechselrichterkonfiguration mit dem höchsten Wirkungsgrad eingestellt werden.

Die - meist im Wechselrichter integrierte - Leistungspunktnachführung ist die Baugruppe, die den ständigen Betrieb des PV-Generators im MPP der jeweiligen Kennlinie (entsprechend den aktuellen meteorologischen Bedingungen) gewährleistet. Wegen der Abhängigkeit der Generator-Kennlinie von Bestrahlungsstärke und Temperatur wird in kurzen Abständen (etwa Minuten) der MPP neu ermittelt und der Arbeitspunkt entsprechend eingestellt. Bei sich rasch ändernden meteorologischen Bedingungen (z.B. Durchzug von Wolkenfeldern) kommt es zwischenzeitlich zu dynamischen Fehlanpassungen, d.h. dem PV-Generator wird nicht die maximal mögliche Leistung entnommen. Nach neueren Untersuchungen können die damit verbundenen Ertragsverluste immerhin etwa 2-3 % betragen.

Seit einigen Jahren werden auch sogenannte Modulwechselrichter erprobt. Das Konzept sieht vor, jedes Modul mit einem einzelnen Wechselrichter auszurüsten. Die Vorteile des Konzeptes bestehen in der einfachen elektrischen Montage und Verschaltung wegen Wegfalls der Gleichstromkreise und der optimalen Leistungsabgabe

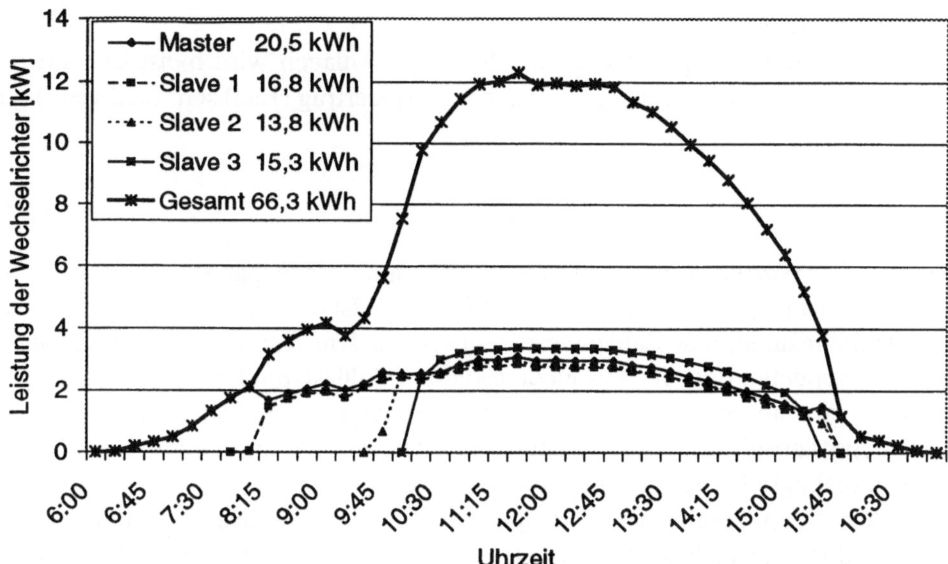

Abb. 5.8:   Wechselrichter im Master-Slave-Betrieb (Kirnitzschtalbahn, Bad Schandau)

jedes einzelnen Moduls und damit des Generators auch bei ungleichmäßiger Bestrahlungsstärke über den Generator (jedes Modul wird in seinem individuellem MPP
betrieben). Ferner werden deutliche Kostensenkungen durch die erforderliche Massenproduktion der Modulwechselrichter erwartet.

Allerdings ist das Konzept auch mit Nachteilen verbunden. So steigt zunächst der
Bauelementeaufwand (und damit die Ausfallwahrscheinlichkeit) erheblich. Ferner ist
bei der angestrebten Integration des Modulwechselrichters auf der Modulrückseite
grundsätzlich mit höheren thermischen Belastungen zu rechnen. Der Nachweis einer
mit der Lebensdauer der Module (20-30 Jahre) vergleichbaren Lebensdauer der
Modulwechselrichter ist daher nicht ohne weiteres zu erbringen. Derzeit befinden sich
verschiedene Typen von Modulwechselrichtern (Leistungsbereich 100 bis 300 W) in
der Erprobung.

5.3   Stromerzeugung durch netzgekoppelte PV-Anlagen

5.3.1 Kenngrößen

Der mit einer netzgekoppelten PV-Anlage im Regeljahr erzielbare Energieertrag E_{PV}
wird durch die im Regeljahr in Modulebene auftretende Einstrahlung H_y, die Leistung

des PV-Generators, die Auslegung der Anlage und die technische Verfügbarkeit der Komponenten bestimmt.

Zum Vergleich der Energieerträge verschiedener Anlagen wird meist der auf die nominale Generatorleistung $P_{G,nom}$ bezogene Energieertrag (Englisch: final yield) YF

$$YF = \frac{E_{PV}}{P_{G,nom}} \qquad (5.4)$$

verwendet. Der bezogene Ertrag gilt für eine bestimmte Zeitspanne, welche dann im Formelzeichen angegeben wird (z.B. YF_y, YF_m, YF_d). Ist die Zeitspanne ein Kalenderjahr, so ist der resultierende Zahlenwert identisch mit dem Wert des in der Kraftwerktechnik verwendeten Begriffs Ausnutzungsdauer (Volllaststundenzahl). Die Ausnutzungsdauer gibt an, wie viel Stunden im Kalenderjahr ein Kraftwerk (hier: PV-Anlage) hypothetisch mit voller Leistung arbeiten müsste, um die im Kalenderjahr tatsächlich erzeugte Energiemenge zu produzieren.

Für einen korrekten Vergleich der Erträge verschiedener PV-Anlagen ist der bezogene Ertrag jedoch nur bedingt geeignet. Durch den Bezug auf die nominale Leistung des PV-Generators wird die durch den Generatorfaktor beschriebene, praktisch immer auftretende Minderleistung (vgl. Abschnitt 5.2.2) nicht berücksichtigt. Für eine belastbare (vergleichbare) Angabe des Anlagenertrages E_{PV} muss dieser deshalb auf die Generatornennleistung $P_{G,nenn}$ bezogen werden, die entsprechende Kenngröße wird als normierter Anlagenertrag W_{nor} bezeichnet:

$$W_{nor} = \frac{E_{PV}}{P_{G,nenn}} = \frac{E_{PV}}{P_{G,nom} \cdot K_G} = \frac{YF}{K_G} \; . \qquad (5.5)$$

Nur für $K_G = 1$ stimmen der bezogene Anlagenertrag und der normierte Anlagenertrag überein.

Die allgemeinste Kenngröße für die Güte einer Energiewandlung ist der in einem bestimmten Zeitraum erreichbare Nutzungsgrad ζ. Für eine PV-Anlage ergibt sich dieser aus der von der Anlage erzeugten Energie E_{PV} und der von der Generatorfläche A_G aufgenommenen Einstrahlung:

$$\zeta = \frac{E_{PV}}{H \cdot A_G} \; . \qquad (5.6)$$

In der Photovoltaik wird statt dem Nutzungsgrad häufiger die Ausbeute (Englisch: performance ratio) PR verwendet. Dabei wird der Nutzungsgrad der PV-Anlage auf den Wirkungsgrad der eingesetzten Module bezogen:

$$PR = \frac{\zeta}{\eta_M} \cdot \qquad (5.7)$$

Unter Beachtung der Gleichungen (3.15) und (5.4) gilt

$$PR = \frac{E_{PV}}{H \cdot A_G \cdot \eta_M} = \frac{YF}{H} \cdot G_{STC} \cdot \qquad (5.8)$$

5.3.2 Generatornennleistung

Die bei Standardprüfbedingungen erreichbare Leistung des PV-Generators ist die zentrale Bezugsgröße bei der Beurteilung von PV-Anlagen. Die genaue Bestimmung der Leistung eines PV-Generators bei STC-Bedingungen stößt jedoch auf eine Reihe von Schwierigkeiten. Die für Module übliche Bestimmung ihrer Leistung mittels Solarsimulatoren im Labor scheidet wegen der Größe der Generatoren aus. Andererseits treten die STC-Bedingungen im realen Betrieb praktisch nicht auf. Zwar werden während eines Jahres sowohl Bestrahlungsstärken von 1000 W/m² und auch Generatortemperaturen von 25 °C beobachtet. Beide Bedingungen treten jedoch nicht gleichzeitig auf, von dem für Standardprüfbedingungen weiter geforderten senkrechten Lichteinfall und Strahlungsspektrum entsprechend AM 1,5 ganz abgesehen. Die beiden letztgenannten Bedingungen haben allerdings nur einen sehr geringen Einfluss auf das Ergebnis.

Relativ einfach ist die Bestimmung der Generatornennleistung bei Anlagen, bei denen die Bestrahlungsstärke, Generatortemperatur und Generatorleistung kontinuierlich gemessen werden. Aus den im Laufe eines Jahres anfallenden Messwerten werden die Temperatur- und Leistungswerte herausgezogen, die bei Bestrahlungstärken von $G_{STC} = 1000$ W/m² gemessen wurden. Wenn die Leistungswerte über den Temperaturwerten aufgetragen werden (Abbildung 5.9), so kann durch Extrapolation der Leistungswerte auf die Generatortemperatur $T_G = 25$ °C die Generatornennleistung leicht ermittelt werden. Theoretisch gleichwertig ist das Verfahren, aus den Messwerten die Werte der Bestrahlungsstärke und der Generatorleistung zu verwenden, die bei Generatortemperaturen von 25° C gefunden wurden und die Abhängigkeit auf Bestrahlungsstärken von 1000 W/m² zu extrapolieren. Die sehr einfachen Verfahren setzen allerdings aufwendige Messungen voraus und erfordern außerdem lange Messzeiten (Größenordnung Monate).

Es wurden deshalb Verfahren entwickelt, die eine näherungsweise Ermittlung der Kennlinie eines PV-Generators für Bestrahlungsstärken von 1000 W/m² und Generatortemperaturen von 25 °C aus Kennlinien erlauben, die - im Laufe eines sonnigen

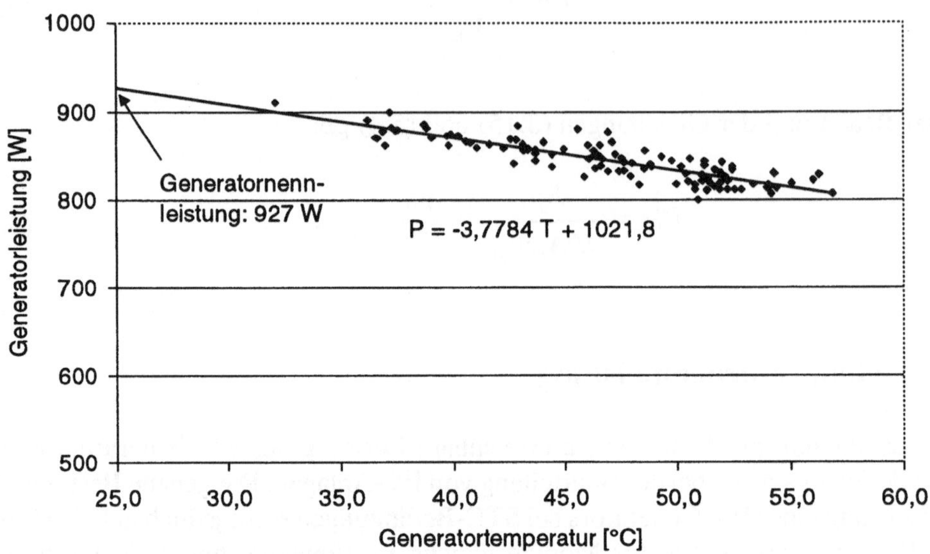

Abb. 5.9:   Ermittlung der STC-Leistung eines PV-Generators aus der Temperaturabhängigkeit der gemessenen Leistung bei Bestrahlungsstärken von 1000 W/m². Die nominale Generatorleistung betrug im dargestellten Fall 1060 Watt, für den Generatorfaktor ergibt sich daraus ein Wert von 0,87.

Tages - für verschiedene Bestrahlungsstärken (mit der Bedingung G > 500 W/m²) und beliebige Generatortemperaturen gemessen werden können.

Die Messung der Kennlinien von PV-Generatoren kann mit verschiedenen Methoden relativ leicht und genau erfolgen. Schwieriger ist die genaue Messung der Bestrahlungsstärke G in der Generatorebene und vor allem auch der Generatortemperatur T_G. Bei beiden Parametern treten - neben den elektrischen Messfehlern - zusätzliche Unsicherheiten infolge nichtstationärer Umgebungsbedingungen bzw. der inhomogenen Temperaturverteilung im PV-Generator auf. Die daraus resultierenden Fehler auf die Ermittlung der Generator-Nennleistung sind deutlich größer als die Beiträge der Messfehler der elektrischen Größen.

Zur Umrechnung der gemessenen Kennlinien auf Standardprüfbedingungen wurden in den letzten Jahren eine Reihe von Verfahren entwickelt. Sie basieren entweder auf der Solarzellen-Gleichung (3.5) oder dem Zwei-Dioden-Modell der Solarzelle. Die auf der Solarzellen-Gleichung beruhenden Verfahren sind leichter zu implementieren und liefern im Rahmen der Fehlergrenzen praktisch die gleichen Ergebnisse wie die komplexeren Zwei-Dioden-Modelle.

Die auf der Solarzellen-Gleichung beruhenden Verfahren gehen wesentlich auf BLÄSSER und ROSSI (1988) zurück. Sie wurden mehrfach modifiziert, so dass streng genommen mehrere praktische Umsetzungen existieren. Generell wird davon ausgegangen, dass jedes gemessene Wertepaar (U_{meas}, I_{meas}) einer gemessenen Kennlinie in ein entsprechendes Wertepaar (U_{STC}, I_{STC}) der STC-Kennlinie transformiert werden kann. Die Transformation erfolgt durch getrennte Korrekturen des Strom- bzw. Spannungswertes. Aus den Punkten jeder gemessenen Kennlinie kann somit eine STC-Kennlinie berechnet werden. Durch Abgleich freier Parameter oder durch Mittelwertsbildung wird dann die gesuchte STC-Leistung des Generators ermittelt. Die Umrechnung der Spannungswerte erfolgt durch Addition einer konstanten Korrekturspannung ΔU zu jedem Messwert U_{meas} einer Kennlinie. Die Korrektur- spannung wird aus dem Messwert der Leerlaufspannung $U_{meas,oc}$ nach folgendem - aus der Solarzellen-Gleichung ableitbaren - Ansatz ermittelt:

$$\Delta U = U_{STC,oc} - U_{meas,oc} = U_{meas,oc}(a \cdot \ln(\frac{G_{STC}}{G}) + b \ (25 \ °C - T_G)) \ . \qquad (5.9)$$

Der Einstrahlungskorrekturfaktor a (Standardwert 0,06) ist das Produkt aus kT/e (thermische Spannung) und einem Nichtidealitätsfaktor der Diode, der Koeffizient b ist der Spannungstemperaturkoeffizient der Diode (Zelle) entsprechend Datenblatt. In Gleichung (5.9) sind beide Werte auf $U_{meas,oc}$ bezogen. Da die Generatortemperatur T_G weder einfach bestimmt und zudem auch nicht als konstant über den Generator angesetzt werden kann, kann sie näherungsweise auch über die Umgebungstempera- tur T_a ausgedrückt werden. Dabei wird ein linearer Zusammenhang zwischen der Modultemperatur und der Bestrahlungsstärke G angenommen:

$$T_G = T_a + d \cdot G \ . \qquad (5.10)$$

Durch Einsetzen folgt aus Gleichung (5.9)

$$\Delta U = U_{meas,oc}(a \cdot \ln(\frac{G_{STC}}{G}) + b \ (\ (25 \ °C - T_a \ ) + c \cdot G)) \ . \qquad (5.11)$$

Wegen der einfachen Modelle und der unvermeidlichen Messfehler (insbesondere bei der Bestimmung von G und T_G) führt jeder Messwert $U_{meas,oc}$ - bei unterschiedlichen Bestrahlungsstärken - zu einem etwas anderen Wert von $U_{STC,oc}$. Aus der Bedingung, dass $U_{STC,oc}$ unabhängig von der jeweiligen Bestrahlungsstärke sein muss, kann durch Variation des Parameters a in den Gleichungen (5.9) bzw (5.11) ein mittlerer Wert von $U_{STC,oc}$ bestimmt werden und damit gleichzeitig ein den Generator kennzeich- nender Wert des Einstrahlungskorrekturfaktors a gefunden werden. Dabei ist es von Vorteil, Leerlaufspannungsmessungen über einen großen Bereich der Bestrahlungsstärke vorzunehmen. Aus Messungen allein bei hohen Bestrahlungsstärken ist der Parameter a nicht zu ermitteln.

Die Transformation der gemessenen Stromwerte I_{meas} auf STC-Werte erfolgt nach dem aus der Solarzellen-Gleichung für den Kurzschlussfall ableitbaren Beziehung:

$$I_{STC} = I_{meas} \cdot (\frac{G_{STC}}{G}) \cdot [1+\alpha(25 \; °C-T_G)] \; . \tag{5.12}$$

In dem hier beschriebenen Verfahren nach BLÄSSER wird die Gültigkeit dieser Gleichung für jeden Punkt einer Kennlinie vorausgesetzt. Wegen der geringen Größe des Strom-Temperaturkoeffizienten α wird der Term in eckigen Klammern häufig vernachlässigt.

Bei der Ermittlung der transformierten U_{STC}-Werte wird neben dem Spannungskorrekturterm nach Gleichung (5.9) noch ein Serienwiderstand R_S berücksichtigt:

$$U_{STC} = U_{meas} + \Delta U + R_S \cdot I_{meas} (1 - \frac{G_{STC}}{G}) \; . \tag{5.13}$$

Der Widerstand R_S beschreibt die im Generator vorhandenen elektrischen Verluste. Seine Bestimmung kann formal durch eine Anpassung aus mehreren vorhandenen Messungen erfolgen.

Zur R_S-Berechnung werden aus den transformierten Wertepaaren (U_{STC}, I_{STC}) die reduzierten Kennlinien durch Division mit der Leerlaufspannung bzw. dem Kurzschlussstrom gebildet:

$$u_{red} = \frac{U_{STC}}{U_{STC,oc}} \qquad ; \qquad i_{red} = \frac{I_{STC}}{I_{STC,sc}} \; . \tag{5.14}$$

Alle gemessenen Kennlinien eines PV-Generators werden in einem einzigen Diagramm mit x- und y-Koordinaten zwischen 0...1 eingetragen. Durch Verändern des Wertes von R_S in Gleichung (5.13) lassen sich alle in diesem Diagramm dargestellten reduzierten Kennlinien zur optimalen Überdeckung im Bereich des MPP bringen. Dieser Abgleich ist allerdings subjektiv und deshalb nur relativ unscharf durchführbar. In Abbildung 5.10 ist ein Kennliniensatz mit 6 gemessenen Kennlinien und der daraus berechneten Kennlinie entsprechend Standardprüfbedingungen dargestellt. Letztere wurde als Mittelwert aus den einzelnen hochgerechneten Kennlinien ermittelt. Die gesuchte Nennleistung des Generators ergibt sich als MPP der ermittelten Kennlinie bei Standardprüfbedingungen.

Als Test für die Genauigkeit der gesamten Umrechnungsprozedur (einschließlich der Fehler der Messungen) gilt die Berechnung einer unter beliebigen Bedingungen gemessenen Kennlinie aus den Messungen aller anderen Kennlinien. Von den in Ab-

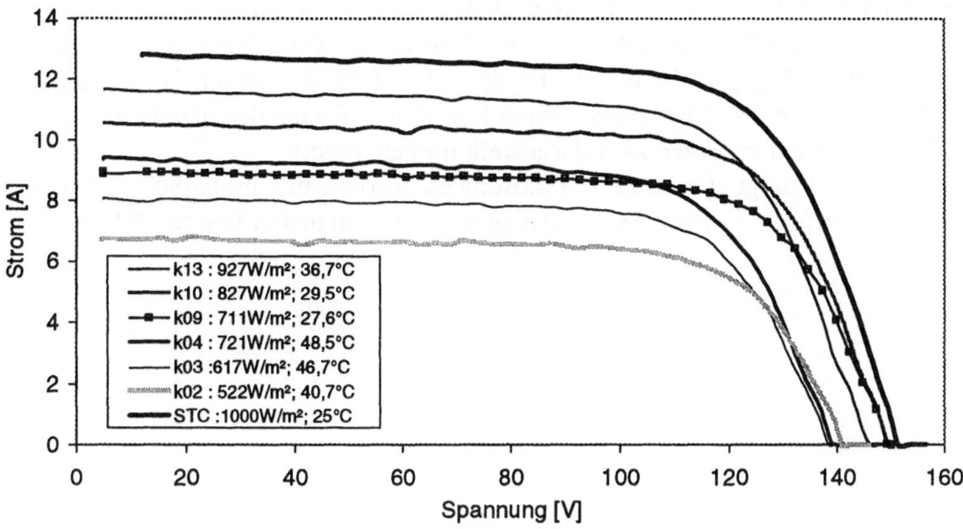

Abb. 5.10:   Gemessener Kennliniensatz mit ermittelter Kennlinie für Standardprüfbedingungen

bildung 5.10 dargestellten 6 gemessenen Kennlinien wurden 5 zur Berechnung der Kennlinie k09 verwendet. Dazu wurden in den Gleichungen (5.9) und (5.13) die STC-Werte durch die für die Kennlinie k09 gemessenen Werte (G = 711 W/m², T = 27,6° C) ersetzt. Für die Kennlinie k09 wurde eine MPP-Leistung von 963 W gemessen. Die MPP-Leistungen der umgerechneten Kennlinien liegen zwischen 945 Watt und 975 Watt. Nach Gleichung (5.9) wird eine Leistung von 974 Watt und nach Gleichung (5.13) von 973 Watt gefunden. Die sehr gute Übereinstimmung mit dem gemessenen Wert von k09 bestätigt die Brauchbarkeit der beschriebenen Verfahren.

5.3.3 Betriebsergebnisse kleiner PV-Anlagen

In der zweiten Hälfte der 80er Jahre begannen weltweit systematische Untersuchungen mit netzgekoppelten PV-Anlagen. Mit Unterstützung der EU sowie über verschiedene nationale Programme wurden auch in Europa erste Demonstrationsanlagen unterschiedlicher Leistung projektiert, errichtet und getestet. Das Ziel bestand vorrangig in der Erprobung der eingesetzten Komponenten und dem Sammeln erster Betriebserfahrungen. Bei den errichteten Anlagen handelte es sich weitgehend um Unikate. Mit den ersten netzgekoppelten Anlagen in Deutschland wurde ein bezogener jährlicher Ertrag YF_y zwischen 650 und 850 kWh/kW erreicht.
Als weltweit erster Breitentest für netzgekoppelte PV-Anlagen gilt das Bund-Länder-

1000-Dächer-Photovoltaik-Programm in Deutschland. Im Rahmen dieses Programms wurden zwischen 1990 und 1994 in Deutschland über 2000 PV-Anlagen (Leistungsbereich 1 kW $< P_{G,nom} <$ 5 kW) auf Dächern von Ein- und Zwei-Familienhäusern installiert und mehrere Jahre messtechnisch begleitet. Einige der dabei gewonnenen Ergebnisse werden im Folgenden dargestellt und analysiert.

Abbildung 5.11 zeigt den mittleren saisonalen Verlauf des monatlich gemittelten bezogenen Ertrages YF_d von 28 PV-Anlagen, gemessen in den Jahren 1994 bis 1997 in Sachsen.

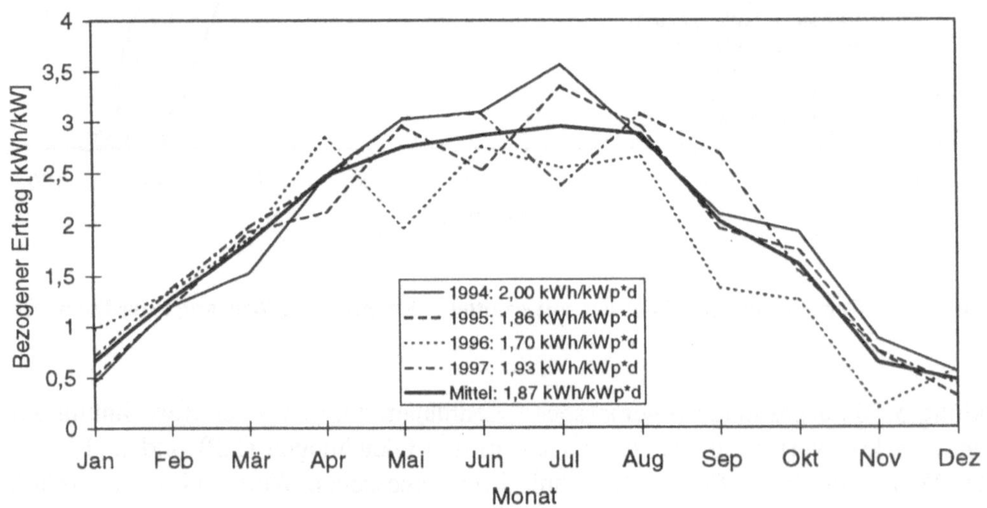

Abb. 5.11:   Saisonaler Verlauf des Mittelwertes des bezogenen täglichen Ertrages von 28 netzgekoppelten Anlagen für mehrere Jahre

Der Verlauf zeigt bis auf geringfügige Abweichungen gute Übereinstimmung mit den gemessenen Mittelwerten der Einstrahlung an den PV-Anlagen. Der bezogene Jahresertrag YF_y betrug im langjährigen Mittel etwa 700 kWh/kW. Im Sommerhalbjahr (April bis September) fallen 75 bis 80 % des Jahresertrages an, im Mittel kann in dieser Zeit mit einer erzeugten Arbeit von 2 - 3 kWh pro Tag und kW installierter Leistung gerechnet werden.

In Abbildung 5.12 ist der mittlere tägliche Verlauf der von einem 1-kW-Generator im Sommerhalbjahr abgegebenen Leistung dargestellt. Bei den untersuchten Anlagen liegt das Maximum mittags bei etwa 380 W/kW. Der zeitliche Verlauf der Kurve stimmt bis gegen 14 Uhr mit der allgemeinen Lastkurve des Elektroenergieverbrauchs überein (vgl. Abbildung 1.6). Netzgekoppelte PV-Anlagen können deshalb zur Deckung des Tagesmaximums des Elektroenergieverbrauches beitragen. Die untersuchten Anlagen waren optimal orientiert und relativ wenig voneinander entfernt. Bei einem großen, über Deutschland verteilten Ensemble von Anlagen, die sich auch in der Auslenkung aus der Südrichtung unterscheiden, wird die dargestellte tägliche Leistungskurve grundsätzlich flacher und breiter werden. Ursache dafür sind räumliche und zeitliche Ausgleichseffekte.

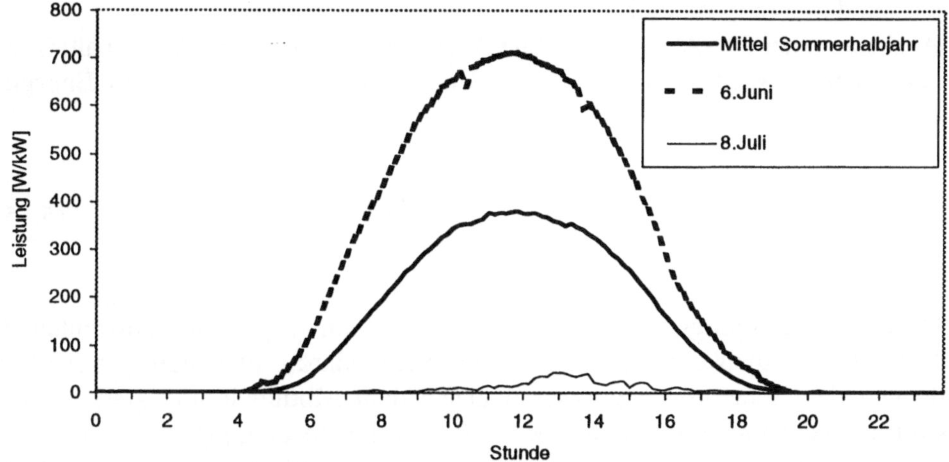

Abb. 5.12: Gemittelte Leistungsabgabe einer optimal ausgerichteten netzgekoppelten PV-Anlage im Sommerhalbjahr. Dargestellt sind ferner die Leistungsabgaben am einstrahlungsreichsten und einstrahlungsärmsten Tag des Sommers.

In Abbildung 5.12 sind neben der mittleren Ertragskurve auch die Ertragsverläufe am einstrahlungsstärksten und einstrahlungsschwächsten Tag des betrachteten Sommerhalbjahres eingetragen. Danach liegt die gesicherte Leistung (d.h. auch am Tag mit der geringsten Einstrahlung im Sommer verfügbar) nur bei unter 10 % der mittleren verfügbaren Leistung oder etwa 3 % der installierten Leistung. Die gesicherte Leistung von netzgekoppelten PV-Anlagen bleibt somit auch bei Begrenzung auf das Sommerhalbjahr sowie auf den Zeitraum zwischen 6 und 18 Uhr klein. Dieser Nachteil aus energiewirtschaftlicher Sicht wird noch dadurch verstärkt, dass der Energiebedarf an trüben Tagen im Sommer bis zu 10 % über dem durchschnittlichen Energiebedarf liegen kann. Eine entsprechende Leistungsvorhaltung in konventionellen Kraftwerken ist deshalb auch bei künftiger massiver Nutzung der Photovoltaik unumgänglich.
Zwischen den einzelnen Anlagen wurden erhebliche Unterschiede im bezogenen Ertrag (500 kWh/kW < YF_y < 850 kWh/kW) beobachtet. Diese waren nicht auf unterschiedliche Einstrahlungen an den einzelnen Anlagen (die Orientierung der PV-

Generatoren lag weitgehend im optimalen Bereich) zurückzuführen, sondern hingen mit den eingesetzten Modultypen zusammen. Die beobachteten Differenzen spiegelten sich auch in der an 25 Anlagen gemessenen Ausbeute PR wieder, die z.B. im Jahr 1996 bei einem Mittelwert von 67 % zwischen 50 % und 80 % variierte.

Der jährliche Energieertrag ist die entscheidende energetische Kenngröße einer netzgekoppelten PV-Anlage. Die den Ertrag beeinflussenden Faktoren können am einfachsten durch eine Analyse der Ausbeute ermittelt werden.

Die Ausbeute einer PV-Anlage ist nach Gleichung (5.8) definiert als Verhältnis der von einer Anlage erzeugten elektrischen Energie E_{PV} zu einer fiktiven Energieerzeugung E_{nom}

$$PR = \frac{E_{PV}}{H \cdot A_G \cdot \eta_M} = \frac{E_{PV}}{E_{nom}} \ . \tag{5.15}$$

Die fiktive Energieerzeugung E_{nom} wäre erreichbar, wenn die gesamte Einstrahlung H auf die PV-Generatorfläche A_G entsprechend den Standardprüfbedingungen erfolgen würde und der Generatornutzungsgrad gleich dem Modulwirkungsgrad ist (η_M: Wirkungsgrad der eingesetzten Module bei Standardprüfbedingungen). Bei optimaler Anpassung des Wechselrichters an den Generator sowie ständigem Betrieb im MPP gilt für den Zähler in der letzten Gleichung

$$E_{PV} = H \cdot A_G \cdot \zeta_G \cdot \zeta_{WR} \tag{5.16}$$

mit ζ_G und ζ_{WR} als Generator- bzw. Wechselrichternutzungsgrad. Unter der Voraussetzung der Nutzung völlig identischer Module (d.h. kein mismatch) mit einer dem Wirkungsgrad η_M entsprechenden Nennleistung und der Vernachlässigung von Ohmschen Verlusten im Generator (einschl. DC-Verkabelung) ist der Generatornutzungsgrad ζ_G gleich dem Modulnutzungsgrad ζ_M. Für den Modulnutzungsgrad gilt unter typischen meteorologischen Bedingungen in Deutschland nach Tabelle 3.3:

$$\zeta_M = 0{,}9 \cdot \eta_M = \zeta_{G,ideal} \ . \tag{5.17}$$

Die Ausbeute wird unter den genannten idealen Bedingungen deshalb allein durch den Wechselrichternutzungsgrad ζ_{WR} bestimmt:

$$PR = \frac{\zeta_{G,ideal} \cdot \zeta_{WR}}{\eta_M} = \frac{0{,}9 \cdot \eta_M \cdot \zeta_{WR}}{\eta_M} = 0{,}9 \cdot \zeta_{WR} \ . \tag{5.18}$$

Mit realistischen Werten des Jahresnutzungsgrades von modernen Wechselrichtern (siehe Tab. 5.1) ergeben sich ideale Werte für das Performance Ratio zwischen 0,81 und 0,84. Praktisch werden diese Werte bisher jedoch - wie die oben angegebenen Werte zeigen - selten erreicht.

In der Realität gilt für den Generator- bzw. Wechselrichternutzungsgrad unter Nutzung des in Gl. (5.2) eingeführten Generatorfaktors

$$\zeta_G = 0{,}9 \cdot \eta_M \cdot K_G \tag{5.19}$$

und Einführung eines Wechselrichterfaktors K_{WR}

$$\zeta_{WR,rea} = \zeta_{WR} \cdot K_{WR} \tag{5.20}$$

und entsprechend für die Ausbeute:

$$PR = \frac{\zeta_G \cdot \zeta_{WR,rea}}{\eta_M} = 0{,}9 \cdot K_G \cdot \zeta_{WR} \cdot K_{WR} \; . \tag{5.21}$$

Der in Abschnitt 5.2 eingeführte Generatorfaktor K_G berücksichtigt summarisch die Abweichungen der Modulleistung von den Datenblattangaben, den mismatch im Generator und alle Ohmschen DC-Verluste. Da letztere grundsätzlich unter 1% gehalten werden können, hängt der Faktor K_G dann nur noch von Moduleigenschaften ab, er gibt faktisch das Verhältnis des Generatorwirkungsgrades bei Standardprüfbedingungen zum Wirkungsgrad der Module nach Datenblattangaben an:

$$K_G = \frac{P_{G,nenn}}{P_{G,nom}} = \frac{\eta_{G,STC}}{\eta_M} = \frac{0{,}9 \cdot \eta_{G,STC}}{0{,}9 \cdot \eta_M} = \frac{\zeta_G}{0{,}9 \cdot \eta_M} \; . \tag{5.22}$$

Analog werden durch den Wechselrichterfaktor K_{WR} eine mögliche statische Fehlanpassung des Wechselrichters an den PV-Generator (Verhältnis Generator-Nennleistung zu Wechselrichter-Eingangsleistung) sowie dynamische Fehlanpassungen des Wechselrichters an den Generator durch kurzzeitige Abweichungen vom MPP berücksichtigt. Durch entsprechende Auslegung kann die Fehlanpassung von Wechselrichter und Generator weitgehend vermieden werden (Abschnitt 5.2.4). Die Verluste durch nichtoptimale Leistungspunktnachführung belaufen sich im Jahr auf etwa 3 %. Bei gemessenen jährlichen Wechselrichter-Nutzungsgraden sind diese Einflüsse bereits berücksichtigt, so dass bei deren Verwendung $K_{WR} = 1$ gilt.

Aus der gemessenen Ausbeute kann folglich bei bekanntem Wechselrichternutzungsgrad sowohl der Generatorfaktor K_G ermittelt werden

$$K_G = \frac{PR}{0,9 \cdot \zeta_{WR}}$$ (5.23)

als auch die Generator-Nennleistung $P_{G,nenn}$ (unter Berücksichtigung von Modulminderleistungen, mismatch und sämtlichen DC-Verlusten) bestimmt werden:

$$P_{G,nenn} = K_G \cdot P_{G,nom} \ .$$ (5.24)

Damit besteht neben den in Abschnitt 5.3.2 dargestellten Möglichkeiten eine dritte, besonders einfache Möglichkeit zur Bestimmung der Generatornennleistung. Die erforderliche Messung der jährlichen Einstrahlungssumme H_y in der Generatorebene ist mittels preiswerter Sensoren relativ einfach möglich, sie kann grundsätzlich durch den Mikrorechner des Wechselrichters erfolgen. Einschränkend sei noch vermerkt, dass die Ermittlung der Generator-Nennleistung aus der Ausbeute nur möglich ist, wenn deren Messung nicht durch Abschattungseffekte oder Komponentenausfall im Messzeitraum verfälscht wurde.

Die dargestellten Zusammenhänge wurden an einer Reihe von netzgekoppelten PV-Anlagen verifiziert (Tabelle 5.2). Die Anlagen wurden im Rahmen des 1000-Dächer-Langzeitmessprogramms speziell vermessen, insbesondere wurden auch Kennlinienmessungen zur Bestimmung der Generator-Nennleistung durchgeführt. Die nach beiden Verfahren ermittelten PV-Generator-Nennleistungen stimmen gut (Abweichungen max. 5 %) überein. Grundsätzlich lagen die ermittelten Generator-Nennleistungen deutlich unter den Generator-Nominalleistungen (Ausnahme: Anlagen mit Modulen von Siemens-Solar). Zwischen beiden Größen ist demnach bei PV-Anlagen genau zu unterscheiden.

Umgekehrt ist nach dem Gesagten die Vorhersage der Ausbeute einer Anlage bei Kenntnis der Leistungsfähigkeit der eingesetzten Module und des Wechselrichters

Tabelle 5.2: Nennleistung von PV-Generatoren nach verschiedenen Verfahren ([1]berechnet aus der Ausbeute, [2] berechnet aus gemessenen Kennlinien)

Anlage	Modul	Wechsel-richter	$P_{G,nom}$ [kW]	PR [%]	K_G	$P_{G,nenn}[1]$ [kW]	$P_{G,nenn}[2]$ [kW]
1	PWX 500	NEG	1,2	69	0,85	1,02	1,02
2	BP 255	SKN	3,6	62	0,73	2,64	2,8
3	M50	Siemens	3,5	75	0,95	3,31	3,5
4	PS94MC90	TopClass	2,7	68	0,85	2,3	2,3
5	PS184MC204	PV-WR-5000	4,9	60	0,76	3,7	3,92

(speziell des Generatorfaktors und des Wechselrichterjahresnutzungsgrades) grundsätzlich möglich. Die Jahresnutzungsgrade von Wechselrichtern liegen bei eingeführten Typen als Messwerte vor, für neuere Geräte können die Werte auch aus den
Wechselrichter-Kennlinien nach Datenblatt unter Nutzung standardisierter PV-
Generator-Leistungsspektren berechnet werden (Abschnitt 5.2.3). Der Generatorfaktor für bestimmte Modultypen wird bisher von den Modulherstellern nicht angegeben,
obwohl er im Grunde genommen allein durch die bei der Herstellung der Module
auftretenden bzw. zugelassenen Fertigungstoleranzen bestimmt wird. Er kann deshalb
derzeit belastbar nur aus PR-Messungen an installierten Anlagen ermittelt werden.
Die vorgenommene Analyse bestätigt ebenso wie die Ergebnisse der besten Anlagen,
dass für Anlagen mit abschattungsfrei aufgebautem Generator PR-Werte von 80 %
erreichbar sind. Da nach Gleichung (5.8) durch die Ausbeute PR und die Einstrahlung
H in Generatorebene auch der Ertrag einer PV-Anlage bestimmt ist, kann auch der
Ertrag von PV-Anlagen leicht abgeschätzt werden. Bei für Deutschland typischen
jährlichen Einstrahlungen zwischen 1000 und 1200 kWh/m² auf optimal orientierte
Generatoren können als bezogener Ertrag YF_y Werte zwischen 800 und 950 kWh/kW
erreicht werden.

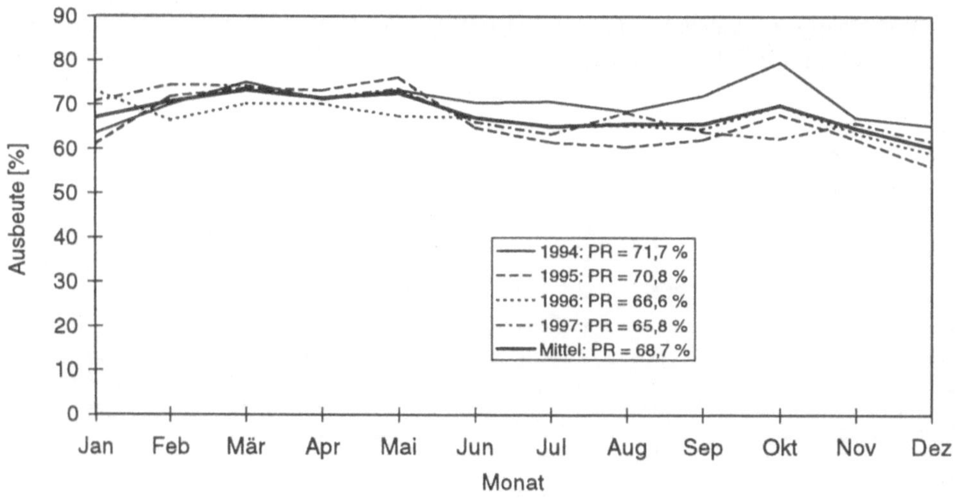

Abb. 5.13:   Saisonale Abhängigkeit der Ausbeute (Mittelwerte von 20 Anlagen)

Bei den bisherigen Darstellungen wurde die für ein Jahr berechnete Ausbeute verwendet. Grundsätzlich gelten die Zusammenhänge natürlich auch für die Ausbeute in
kürzeren Zeiträumen. So zeigt die monatliche Ausbeute nur eine geringe saisonale
Abhängigkeit (Abbildung 5.13), welche grundsätzlich dem entsprechenden Verlauf

des Modulnutzungsgrades entspricht (Abbildung 3.21). Schwache Minima im Winter und im Sommer werden durch niedrige Bestrahlungsstärken und flache Einfallswinkel (Winter) bzw. durch die hohe Modultemperatur (Sommer) verursacht. Damit korrespondieren die im Frühjahr und Herbst auftretenden schwachen Maxima. Die in einigen Fällen in Abbildung 5.13 sichtbaren Einbrüche im Winter sind auf teilweise Generatorabschattungen infolge Schneebedeckung zurückzuführen.

5.3.4 Weitere Ergebnisse

Nachfolgend sind Ergebnisse von netzgekoppelten PV-Anlagen zusammengestellt, die unter verschiedenen Gesichtspunkten die im Rahmen des 1000-Dächer-Programms erhaltenen Ergebnisse ergänzen.

Im Jahr 1993 wurde auf dem 3454 m hohen Jungfraujoch (Schweiz) eine 1,15 kW-Anlage in Betrieb genommen. Der Solargenerator ist an einer vertikalen (!) Wand der Bergstation in südlicher Richtung montiert. Wegen seiner Schneesicherheit auch im Sommer entstehen über Reflexionen hohe integrale Einstrahlungswerte (im Mittel etwa 1600 kWh/m^2). In den Jahren 1994 bis 1996 wurde - bei einer geringen saisonalen Variation - ein jährlicher bezogener Ertrag zwischen 1300 und 1500 kWh/kW erreicht (Abbildung 5.14). Die geringe saisonale Variation des Ertrages ist auf die

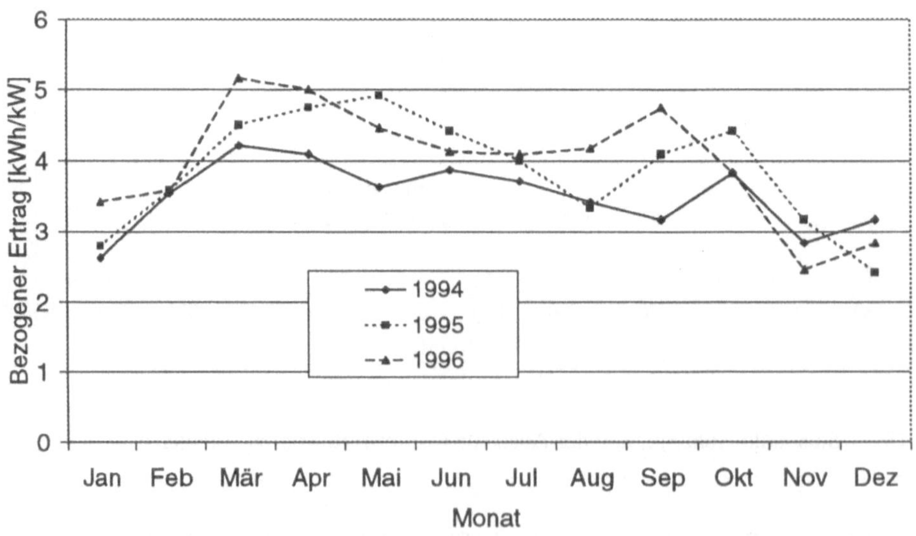

Abb. 5.14:   Erträge einer hochalpinen netzgekoppelten PV-Anlage (Jungfraujoch, Schweiz, nach HÄBERLIN und BEUTLER 1997)

ungewöhnliche Orientierung des Generators zurückzuführen. Die Ausbeute lag zwischen 82 % und 85 %. Einbrüche in einigen Frühjahrsmonaten wurden durch Schneeabdeckungen (Schneeverwehungen) verursacht. Zur hohen Ausbeute trugen vor allem die im Jahresmittel vergleichsweise niedrigen Temperaturen sowie der hohe Generatorfaktor ($K_G = 0{,}98$, Modulhersteller Siemens Solar) bei.

In den 90er Jahren wurden in Deutschland einige in vertikale Fassaden integrierte PV-Anlagen geschaffen. Dabei entstanden teilweise sehr ansprechende architektonische Lösungen. Allerdings muss bei Fassaden grundsätzlich mit möglichen ertragsmindernden Abschattungen durch andere Gebäude bzw. Bäume gerechnet werden, die den infolge der Generatororientierung ohnehin geringen energetischen Ertrag weiter mindern. In Tabelle 5.3 sind die energetischen Ergebnisse für einige fassadenintegrierte PV-Anlagen zusammengestellt. Der bezogene Ertrag der Anlagen erreicht Werte zwischen 350 und 450 kWh/kW. Eine in Norditalien betriebene Anlage erreicht wegen der höheren Einstrahlung deutlich höhere Werte.

Bisher wurden nur wenige PV-Anlagen mit 2-achsiger, dem Sonnenstand folgender Nachführung errichtet. In Offenbach wird seit 1993 eine 6,6 kW-Anlage betrieben. Sie erreichte 1995 bei einer Ausbeute von 69 % einen bezogenen Ertrag von 1051 kWh/kW. Der Ertrag lag um 40 % höher als der Ertrag einer in unmittelbarer Nähe betriebenen identischen Vergleichsanlage ohne Nachführung. Bei der Anlage mit fester Orientierung lag die Ausbeute ebenfalls nur bei unbefriedigenden 69 %. Die geringen Ausbeuten wurden durch Wechselrichterausfälle verursacht. Nach den Ausführungen in Abschnitt 5.2.4 kann für nachgeführte Anlagen bei Einsatz eines Wechselrichters mit angepasstem Kennlinienverlauf (wegen der größeren Häufigkeit größerer Einstrahlungswerte) ein höherer Jahresnutzungsgrad und damit grundsätzlich eine größere Ausbeute erreicht werden. Angaben über den zur Nachführung erforderlichen Stromverbrauch liegen nicht vor.

Tabelle 5.3:   Fassadenintegrierte PV-Anlagen

Anlage	nominale Leistung [kW]	YF_y [kWh/kW]
Umweltzentrum Cottbus	3 x 1,272	465 (19° SW), 400 (39° SW) 273 (62° SW)
TGZ Gera	13,4	511
Flachglaswerk Wernbach	12,4	379 (2 Ausrichtungen)
Ökotec3-Fassade Berlin	4	422 (2 Ausrichtungen)
Parkhaus Chemnitz	10	400
BGW Dresden	4,05	420
JRC Ispra (Italien)	21,3	798

5.4   Wirtschaftlichkeit und architektonische Aspekte

5.4.1 Stromgestehungskosten netzgekoppelter PV-Anlagen

Die Wirtschaftlichkeit einer netzgekoppelten PV-Anlage wird durch ihre Stromgestehungskosten und deren Vergleich mit den Kosten konkurrierender Systeme gekennzeichnet. Bei der Ermittlung der Stromgestehungskosten sind folgende Kostenarten relevant:

-       Investitionskosten (Hauptkomponenten, Material, Installationskosten)
-       Betriebskosten (Wartung, Instandhaltung, Versicherungen)
-       Kapitalkosten (Zins und Tilgung von Krediten)

Die Investitionskosten betrugen im 1000-Dächer-Programm (d.h. Anfang der 90er Jahre) durchschnittlich 24800 DM/kW. Im Mittel entfielen 64 % der Gesamtkosten auf die Modulkosten und 11 % auf die PV-Wechselrichter. Die restlichen 25 % der Kosten entfielen zu etwa gleichen Teilen auf Materialkosten (Unterkonstruktion des Generators, Kabel, Abzweigkästen) sowie auf Installationskosten. Gegenwärtig liegen die Investitionskosten (inkl. Mehrwertsteuer) bei etwa 13000 bis 15000 DM/kW. Der Modulanteil sank dabei auf etwa 50 %. Über erforderliche Wartungskosten bei netzgekoppelten Anlagen liegen bisher nur wenige Angaben vor. Sie werden vor allem durch die Zuverlässigkeit und Lebensdauer der Hauptkomponenten bestimmt. Für Module wird mit einer Lebensdauer von 25-30 Jahren gerechnet, bei Wechselrichtern erwartet man etwa die Hälfte dieser Zeit. Eine fachmännische Prüfung der Gesamtanlage nach 3-5 Jahren erscheint derzeit auch bei scheinbar fehlerlosem Betrieb ratsam. Insgesamt sind deshalb Wartungskosten von jährlich 100 DM eher als Untergrenze anzusehen.

Einen wesentlichen Bestandteil aller regenerativen Energiesysteme stellen die Kapitalkosten dar. Bei der üblicherweise verwendeten annuitätischen Wirtschaftlichkeitsbetrachtung wird davon ausgegangen, dass die gesamten Investitionskosten A_0 der Anlage über einen Kredit mit dem Zinssatz i und einer Laufzeit von n Jahren vorfinanziert werden. Die Laufzeit der Kredite wird an die Lebensdauer der Anlagen gebunden, sie liegt im hier betrachteten Fall bei 30 Jahren. Die Tilgung des Krediteesowie die Zinszahlungen sind aus den Verkaufserlösen des erzeugten Stromes zu decken.

In dem in Abbildung 5.15 dargestellten Nomogramm sind alle für die Kostenbetrachtung wesentlichen Zusammenhänge dargestellt. Im linken oberen Quadranten ist der Zusammenhang zwischen Kreditzinssatz, Laufzeit und dem daraus folgenden Annuitätsfaktor a dargestellt. Es gilt (mit q = 1+i)

$$a = \frac{q^n \cdot i}{q^n - 1} \ . \tag{5.24}$$

Der Annuitätsfaktor gibt an, welcher Prozentsatz der ursprünglichen Kreditsumme (= Investitionskosten) bei der gewählten Laufzeit jährlich als Zins und Tilgung aufzubringen ist.

Im oberen rechten Quadranten wird über die spezifischen Investitionskosten A_0 (DM/kW) die Annuität $a \cdot A_0$ ermittelt. Die Annuität gibt den jährlich pro kW installierter Leistung zu leistenden Kapitaldienst an.

Im rechten unteren Quadranten werden schließlich aus der Annuität über den bezogenen Ertrag YF_y die Stromgestehungskosten ermittelt. Jährliche Wartungskosten A_w können in dem Nomogramm berücksichtigt werden, indem sie zur im 2. Quadranten ermittelten Annuität addiert werden. Quantitativ gilt für die Stromgestehungskosten K_e

$$K_e = \frac{A_0 \cdot a + A_w}{YF_y} \tag{5.25}$$

In der Abbildung 5.15 sind diese Zusammenhänge für einige Beispiele erläutert. Zugrundegelegt wurde jeweils ein Kredit mit einer Laufzeit von 30 Jahren und einem Zinssatz von 5 %. Im Fall der Anfang der neunziger Jahre errichteten 1000-Dächer-Anlagen (Investitionskosten 24800 DM/kW) ergaben sich mit erreichbaren Erträgen von 850 kWh/kW ohne Berücksichtigung von Wartungskosten Stromgestehungskosten von etwa 2,30 DM/kWh. Die derzeitigen Investitionskosten von 15000 DM/kW führen zu Stromgestehungskosten von etwa 1,10 DM/kWh, unter Berücksichtigung der genannten Wartungskosten ergibt sich ein Wert von 1,30 DM/kWh. In den einstrahlungsreichsten Regionen der Erde ($H_y \approx 2200$ kWh/m²) kann mit Erträgen bis zu 1900 kWh/kW gerechnet werden. Dies führt mit den niedrigsten bisher bekannten Investitionskosten (etwa 12500 DM/kW) unter Berücksichtigung von Wartungskosten zu Stromgestehungskosten von etwa 0,55 DM/kWh als kleinsten derzeit erreichbaren Wert.

Eine wirtschaftliche Konkurrenzfähigkeit der Stromerzeugung mit netzgekoppelten PV-Anlagen ist damit noch nicht gegeben. Aus Abbildung 5.15 ist ablesbar, dass in einstrahlungsreichsten Regionen der Welt bei einer nochmaligen Halbierung der Investitionskosten auf etwa 7500 DM/kW Stromgestehungskosten von 0,25 DM/kWh erreicht werden könnten. Um die gleichen Kosten in den gemäßigten Breiten zu erreichen, müssen die derzeitigen Investitionskosten noch um den Faktor 5 sinken.

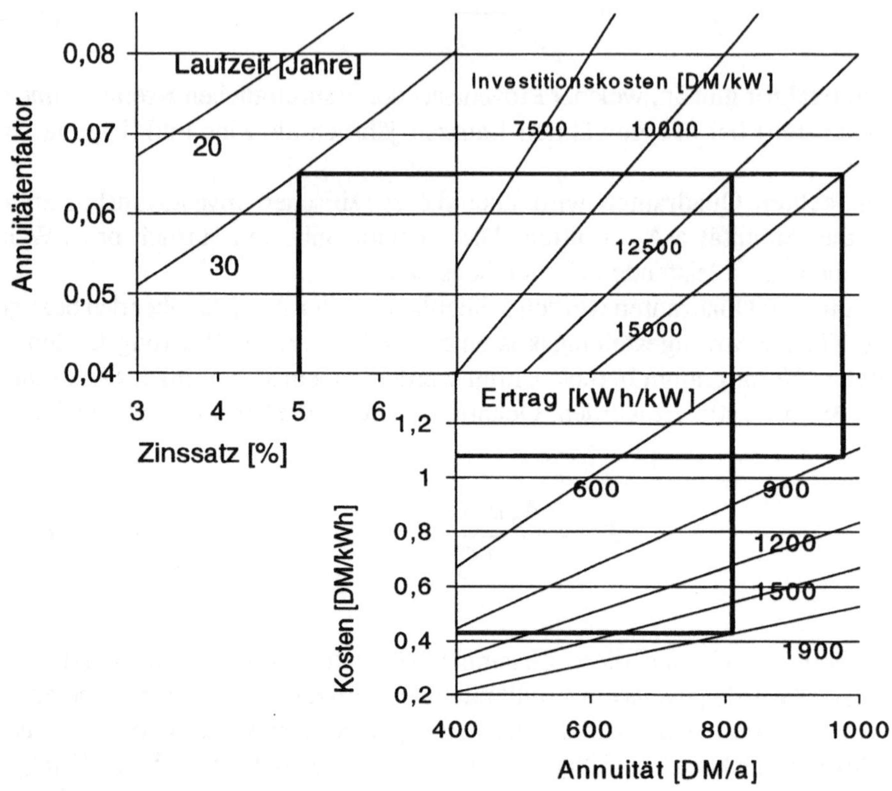

Abb. 5.15:   Nomogramm zur Ermittlung der Stromgestehungskosten

5.4.2 Strombilanzen für private Haushalte (Tarifkunden)

Ungeachtet der derzeitigen Kostensituation sind viele Bürger aus unterschiedlichsten
Motiven und unter Inanspruchnahme von Förderungen bereit, eine netzgekoppelte
PV-Anlage auf dem eigenen Haus zu installieren und zu betreiben. Dies zeigte sich
bereits zu Beginn der neunziger Jahre im 1000-Dächer-Programm in Deutschland, bei
dem die Zahl der Antragsteller weit über dem zur Verfügung stehenden Kontingent
von 2250 Anlagen lag.
In allen seinerzeit beteiligten Haushalten wurden auf der Basis monatlicher Mess-
werte Untersuchungen der resultierenden Strombilanzen durchgeführt. Als relevante
Messgrößen für die Strombilanzen standen für jede Anlage im 1000-Dächer-Pro-
gramm die monatlichen Werte der photovoltaisch erzeugten Energie E_{PV}, der in das
Netz eingespeiste Strom E_{sp} und der vom Netz bezogene Strom E_{def} zur Verfügung.
Der Gesamtstromverbrauch E_l eines Betreiberhaushaltes ergibt sich demnach aus

$$E_l = E_{PV} - E_{sp} + E_{def} \; .$$
(5.26)

Unter Direktverbrauch E_{du} wird der im Betreiberhaushalt direkt (d.h. ohne Netzein-speisung) genutzte Teil der photovoltaisch erzeugten Energie verstanden:

$$E_{du} = E_{PV} - E_{sp} \; .$$
(5.27)

Der durchschnittliche Verbrauch von 37 untersuchten „Normalverbrauchern" mit PV-Anlagen in Sachsen betrug im Jahre 1996 knapp 6000 kWh. Der bundesweite Durch-schnittsverbrauch von privaten Haushalten in Ein- und Zwei-Familienhäusern liegt bei 4000 kWh, im Osten Deutschlands sogar nur bei 3000 kWh. Bei den Haushalten mit Wärmepumpenheizung erreichte der durchschnittliche Verbrauch etwa 11000 kWh und bei den Haushalten mit Nachtspeicherheizung knapp 17000 kWh.
In Abbildung 5.16 ist der saisonale Verlauf des Stromverbrauches von Haushalten mit sparsamem Stromverbrauch dargestellt. Die Winterspitze des Verbrauches liegt etwa um den Faktor 2 über dem Minimum im Sommer. Dieser Zusammenhang gilt generell für alle Haushalte.

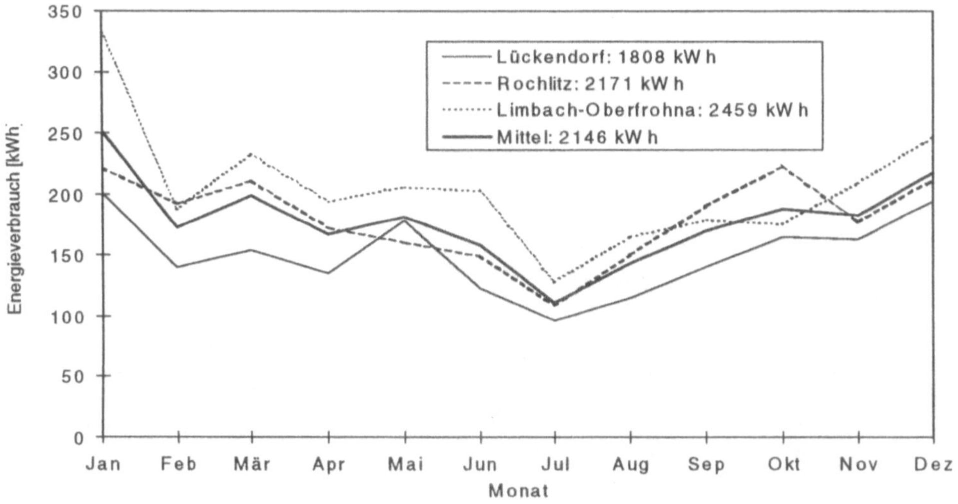

Abb. 5.16:   Saisonaler Stromverbrauch von Haushalten mit sparsamem Stromverbrauch

Der hohe durchschnittliche Stromverbrauch der Betreiberhaushalte wirkt sich entsprechend auf den erreichbaren solaren Deckungsgrad f_S aus. Er ist definiert als Verhältnis der photovoltaisch erzeugten Energie zum Gesamtstromverbrauch des Betreibers

$$f_s \;=\; \frac{E_{PV}}{E_l} \tag{5.28}$$

und ist in Abbildung 5.17 für 10 Haushalte mit „normalem" jährlichen Stromverbrauch (Durchschnitt 2770 kWh) im saisonalen Verlauf der Jahre 1994 bis 1997 dargestellt. Die Generatorgröße betrug im Mittel 2,8 kW. Wegen des gegenläufigen Verhaltens von erzeugter photovoltaischer Energie und Stromverbrauch in den Sommer- und Wintermonaten beträgt der solare Deckungsgrad im Sommer ein Vielfaches im Vergleich zum Deckungsgrad im Winter. Während die Einstrahlung im Winter generell niedrig ist (geringe Schwankungen in den Monaten November bis März), führt unterschiedlich starke Einstrahlung in den Sommermonaten zu deutlichen Variationen des solaren Deckungsgrades in den einzelnen Jahren. In den Sommermonaten kann zudem ein Einfluss durch urlaubsbedingte Abwesenheit der Bewohner vermutet werden. Im Mittel erreicht der solare Deckungsgrad im Monat Juli ein Maximum von etwa 120 %, in den Wintermonaten dagegen lediglich knapp 20 %. Der Jahresdurchschnitt des solaren Deckungsgrades lag für die in Abbildung 5.17 dargestellten Haushalte bei etwa 70 %.

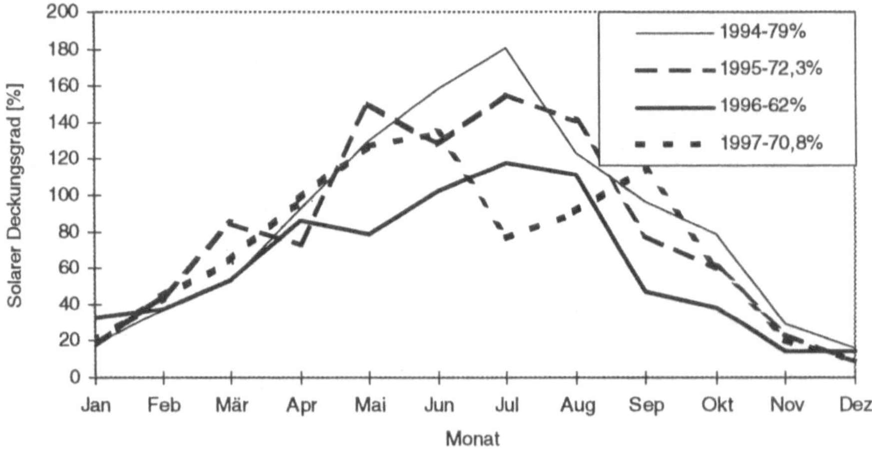

Abb. 5.17:	Mittlerer Saisonaler Verlauf des solaren Deckungsgrades für 10 Haushalte mit durchschnittlichem Energieverbrauch (2770 kWh/Haushalt)

Der mittlere Deckungsgrad aller untersuchten Anlagen lag bei 40 %. Da er sowohl von der Größe der PV-Anlage als auch vom Stromverbrauch abhängt, zeigt der

Deckungsgrad eine große Schwankungsbreite. Sie lag zwischen 150 % (bei Haushalten mit großen Anlagen und kleinem Stromverbrauch) und weniger als 15 %.
Eine weitere wichtige Größe zur Charakterisierung von Haushalten mit PV-Anlagen ist der Direktnutzungsgrad f_{du} . Er ist definiert als Verhältnis der direkt genutzten Energie E_{du} zur gesamten photovoltaisch erzeugten Energie:

$$f_{du} = \frac{E_{du}}{E_{PV}} \; . \tag{5.29}$$

Der Direktnutzungsgrad von 28 Anlagen (durchschnittlicher Verbrauch: 6160 kWh, Generatorleistung 3,36 kW) im Zeitraum von 1994 bis 1997 lag im Mittel bei 40 %. Der Anteil direkt genutzter Energie ist im Winter wegen des größeren Bedarfs und des geringeren Angebotes größer als im Sommer. Mit kleinen Anlagen ($P_{G,nom} <$ 1,5 kW) war ein deutlich höherer Direktnutzungsgrad ($f_{du} = 53$ %) erreichbar als mit größeren Anlagen (2,5 kW < PG,nom < 5,0 kW, $f_{du} = 39$ %).
Zur Verdeutlichung dieser Zusammenhänge ist die Einführung eines normierten Stromverbrauches sinnvoll. Unter normiertem Stromverbrauch eines Betreiberhaushaltes (E_{nl}) versteht man das Verhältnis des Stromverbrauchs (E_l) zur nominellen Generatorleistung der Anlage:

$$E_{nl} = \frac{E_l}{P_{G,nom}} \tag{5.30}$$

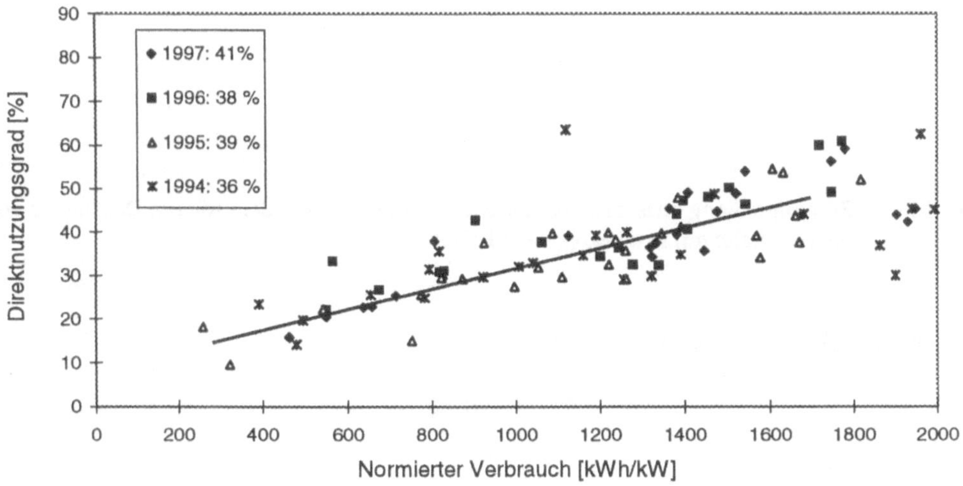

Abb. 5.18:   Direktnutzungsgrad in Abhängigkeit vom normierten Energieverbrauch von Haushalten

Abbildung 5.18 zeigt den Direktnutzungsgrad als Funktion des normierten Ver-
brauchs von 28 Haushalten in den Jahren 1994 bis 1997. Die eingezeichnete Trend-
gerade weist über einen relativ breiten Bereich einen linear steigenden Verlauf auf,
d.h. einem höheren normierten Verbrauch entspricht ein höherer Eigennutzungsgrad.
Die maximal erreichten Direktnutzungsgrade liegen bei 70 %, sie werden auch bei
normierten Stromverbräuchen von über 2000 kWh/kW nicht wesentlich überschritten.
Der Direktnutzungsgrad variiert naturgemäß nicht nur infolge wechselnder
Einstrahlungsbedingungen, sondern auch auf Grund sich ändernder Verbraucherge-
wohnheiten der einzelnen Haushalte.

Der in Abbildung 5.19 dargestellte Zusammenhang zwischen Direktnutzungsgrad und
Deckungsgrad in den Jahren 1994 bis 1997 lässt sich ebenfalls durch eine Trendlinie
approximieren.

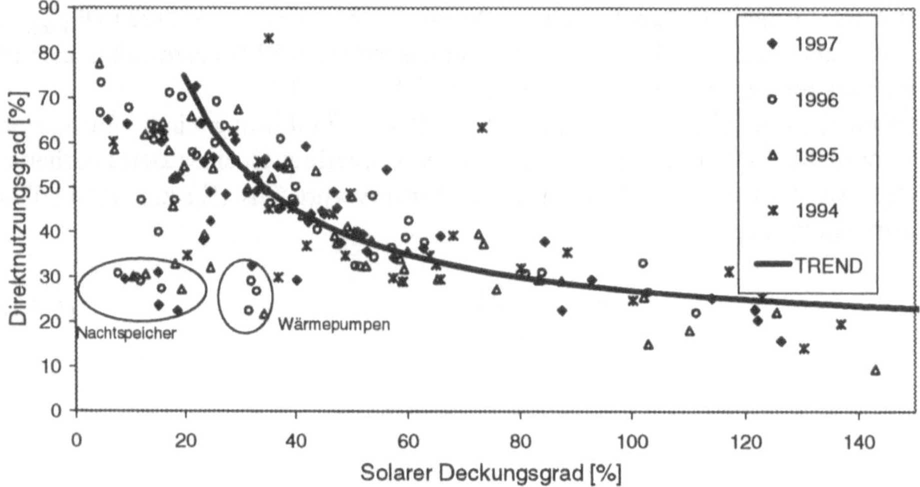

Abb. 5.19:   Zusammenhang zwischen dem Direktnutzungsgrad und dem solaren Deckungsgrad
             für Haushalte mit netzgekoppelten PV-Anlagen

Die Abhängigkeit folgt der Gleichung

$$f_{du} = \frac{0,12}{f_s} + 0,14 .$$

(5.31)

Danach ist ein hoher Direktnutzungsgrad in der Regel mit einem niedrigen Deckungsgrad verbunden. Deutliche Abweichungen von der Trendlinie ergeben sich naturgemäß bei Haushalten mit Wärmepumpen bzw. Nachtspeicherheizungen. In beiden

Fällen ist der zusätzlich auftretende Strombedarf nicht mit der solaren Einstrahlung korreliert und führt insofern nicht zu einer Erhöhung des Direktnutzungsgrades.

Ein originäres Ziel des 1000-Dächer-Photovoltaik-Programms war die Untersuchung, inwieweit durch Änderungen des Verbraucherverhaltens eine Anpassung des Stromverbrauches an den Rhythmus der solaren Stromerzeugung erreicht werden kann. Die dazu durchgeführten Auswertungen zeigten, dass bewusste Umschichtungen bzw. Reduzierungen im Stromverbrauch der Haushalte im allgemeinen nicht nachgewiesen werden konnten. Lediglich der Einsatz von Wärmepumpen in einigen Fällen zeugt von genereller Akzeptanz neuer Energieerzeugungssysteme. Der auffallend starke Einsatz von Nachtspeicherheizungen war möglicherweise auf die damit verbundenen besonderen tariflichen Vorteile zurückzuführen.

5.4.3 Architektonische und bautechnische Aspekte von PV-Generatoren

Der bautechnischen und architektonischen Bewertung von PV-Generatoren kommt insofern eine erhebliche Bedeutung zu, weil die im 21. Jahrhundert zu erwartende Nutzung der Photovoltaik zur Stromversorgung wegen der geringen Energiedichte der Solarstrahlung nur durch den massenhaften Einsatz von Photovoltaikanlagen im kW-Bereich zu realisieren ist. Saubere bautechnische und ästhetisch gute architektonische Lösungen sind deshalb unabdingbar.

Eine architektonische Bewertung von PV-Generatoren umfasst das Flächenverhältnis der Generatorfläche zur gesamten verfügbaren Fläche, Symmetriebeziehungen innerhalb des PV-Generators (Modulanordnung bzw. Aufspaltung in Teilflächen) und des Generators zum Dach und auch die in gewissen Grenzen mögliche farbliche Abstimmung des PV-Generators und der Dachfläche. Eine wichtige Rolle spielt auch die äußere Gesamtarchitektur des Gebäudes sowie seine Einordnung in die Umgebung.

Generell gilt, dass kleine PV-Anlagen (d. h. Generatorleistung < 2 kW) technisch einfach und architektonisch akzeptabel in Satteldächer eingebunden werden können. Je nach Anordnung der Module können Dächer optisch gestaucht bzw. gestreckt werden. Durch die Aufteilung des Generators in mehrere Felder können auch große Anlagen ästhetisch beherrschbar bleiben. Kompakt montierte große PV-Anlagen wirken auf sehr großen Dächern auch überzeugend. Einfamilienhäuser wirken hier jedoch überladen oder gar erdrückt.

Unsymmetrien im Generatoraufbau sind meist durch Dachfenster, Gaupen und Schornsteine bedingt. Dachfenster können mit schmalen Modulen sehr überzeugend gefasst werden. Wegen des farblichen Kontrastes sind die meist blauen PV-Generatoren auf Ziegeldächern besonders auffällig, auf Schindeldächern treten sie optisch weniger hervor.

In Einzelfällen beobachtete vermeidbare Fehler waren das Überragen des PV-Generators über den Dachfirst und ein zu großer Abstand zwischen dem Dach und der Generatorfläche (ca. 30 cm). Auch eine mitunter beobachtete sichtbare optische Verstärkung eines gebrochenen Daches durch den weit nach unten reichenden Generator sollte vermieden werden. Architektonisch schwierig zu beherrschen ist auch die Montage von PV-Generatoren auf Walmdächern. Die im Grunde rechteckige Kontur des Generators kontrastiert zur dreieckigen bzw. trapezförmigen Dachfläche.

Abschließend zur Bewertung der PV-Generatoren auf Satteldächern sei bemerkt, dass in der vorhandenen Bausubstanz bestehende bauliche oder architektonische Mängel durch den installierten PV-Generator zwar kaschiert, jedoch selbstverständlich nicht aufgehoben werden können.

Bereits im 1000-Dächer-Programm wurden eine Reihe von Anlagen als dachintegrierte Anlagen ausgeführt. Dabei bilden die normalen Module oder speziell hergestellte "Dachziegel- Module" die äußere Dachhaut. Diese architektonisch weit überzeugendere Bauart ist nicht zwingend mit Kostenmehraufwand verbunden, speziell bei Neubauten wird zudem die entsprechende Dachziegelfläche eingespart.

Als architektonisch eher problematisch erwies sich die Aufständerung von Anlagen auf Flachdächern. Die zugehörigen Gebäude haben meist eine einfache quaderförmige Struktur, in der Regel handelt es sich um vergleichsweise größere gewerblich genutzte Gebäude. Die Aufständerung des PV-Generators auf Flachdächern bietet grundsätzlich die Möglichkeit der optimalen Wahl von Modulneigung und -ausrichtung. Eine häufig wünschenswerte architektonische Aufwertung der Gebäude gelingt dadurch jedoch kaum, selbst bei optimaler Nord-Süd-Ausrichtung des Gebäudes entstanden wenig ästhetisch befriedigende Lösungen. Die bei größeren Anlagen erforderliche Auflösung des Generators in mehrere Teilflächen führte mitunter zu voluminösen Unterbauten, die in Einzelfällen in die Nähe einer architektonischen Entgleisung gerieten.

Folgende Erfahrungen und Kriterien zur architektonischen Bewertung von PV-Anlagen auf Einfamilienhäusern können zusammengefasst werden:

- Modernen Architekturansprüchen genügen grundsätzlich nur neue, mit PV-Anlagen entworfene Häuser.

- Die nachträgliche Installation von PV-Anlagen auf bestehenden Gebäuden ist architektonisch nicht unkritisch. Dies ist bedingt durch die relativ große benötigte Fläche und die festliegende Grundfarbe (Blau).

- Bei einer Einbeziehung von Architekten in die Planung des PV-Generators können - insbesondere bei kleineren Anlagen bis etwa 3 kW - auch architektonisch gute Lösungen entstehen.

– Architektonisch am überzeugendsten ist die Dachintegration des PV-Generators.

– Besondere Schwierigkeiten treten auf, wenn durch den speziellen Dachaufbau (Dachfenster, Gaupen, Schornsteine oder Entlüftungen) nicht genügend zusammenhängende Fläche auf dem Dach vorhanden ist (Regelfall bei städtischen Mehrfamilienwohnhäusern!).

Quellenverzeichnis

Blässer, G., Rossi, E. (1988): Extrapolation of Outdoor Measurements of PV-Array I-V-Characteristics to Standard Test Conditions. Solar Cells 25, 36.

BMWi (1999): Reserven, Ressourcen und Verfügbarkeit von Energierohstoffen. BMWi-Dokumentation Nr. 465. Bonn: Bundesministerium für Wirtschaft und Technologie.

DLR (1989): Solarer Wasserstoff - Energieträger der Zukunft (Hrsg.:DLR und Landesgewerbeamt Baden Württemberg).Stuttgart.

Durisch, W., Hofer, B. (1996): Klimatologische Untersuchungen für Solarkraftwerke in den Alpen. Villingen: Paul-Scherrer-Institut, PSI-Bericht Nr. 96-01.

DWD (1995): Ergebnisse von Strahlungsmessungen in der Bundesrepublik Deutschland, Sonderreihe: Meßdaten aus zurückliegenden Jahren, Band I: Station Wahnsdorf, Hamburg: Deutscher Wetterdienst.

Gassmann, F. (1994): Was ist los mit dem Treibhaus Erde. Zürich, Stuttgart, Leipzig: SGU, vdf, Teubner.

Geiger, B., Heß, H. (1999): Energiewirtschaftliche Daten. In: VDI-GET Jahrbuch 1999 (Hrsg.: Verein Deutscher Ingenieure). Düsseldorf: VDI-Verlag.

Green, M.A. (1994): World Solar Challange 1993: The Trans-Australian Solar Car Race. Progress in Photovoltaics 2, 73 -79.

Häberlin, H., Beutner, Ch. (1997): Hochalpine Lage begünstigt die Stromerzeugung. Sonnenenergie & Wärmetechnik 3, 32 - 35.

Hay, J. E., Davies, J. A.(1980): Calculation of the solar radiation incident on an inclined surface. Toronto: Proc. 1st Canadian Solar Radiation Workshop.

IHWD (1993): Mean values of solar irradiation on horizontal surface (International H-World Database).Sevilla: PROGENSA.

IMAP (1994 - 1996): Jahresjournale 1994 bis 1996 zum 1000-Dächer-Programm. Hrsg.: FhG-ISE. Freiburg.

IPCC (2000): IPCC Special Report: Emissions Scenarios. Genf: Intergovernmental Panel on Climate Change(WMO).

Lewerenz, H.-J., Jungblut, H. (1995): Photovoltaik Grundlagen und Anwendungen. Berlin Heidelberg: Springer.

Liu, B. Y. H., Jordan, R. C. (1958): The Interrelationsship and Characteristic Distribution of Direct, Diffuse and Total Solar Radiation. Solar Energy 4, 1 - 19.

Nitsch, J. (1999): Entwicklungsperspektiven erneuerbarer Energien und ihre Bedeutung für die Energieversorgung von Entwicklungsländern. In: Tagungsband „Märkte der Zukunft - Erneuerbare Energien für Entwicklungsländer" (Hrsg.: Wirtschaftsministerium Baden Württemberg). Friedrichshafen 17. November 1999.

Perez, R., Stewart, R., Arbogast, C., Seals, R., Scott, J.(1986): A New Simplified Version of the PEREZ Diffuse Radiation Model for Sloping Surfaces: Description, Performance Validation, Site Depency Evaluation. Solar Energy 36, 481 - 497.

Shell (1999): Studie Weltenergieverbrauch bis 2060. Hamburg: Shell AG

Weitere verwendete Daten wurden den Internetseiten des VDEW, der IEA sowie von Energieunternehmen entnommen.

Literatur

Garche, J. (Hrsg.) (1994): Elektrochemische Speicher in regenerativen Energiesystemen. Ulm: Universitätsverlag.

Goetzberger, A., Voß, B., Knobloch, J. (1994): Sonnenenergie: Photovoltaik. Stuttgart: Teubner.

Hoffmann, V.U. (1996): Photovoltaik - Strom aus Licht. Zürich, Stuttgart, Leipzig: vdf, Teubner

Knaupp, W., Staiß, F. (2000): Photovoltaik - Ein Leitfaden für Anwender (Hrsg.: Fachinformationszentrum Karlsruhe). Köln: TÜV-Verlag.

Kaltschmidt, M., Wiese, A. (1993): Erneuerbare Energieträger in Deutschland. Berlin Heidelberg: Springer.

Ladener, H. (1996): Solare Stromversorgung. Staufen bei Freiburg: ökobuch-Verlag.

Meissner, D. (Hrsg.) (1993): Solarzellen: Physikalische Grundlagen und Anwendungen in der Photovoltaik. Braunschweig/Wiesbaden: Friedrich Vieweg & Sohn.

Quaschning, V. (1999): Regenerative Energiesysteme: Technologie - Berechnung - Simulation. München: Carl Hanser.

Schmid, J. (Hrsg.) (1994): Photovoltaik -Strom aus der Sonne. Heidelberg: C. F. Müller.

Wagemann, H.-G., Eschrich, H. (1994): Grundlagen der photovoltaischen Energiewandlung. Stuttgart: Teubner.

Wagner, A. (1999): Photovoltaik Engineering. Berlin Heidelberg: Springer.

Wokaun, A. (1999): Erneuerbare Energien. Stuttgart, Leipzig: Teubner

Sachwortverzeichnis